高等职业教育茶叶生产与加工技术专业教材
贵州省茶叶生产与加工技术高水平专业群建设成果

茶叶加工技术项目化教程

范　乔　吴惟篘　主编

中国轻工业出版社

图书在版编目（CIP）数据

茶叶加工技术项目化教程 / 范乔，吴惟筠主编. 北京：中国轻工业出版社，2025. 3. -- ISBN 978-7-5184-5358-0

Ⅰ. TS272.4

中国国家版本馆 CIP 数据核字第 2025ZH2568 号

责任编辑：贾　磊

文字编辑：吴梦芸　　责任终审：白　洁　　设计制作：锋尚设计

策划编辑：贾　磊　　责任校对：吴大朋　　责任监印：张　可

出版发行：中国轻工业出版社（北京鲁谷东街5号，邮编：100040）

印　　刷：三河市万龙印装有限公司

经　　销：各地新华书店

版　　次：2025年3月第1版第1次印刷

开　　本：720×1000　1/16　印张：15.25

字　　数：380千字

书　　号：ISBN　978-7-5184-5358-0　定价：45.00元

邮购电话：010-85119873

发行电话：010-85119832　010-85119912

网　　址：http://www.chlip.com.cn

Email：club@chlip.com.cn

241203J2X101RBW

本书编写人员

主　编

范　乔（贵州经贸职业技术学院）
吴惟�（广西职业技术学院）

副主编

沈　强（贵州省茶叶研究所）
黄富贵（贵州省茶叶学会）
侯彦双（铜仁职业技术学院）

参　编

罗玉琴（漳州科技职业学院）
钟以谷（武夷山职业学院）
唐丽琴（贵州农业职业学院）
喻　俊（贵州经贸职业技术学院）
熊　灿（贵州经贸职业技术学院）
卢　玲（贵州经贸职业技术学院）
汪德利（贵州经贸职业技术学院）
张正琴（黔东南州茶艺文化协会）
王　项（贵州沃丰茶业有限公司）
余志春（贵州省雷山县绿叶香茶业有限责任公司）

前　言

按照《关于深化现代职业教育体系建设改革的意见》精神，各高职院校掀起了产、学、研共同育人模式的浪潮，立足当地，面向全国，聚焦产业关键要素环节，培养高素质、结构化、复合型工匠人才。本教材是在多年茶叶加工技术课程教学改革总结的基础上，以当代茶产业发展需求为出发点，围绕解决“培养什么人、怎样培养人、为谁培养人”这一根本问题，对接行业、企业标准，融通“岗课赛证”，满足理实一体的教学需求。

本教材内容包含六大基本茶类的初制技术、花茶加工技术、茶叶精制技术以及手工制茶技艺等，每一种茶类都结合最新的工艺和标准列举了丰富的加工案例。在结构上以每一种茶类的加工流程为主线，以工作岗位任务、茶叶加工技能比赛、茶叶加工工证书和教学实际相结合设置任务及内容。每一个任务包含基本知识、能力训练、问题情境、知识拓展和学习评价5项内容，每一个任务即为一个加工环节，紧密贴合教学与岗位实际。其中，问题情境提出茶叶加工过程有可能出现的非常规问题并进行讲解。此设计意在引起学生思考，培养学生的探索精神和解决茶叶生产实际问题的能力。同时，配套了关键加工环节的教学视频、思政小课堂等数字教学资源，满足老师的教学需求和学生的学习需求。

本教材由范乔、吴惟筠担任主编，沈强、黄富贵、侯彦双担任副主编，参编人员包括罗玉琴、钟以谷、唐丽琴、喻俊、熊灿、卢玲、汪德利、张正琴、王项、余志春。

本教材顺利完成得益于所在学校的大力支持、编写团队的通力协作，在此表示由衷的感谢。书中内容翔实丰富，但仍然存在不足之处，敬请批评指正。

编者

2025年1月

目 录

项目一　准备茶树鲜叶

项目二　绿茶初制技术

项目三　红茶初制技术

项目四 白茶初制技术

项目五 黄茶初制技术

项目六 青茶初制技术

项目七 黑茶初制技术

项目一　准备茶树鲜叶

茶树鲜叶是从茶树上及时采摘下来的幼嫩芽叶（又称新梢），作为加工各种茶叶的原料，也称茶青、茶料、青叶、生叶等。茶树鲜叶作为加工茶叶的基础原料，其质量好坏直接关系到茶叶品质的优劣，是形成茶叶品质的基础。在制茶过程中，鲜叶内含化学成分发生一系列的化学变化，鲜叶的物理特性也发生了明显的变化，从而形成了特定品质风格的茶叶。可以说，茶叶质量的高低，主要取决于鲜叶质量的优劣和制茶技术的合理程度。鲜叶质量是内在根据，制茶技术则是外在条件。因此，要制出优良品质的茶叶，就必须了解鲜叶的内含化学成分，以及鲜叶质量与茶叶品质的关系，才能有效地采取适当的管理措施和制茶技术，生产出品质优良的茶叶。

视频1　鲜叶

任务一　采摘茶树鲜叶

职业能力｜能准确进行茶树鲜叶的采摘，确保茶树鲜叶质量符合茶叶加工的技术要求。

核心概念｜根据茶树鲜叶情况不同，采取合理的采摘措施，能正确掌握茶树鲜叶采摘技术要领。

学习目标｜掌握茶树鲜叶手采和机采两种采摘技术。

（一）基础知识

1. 茶树鲜叶的采摘方法

茶树鲜叶的采摘方法主要包括手采和机采两种。手采是中国传统的采茶方法，广泛应用于各种茶叶的采摘，包括掐采、提手采、双手采等。掐采适用于细嫩标准的采摘，如打顶、撩头等手法；提手采适用于适中标准的采摘，如大部分红茶茶区、绿茶茶区常用的方法；双手采则是两手互相配合交替进行的手法。打顶采，也称为掐采，是一种精细的采摘方式。具体操作时，左手按住枝条，用右手的食指和拇指夹住细嫩新梢的芽尖和1～2片细嫩叶，轻轻地掐下来。这种方法采摘数量少，效率较低，但适合采摘名贵细嫩茶。提手采则是一种更普遍的手工采摘方法。采摘时，掌心向上或向下，用拇指、食指配合中指，夹住新梢的采摘部位，向上或向内用力采摘。提手采分为直采和横采两种方式，根据掌心的方向不同，采摘时手掌充满茶叶后即放入茶篮中。这种方法效率较高，适用于大部分茶区初制红茶、绿茶。机采则是一种现代化的采茶方式，能够提高采茶效率，适用于大规模的茶叶生产。

2. 鲜叶的形态特征

茶树鲜叶的适制性与表型特征密切相关，包括形状、色泽、大小、厚度、梗长、节间长度和鲜叶的重量等。了解茶树鲜叶的形态特征，并能在采摘的过程中加以区分，才能做到同批鲜叶品质一致。

（1）叶片形状　受茶树品种、生长地域的影响，鲜叶叶片形状各异，有卵圆形、倒卵圆形、椭圆形、长椭圆形、披针形、倒披针形、柳叶形等。根据制茶需要，可将叶片按长宽比值划分为两种类型：即比值在2.2以下的统称为圆叶形，比值高于2.2的统称为长叶形。

（2）鲜叶色泽　茶树鲜叶色泽常见的有深绿、浅绿、黄绿、紫色、黄色等。影响鲜叶色泽主要因素有茶树品种、施肥、日照长短。

（3）叶片大小　依据成熟鲜叶的长度并兼顾其宽度，大致分为特大叶类、大叶类、中叶类、小叶类。特大叶类的叶长在14cm以上，叶宽5cm以上；大叶类的叶长 10～14cm，叶宽4～5cm；中叶类的叶长7～10cm，叶宽3～4cm；小叶类的叶长7cm以下，叶宽3cm。

（4）鲜叶的厚度　鲜叶厚度一般在0.2mm左右，叶片厚度随幼叶生长老化而增厚。一般而言，新梢相同叶位的叶片，厚的比薄的质量好，俗称肥厚。由于不同茶类的品质风格各异，同样厚度的鲜叶，其茶类适制性也会有所不同。

（5）梗长和节间长度　鲜叶的梗长和节间长度与制茶品质关系很大。一般是大叶种比中小叶种的梗长，不同品种的梗的长度有所差异。我国广大茶区都有利用茶梗制出高香茶叶的经验，如黄大茶、乌龙茶都要求鲜叶有一定长度的茎梗，否则茶叶香味无法达到要求。

（6）鲜叶的重量　鲜叶的芽叶个重和百克芽叶个数，根据茶树品种和鲜叶嫩度的不同而有所差异。

（二）能力训练

1. 操作条件

操作条件如表1-1所示。

表1-1 操作条件

用途类别	设备、器具、材料	单位	数量
茶树鲜叶采摘	茶篓	个	1
	网袋	个	1
	手持采茶机	台	1

2. 安全注意事项

（1）操作前要穿好工作服。

（2）湿滑路面要缓慢行走，以防摔倒。

（3）按操作规范操作采茶机。

3. 操作过程

操作过程如表1-2所示。

表1-2 操作过程

步骤	操作方法及说明	质量标准及记录
茶树鲜叶的采摘	手采主要用提手采、双手采，做到眼到手到；机采	茶树鲜叶采摘方法是否正确 □是 □否 茶树鲜叶是否符合所制茶类要求 □是 □否
茶树鲜叶的贮放	采摘下的茶树鲜叶应贮放在茶篓里；鲜叶不能压实；鲜叶不能随意抖动	茶树鲜叶是否储放在合理的容器中 □是 □否

（三）问题情境

1. 问题情境一：同样长度的鲜叶级别一定一样吗？

不一定，同样长度的鲜叶有可能存在芽叶组成不同、叶质软硬不同、含梗长度不同等情况而不能划分在同一级别。

2. 问题情境二：茶树鲜叶采摘时要不要采梗？

一般来说，做名优茶的原料依据鲜叶的芽叶组成作为嫩度的主要参考，鲜叶不带长梗。而大宗茶原料的采摘要求低一些，允许有一定的含梗量。

（四）知识拓展

1. 红变温度

红变温度指的是鲜叶受热而红变时的叶片温度，当叶温升到30～35℃时，叶子开始变红。

2. 焦变温度

焦变温度指的是鲜叶受热而焦变时的叶片温度。鲜叶焦变温度是120～132℃。

（五）学习评价

学习评价如表1-3所示。

表1-3 学习评价

项目	内容	配分	得分	批注
工作准备（10%）	能正确理解工作任务的内容	10		
	能查阅资料，确认相关技术标准	10		
工作过程（90%）	能在小组内开展有序的分工	10		
	能穿戴好工作服、工作帽	5		
	能准备必需的器具	5		
	能按规范操作采茶机	10		
	能用提采、双手采的方式采摘茶树鲜叶	25		
	茶树鲜叶没有受伤、红变现象	25		

任务二 收购茶树鲜叶

职业能力｜能准确掌握茶树鲜叶质量，确保所收购茶树鲜叶符合所加工茶叶的质量要求。

核心概念｜茶树鲜叶是茶叶加工的物质基础，茶树鲜叶的质量直接影响茶叶品质。

学习目标｜能掌握六大茶类茶树鲜叶质量总要求及特点。

（一）基础知识

1. 茶树鲜叶质量

茶树鲜叶质量主要包括嫩度、匀度和新鲜度。

（1）嫩度　鲜叶的规格有芽、一芽一叶、一芽二叶、一芽三叶、一芽四叶，嫩度是指芽叶伸育的成熟度。嫩度是评定鲜叶质量的主要依据，也是衡量茶叶品质的关键要素。依照叶子展开程度不同，又有一芽一叶初展、一芽二叶初展和一芽三叶初展之别。嫩梢生长成熟，出现驻芽的鲜叶称作“开面叶”，其中第一叶为第二叶面积的1/2，称作“小开面”；第一叶长到第二叶的2/3，称作“中开面”；第一叶长到与第二叶大小相当，称作“大开面”。还有一种鲜叶有驻芽，但节间极短，两片叶片形为对生，又小、又硬、又薄，是一种不正常新梢，称作“对夹叶”。对夹叶是一类早熟新梢，其组织分化与发育程度均高于正常新梢。

从内含物质成分的含量来看：多酚类化合物总量、蛋白质、咖啡因、水溶性灰分等都随鲜叶嫩度的下降而降低；而还原性糖、淀粉、纤维素、叶绿素，则随鲜叶嫩度的下降呈现出增加趋势。老嫩度是鲜叶内在各种内含物质的外在综合表现，根据茶树新陈代谢的特征、营养器官形成及生长发育的规律，可以掌握鲜叶内在有效成分的变化。

（2）匀度　指同一批鲜叶质量的一致性，它是反映鲜叶质量的一个重要标志。无论制作哪个种类的茶，对茶树鲜叶的匀度都有着严格的要求。影响鲜叶匀度的因素很多，如茶树品种混杂、采摘标准不一致，鲜叶运送和管理鲜叶匀度不仅只是反映嫩度是否一致，同时也反映出柔软度、芽叶长度、色度、新鲜度。

（3）新鲜度　指鲜叶保持原有理化性质的程度，它是反映鲜叶质量的一个重要标志。判断鲜叶是否新鲜，主要看鲜叶色度、气味和叶温变化情况。一看鲜叶是否有红变叶、红梗等；二嗅气味，新鲜的鲜叶具有清香，如有浓浊气味，说明新鲜度不好；三试叶温，刚采下来的鲜叶应及时摊放，如不及时摊放，鲜叶在竹篓中堆积或日晒时间过长，叶温就会增高，导致劣变。

2. 芽叶组成分析

在鲜叶正常条件下，芽叶组成是评定鲜叶质量的重要标志。其方法是用具有代表性的一定数量的鲜叶，按正常芽叶，如一芽一叶、一芽二叶、一芽三叶、一芽四叶、一芽五叶等和二叶对夹叶、三叶对夹叶以及单碎片、嫩茎夹杂物等，加以分类和分离，分别称量，按式1-1计算各部分的百分率。

$$Z_i=\frac{L_i}{L_1+L_2+L_3+L_4+L_5+L_6+L_7+L_8+L_9+L_{10}}\times 100\% \qquad (1\text{-}1)$$

式中　Z_i——某芽叶组成部分的质量百分率（i=1，2，……10）；

L_i——某分类芽叶的质量（i=1，2，……10）；

L_1——芽二叶质量；

L_2——三叶一芽质量；

L_3——芽四叶质量；

L_4——对夹二叶质量；

L_5——对夹三叶质量；

L_6——对夹四叶质量；

L_7——单片质量；

L_8——碎片质量；

L_9——嫩茎质量；

L_{10}——夹杂物质量。

注：（1）碎片　叶片面积小于完整叶面积2/3的单片。

（2）夹杂物　包括老叶、红茎、茶果和极少量的非茶类杂质。

所测鲜叶数量一般以20～50g为宜，过多则所需时间较长，在测定过程中，由于鲜叶水分的损耗，会影响结果的正确性。

（二）能力训练

1. 操作条件

操作条件如表1-4所示。

表1-4　操作条件

用途类别	设备、器具、材料	单位	数量
茶树鲜叶收购	电子秤	个	1
	小簸箕	个	1
	网袋	个	1
	计算器	个	1
	记录本	本	1

2. 安全注意事项

（1）搬运鲜叶注意安全。

（2）收拢小簸箕上的鲜叶时注意用抖的方式，以免簸箕上的小刺扎伤手。

3. 操作过程

操作过程如表1-5所示。

表1-5　操作过程

步骤	操作方法及说明	质量标准及记录
茶树鲜叶的收购	准备好收购工具；观察茶树鲜叶是否有机械损伤；观察茶树鲜叶是否有异味；茶树鲜叶质量是否符合所加工茶类要求	是否有机械损伤 □是　□否 茶树鲜叶是否有异味 □是　□否 茶树鲜叶质量是否符合所加工茶类要求 □是　□否 茶树鲜叶收购工具是否合适 □是　□否
茶树鲜叶的贮放	采摘下的茶树鲜叶应贮放在网袋或透气容器里	茶树鲜叶是否贮放在合理的容器中 □是　□否

（三）问题情境

1. 问题情境一：在进行鲜叶收购时，遇到红变鲜叶如何处理？

拒收。

2. 问题情境二：在进行鲜叶收购时，遇到鲜叶不匀的情况如何处理？

从加工的角度，最好请茶农做好分拣；也可以根据情况降价收购。

3. 问题情境三：在进行鲜叶收购时，遇雨水叶、露水叶如何处理？

降价收购。

（四）知识拓展

唐代陆羽《茶经·一之源》中对茶树鲜叶品质的影响因子进行了描述："其地，上者生烂石，中者生栎壤（栎字当从石，为砾），下者生黄土。凡艺而不实，植而罕茂。法如种瓜，三岁可采。野者上，园者次。阳崖阴林，紫者上，绿者次。笋者上，牙者次；叶卷上，叶舒次。阴山坡谷者，不堪采掇，性凝滞，结瘕疾。"

（五）学习评价

学习评价如表1-6所示。

表1-6　学习评价

项目	内容	配分	得分	批注
工作准备（10%）	能正确理解工作任务的内容	10		
	能将必需的器具准备齐全并有序摆放	10		
工作过程（90%）	能在小组内开展科学的分工	10		
	能制订科学的鲜叶收购流程，小组成员共同完成收购任务	10		
	能判断鲜叶级别并按级别不同分开放置	10		
	能处理好临时发生的情况	25		
	能正确贮放茶树鲜叶	25		

任务三　茶树鲜叶的贮放及运输

职业能力｜能正确掌握茶树鲜叶的运输及贮放，确保所收购的茶树鲜叶在运输及贮放中的技术处理。

核心概念｜确保茶树鲜叶的运输及贮放中的茶树鲜叶不发生红变，保障茶树鲜叶的质量符合技术要求。

学习目标｜能正确地掌握茶树鲜叶的运输及贮放技术及要求。

（一）基础知识

1. 鲜叶运输

无论是手工采摘，还是机械采摘，采收的鲜叶都必须根据老嫩不同、品种不同、表面含水量不同等，分别装入通透性好、清洁卫生的竹筐或布袋中，装篓（袋）时不能压紧，以防机械损伤。不宜过久堆放，以防鲜叶发热、红变，装好篓的鲜叶应立即运送进厂，且运输途中避免紧压，以保持好鲜叶的新鲜度。

2. 鲜叶贮放

（1）传统贮青方法

①地面摊放贮青：摊放场地要求清洁、阴凉、透气，避免阳光直射。一般要求鲜叶摊放在竹篾垫上，不能直接在地面摊放。

②帘架式贮青：帘架式贮青设备的主要结构可分为框架和摊叶网盘两个部分，既可用木料加工，也可用不锈钢材料制成。框架用于放置摊叶网盘，一般有5～8层网盘可放，每层高度30～40cm。网盘边框一般用木料制成，底部为不锈钢，深度约为15cm，鲜叶摊放在盘内。网盘可以像抽屉一样从框架上自由推进和拉出，以便于放置和取出鲜叶。由于使用这种贮青设备后，易引起贮青间湿度和温度升高，因此可在贮青间内安装空调或通风、除湿设备，以保证贮放鲜叶的质量。这种贮青设备简单、投资少、易于操作并且可避免鲜叶与地面接触，清洁卫生、符合无公害要求。

③贮青槽贮青：贮青槽的基本结构：在地面上开出一条长槽，两边留出放置孔板的缺口；槽前端装配有低压轴流风机，槽底从前至后做成约5°的逐步升高的坡度；槽面铺钢孔板，孔板长2m、宽1m，一般用4～5块板连成一条槽，板上通气孔径为3～5mm，钢质孔板的孔面积率为30%以上，生产中也有使用钢丝或竹篾网片结构的槽面，但应注意支撑，以保证对鲜叶的承重，且避免操作人员等踩踏网板。贮青槽中摊叶厚度可达1.0～1.5m，每平方米槽面可摊叶100～150kg，并且不需要翻叶。为保证摊青时散热，可用风机交替鼓风20min、停机40min，夜间或气温较低时，停机时间可适当加长，白天或气温较高时，则停机时间可缩短一些。贮青槽一般用于大宗茶的鲜叶贮放。

（2）现代贮青技术

①车式贮青设备：车式贮青设备由鼓风机与贮青小车组成，一台风机可串联几辆小车，小车一般长1.8m，宽和高各1m。小车的下部装有一块钢质孔板，板下为风室，板上为贮青室，风室前后装有风管，风管可与风机或其他小车风管相串联，风管上装有风门。工作时风机吹出的冷风，通过风管、风室、穿过孔板并透过叶层，吹散水汽，降低叶温，达到贮青的目的。每车可贮青叶200kg。付制时，推下一辆小车，推至作业机械边，即可进行加工。这种贮青设备机动灵活，使用较方便，一般大宗茶加工使用较多。

②自动化贮青机：近年来，随着我国茶产业的迅猛发展，各地涌现出一大批规模化、集团化经营的茶叶生产企业，并由此促进了各类自动化、清洁化茶叶生产线的广泛应用。由于茶叶生产线所需鲜叶数量巨大，再用传统贮青方法已经无法满足生产需求，因此，大型自动化的鲜叶贮青机应运而生。根据生产规模

和生产量，研发了小型、中型、大型三种规格的茶鲜叶贮青机，小型贮青设备适用于名优红绿茶自动生产线配置，中大型贮青设备适用于批量大的红绿茶自动生产线配置。该设备为自动控制连续作业式茶鲜叶贮青设备，采摘后的茶鲜叶按一定数量输入贮青机，通过连续通风增湿，让冷空气流穿过鲜叶层，一方面降低叶温，另一方面维持鲜叶的含水量，以保证鲜叶的内含物质尽可能地减少转化，确保茶鲜叶的品质要求，延长贮青时间。而且能在生产过程中做到茶鲜叶不落地，实现连续生产并达到清洁化的要求，符合食品卫生条件。同时，由于是自动化控制的连续作业方式，劳动强度显著下降，省工省时，劳动生产率大幅提高。

（二）能力训练

1. 操作条件

操作条件如表1-7所示。

表1-7　操作条件

用途类别	设备、器具、材料	单位	数量
鲜叶运输	竹筐或布袋	个	1
	交通工具	辆	1
鲜叶贮放	竹软席	个	1
	贮青机	个	1
	摊青槽	个	1

2. 安全注意事项

（1）操作前要穿好工作服。

（2）鲜叶运输过程中遵守交通规则，注意行车安全。

（3）使用机械过程中的用电安全。

3. 操作过程

操作过程如表1-8所示。

表1-8　操作过程

续表

步骤	操作方法及说明	质量标准及记录
茶树鲜叶的运输	鲜叶应在4h内运到茶叶加工厂，经专人验收后尽快摊放在清洁阴凉的屋内；运送鲜叶的容器采用透气性好、清洁的竹编筐，容量以10～20kg为宜，运送途中避免挤压，减少损伤；若鲜叶不能及时送到加工厂，一定要在干净通风处摊放保鲜，避免日晒雨淋，然后尽快送往加工厂	茶树鲜叶运输方法是否正确 □是　□否 茶树鲜叶运输中是否红变 □是　□否 茶树鲜叶是否符合质量要求 □是　□否
茶树鲜叶的贮放	为了做好保鲜工作，鲜叶应贮放在低温、高湿、通风的场所，适于贮放的理想条件：温度在15℃以下，相对湿度为90%～95%	茶树鲜叶贮放温度是否合理 □是　□否 茶树鲜叶贮放厚度是否合理 □是　□否 茶树鲜叶贮放环境是否合理 □是　□否

（三）问题情境

1. 问题情境一：雨水叶进厂后应如何处理？

雨水叶进厂后应立即薄摊，或者采取吹冷风的方式，让表面水尽快干燥。

2. 问题情境二：不同级别、不同采摘时间的鲜叶应该如何贮放？

不同级别、不同采摘时间的鲜叶要分开贮放。

（四）知识拓展

影响采摘后鲜叶质量的因素。鲜叶经采摘离开茶树后，其质量就处于动态变化之中，受水分、温度、氧气、机械损伤情况等因素影响，鲜叶体内的化学成分也发生了不同程度的变化，对鲜叶质量造成一定的影响。

1. 水分

随着鲜叶水分的不断散失，其内含物质便出现大量分解、氧化的损耗，轻则影响茶叶品质，严重时会导致鲜叶变质而失去经济价值。

2. 温度

外界温度主要影响鲜叶的呼吸作用。鲜叶在呼吸过程中将释放出大量的热量使叶温迅速上升。外界温度越高，鲜叶呼吸作用就越强，叶温升高也越快，其结果会导致鲜叶的酶活性不断增强，内含有效成分出现大量分解或氧化消耗，对于茶叶品质形成将产生不利的影响。因而，在鲜叶采摘、运输和贮放过程中，适当低温将有利于保持茶鲜叶的新鲜度。

3. 氧气

鲜叶在采摘、运输、贮放中，如堆积太厚实、通气不良，会发生无氧呼吸。有研究表明，在一定时间内，鲜叶堆积时间越长，温度就越高，干物质损耗越多，造成可溶性多酚类物质与水浸出物的大量减少。另外，由于鲜叶堆积缺氧，体内的单糖会分解成乙醇，产生酒糟气味。若再延长堆积时间，蛋白质也逐渐水解，使氨态氮增加，鲜叶产生恶臭或馊酸味会给成茶香气带来不良影响。因此，在鲜叶采摘、运输、贮放中要保持空气流通，防止鲜叶发生无氧呼吸从而影响茶叶品质。

4. 机械损伤

鲜叶遭受机械损伤后，一方面促使鲜叶呼吸作用加强，叶温快速上升；另一方面导致多酚类物质产生酶促氧化，易发生叶子红变。

（五）学习评价

学习评价如表1-9所示。

表1-9　学习评价

项目	内容	配分	得分	批注
工作准备（10%）	能正确理解工作任务的内容	10		
	能查阅资料，确认相关技术标准	10		
工作过程（90%）	能在小组内开展有序的分工	10		
	能穿好工作服	5		
	能戴好工作帽	5		
	能准备必需的器具	10		
	能正确处理茶树鲜叶的运输过程	25		
	能正确完成茶树鲜叶的贮放	25		

课后练习题

（一）选择题

1. 鲜叶含水量一般占其比重（　）。

A. 75%　　B. 65%　　C. 70%　　D. 60%

2. 茶叶经过分离鉴定的化合物有（　）种。

A. 800　　B. 750　　C. 700　　D. 650

3. 多酚类化合物简称茶多酚，占茶树鲜叶干物质总量的（　）。

A. 18%～36%　　B. 12%～36%　　C. 18%～30%　　D. 15%～36%

4. 儿茶素属于（　）。

A. 花青素　　B. 氨基酸　　C. 生物碱　　D. 黄烷酮类

5. 黄酮类物质又称（　），可分为黄酮和黄酮醇类，仅占干重的1.3%～1.8%。

A. 黄烷醇　B. 儿茶素　C. 花青素　D. 花黄素

6. 目前，茶树鲜叶中已发现的游离氨基酸在（　）种以上，含量占干物质总量的2%～4%。

A. 22　B. 26　C. 28　D. 30

7. 花青素又称为（　）。

A. 花青素　B. 花黄素　C. 花色素　D. 黄酮醇

8. 叶绿素、叶黄素和胡萝卜素不溶于水，一般称为（　）。

A. 脂溶性色素　B. 水溶性色素　C. 色素　D. 以上都是

9.（多选）依据成熟鲜叶的长度并兼顾其宽度，大致分为（　）。

A. 特大叶类　B. 大叶类　C. 中叶类　D. 小叶类

10. 茶树鲜叶的红变温度为（　）℃。

A. 30～32　B. 25～30　C. 28～31　D. 30～35

11. 茶树鲜叶的焦变温度为（　）℃。

A. 110～132　B. 120～140　C. 120～132　D. 130～135

12. 鲜叶厚度一般在（　）mm左右。

A. 0.2　B. 0.3　C. 0.4　D. 0.1

13. 茶树叶片长10cm、宽4cm，叶面积是（　）cm^2。

A. 40　B. 36　C. 32　D. 28

14. 适合茶树生长的叶面积指数是（　）。

A. 3　B. 4　C. 5　D. 6

15. 适合制绿茶的鲜叶一般是（　）。

A. 深绿　B. 浅绿　C. 黄绿　D. 紫色

16. 适合制红茶的鲜叶一般是（　）。

A. 深绿　B. 浅绿　C. 黄绿　D. 紫色

17.（多选）茶树鲜叶质量主要包括鲜叶的（　）。

A. 嫩度　B. 匀度　C. 新鲜度　D. 净度

18.（　）是评定鲜叶质量主要依据。

A. 嫩度　B. 匀度　C. 新鲜度　D. 净度

19.（　）是指同一批鲜叶的一致性，它是反映鲜叶质量的一个重要标志。

A. 嫩度　B. 匀度　C. 新鲜度　D. 净度

20.（　）是指鲜叶保持原有理化性质的程度。

A. 嫩度　B. 匀度　C. 新鲜度　D. 净度

21. 太平猴魁使用的鲜叶是（　）。

A. 芽　B. 一芽一叶　C. 一芽二叶　D. 一芽三叶

22. 君山银针使用的鲜叶是（　）。

A. 芽　　B. 一芽一叶　　C. 一芽二叶　　D. 一芽三叶

23. 西湖龙井使用的鲜叶是（　　）。

A. 芽　　B. 一芽一叶　　C. 一芽二叶　　D. 一芽三叶

24. 六安瓜片使用的鲜叶是（　　）。

A. 芽　　B. 叶　　C. 一芽二叶　　D. 一芽三叶

（二）简答题

1. 请简述茶树鲜叶中茶多酚的含量及对茶叶品质的影响。

2. 茶树鲜叶中水溶性色素和脂溶性色素有哪些？它们对茶叶品质有着怎样的影响？

3. 茶树鲜叶的形态特征包括哪些？

4. 茶树叶片形状大小受什么影响？有哪些形状？

5. 什么叫开面叶？什么叫对夹叶？

6. 怎样判断茶树鲜叶的新鲜度？

思政小课堂

课程思政1：珍惜每一颗茶芽

项目二　绿茶初制技术

绿茶是指加工过程中，鲜叶经贮青或摊青，然后用炒锅杀青或蒸汽杀青，揉捻（干燥）后炒干或烘干或晒干或烘炒结合干燥的茶叶。绿茶是我国生产的主要茶类之一，属于不发酵茶，其历史悠久、产区广、产量多、品质好、销区稳，也是我国饮用最广泛的一种茶。

视频2　影响绿茶品质的鲜叶成分

目前，我国已成为全球最大的绿茶生产、消费和出口国。早在1000多年前的唐代，我国就已经发明蒸青的方法来加工绿茶。近50年来，我国绿茶加工在传承了传统炒制技术的基础上，由手工方式加工逐渐实现了机械化、连续化和清洁化加工。

视频3　绿茶品质特征

绿茶通过高温杀青，破坏鲜叶中多酚氧化酶活性，经做形（或揉捻）和干燥而成，具有“清汤绿叶”的品质特征。

根据干燥和杀青方式的不同，绿茶可分为炒青绿茶、烘青绿茶、晒青绿茶和蒸青绿茶四类。用滚筒或锅炒干的绿茶称为炒青绿茶，用烘焙方式干燥的称为烘青绿茶，利用日光晒干的称为晒青绿茶，鲜叶经过蒸汽杀青加工而成的绿茶称为蒸青绿茶。除此之外，还有半烘炒绿茶和半蒸炒绿茶等。

任务一　鲜叶的分级和摊青

职业能力｜能准确进行绿茶的鲜叶原料分级工作和正确摊放鲜叶原料。

核心概念｜绿茶包括大宗茶和形态各异的特种绿茶。大宗绿茶一般要求鲜叶具有一定的成熟度，采摘标准为一芽二三叶；名优特种绿茶，除少数特殊茶品外，大多要求芽叶幼嫩。摊青是对进厂的原料及时摊开处理，避免由于堆放过厚而红变。

学习目标｜正确识别单芽、一芽一叶初展及开展、一芽二叶初展及开展、驻芽、单片叶等原料；正确判断原料的等级；掌握摊青的方法和摊青适度的标准。

（一）基础知识

1. 鲜叶等级

不同名优特种绿茶，不同等级对鲜叶嫩度的要求不同，示例如表2-1、表2-2所示。

表2-1　都匀毛尖茶鲜叶分级及要求

等级	要求
尊品茶青	独芽>90%，一芽一叶初展<10%
珍品茶青	一芽一叶初展>90%，幼嫩一芽一叶<10%
特级茶青	幼嫩的一芽一叶
一级茶青	一芽二叶初展及幼嫩的一芽二叶
二级茶青	鲜嫩一芽二叶及同等嫩度对夹叶

表2-2　碧螺春鲜叶分级

等级	要求
特级一等	一芽一叶初展＞80%，单芽＜20%
特级二等	一芽一叶初展，芽长于叶
一级	一芽一叶展开＞80%，一芽二叶初展＜20%
二级	一芽一叶展开＞65%，一芽二叶初展为35%
三级	一芽一叶初展＞50%，一芽二叶初展＜50%

2. 鲜叶摊青

（1）摊青的概念　鲜叶摊放是指鲜叶采摘后到杀青前的管理，也称为摊青。

（2）摊青的目的　一是蒸发鲜叶部分水分，减少细胞张力，使叶子柔软，利于杀青；二是散发青草气，增进茶香；三是促使部分化学成分的生化变化，如多酚类、糖类等，提高茶叶品质。

（3）摊青的方法

①场所及工具：如果是室内自然摊放为主，要求场地干净卫生、空气流通、阴凉，避免日晒雨淋。摊青工具一般包括篾垫、软匾等竹制品、萎凋槽等。

②摊青厚度：一般不超过10cm。一般高档叶宜薄，低档叶可厚；雨水叶、露水叶需薄，晴天叶可厚；清晨叶可薄，下午叶可厚。摊青时要自然抖散，不能用手按叶，要摊平，厚薄均匀。

③摊青时间：一般不超过10h，具体视叶质及气温而定。雨水叶，气温低，摊青时间需长；晴天叶，气温高，时间需短，摊青时间过长反而对品质不利。

摊青中要适时翻叶，使失水均匀。一般2～3h翻一次，翻叶时动作要轻，防止伤叶。

（4）摊青适度的标准　需要摊至含水量约70%为宜。摊青适度的标准需要感官去识别，主要包括以下内容。看：叶色由翠绿转为暗绿，表面光泽消失；闻：青草气基本消失，有花果香；捏：叶质较柔软。

（二）能力训练

1. 操作条件

操作条件如表2-3所示。

表2-3　操作条件

用途类别	设备、器具、材料	单位	数量
区分鲜叶等级	小簸箕	个	4
	单芽茶树鲜叶	kg	0.5
	一芽一叶茶树鲜叶	kg	0.5
	一芽二叶茶树鲜叶	kg	0.5
	一芽三叶茶树鲜叶带少量对夹叶、单片叶	kg	0.5

2. 安全注意事项

（1）操作前要穿好工作服。

（2）收拢小簸箕上的茶叶时，不要用手赶，以免有小篾刺扎伤手。

3. 操作过程

操作过程如表2-4所示。

表2-4　操作过程

步骤	操作方法及说明	质量标准及记录
判断鲜叶等级	将盛装不同等级的鲜叶容器贴上等级标签	正确区分单芽原料 □是　□否 正确区分一芽一叶原料 □是　□否 正确区分一芽二叶原料 □是　□否 正确区分对夹叶和单片叶原料 □是　□否
正确摊青定级后的鲜叶	将定级后的鲜叶进行摊青处理	摊青厚度不超10cm □是　□否 摊青时厚薄均匀 □是　□否

续表

步骤	操作方法及说明	质量标准及记录
判断摊青适度的标准	看、闻、捏	看：叶色由翠绿转为暗绿，表面光泽消失 □是　□否 闻：青草气基本消失，有花果香 □是　□否 捏：叶质较柔软 □是　□否

（三）问题情境

1. 问题情境一：摊青叶温较高应如何处理？

①翻堆，迅速降低叶温；②摊青机吹凉风，使温度下降；③降低摊青叶的厚度。

2. 问题情境二：一芽二叶原料中混有少量单片叶应如何处理？

及时将混有的单片叶挑出来。

（四）知识拓展

西湖龙井鲜叶分级如表2-5所示。

表2-5　西湖龙井鲜叶分级

等级	要求
精品	形长3cm、形宽6mm以内，芽尖高于叶尖的茶条比例≥80%
特级	形长3cm、形宽6mm以内，芽尖高于叶尖的茶条比例≥70%
一级	形长3.5cm、形宽7mm以内，芽尖高于叶尖的茶条比例≥80%
二级	形长3.5cm、形宽8mm以内，芽尖高于叶尖的茶条比例≥80%

（五）学习评价

学习评价如表2-6所示。

表2-6　学习评价

项目	内容	配分	得分	批注
工作准备（10%）	能正确理解工作任务的内容	5		
	能查阅资料，确认相关技术标准	5		

续表

项目	内容	配分	得分	批注
工作过程（90%）	能在小组内开展有序的分工	10		
	能穿好工作服	5		
	能戴好工作帽	5		
	能准备必需的器具	10		
	能正确区分鲜叶原料的等级	25		
	能正确摊放鲜叶原料	25		
	能区分中大叶种原料与小叶种原料	10		

任务二　鲜叶的杀青

职业能力｜能正确地进行绿茶杀青。

核心概念｜杀青是指采取高温在短时间内钝化酶活性，破坏鲜叶的组织与结构，是绿茶品质形成的关键工序。

学习目标｜掌握绿茶杀青的温度、方法和绿茶杀青适度的标准。

（一）基础知识

1. 杀青的目的

一是彻底破坏鲜叶中的酶活性，制止多酚类物质的酶促氧化，获得绿茶应有的色、香、味；二是散发青臭气，发展茶香；三是改变叶子内含成分的部分性质，促进绿茶品质的形成；四是蒸发一部分水分，使叶质变为柔软，增强韧性，便于揉捻成条。

视频4　炒青绿茶加工——杀青

2. 杀青措施

（1）高温杀青，先高后低　杀青的本质就是采取高温迅速破坏酶的催化功能，保持绿茶“绿”的品质。前期杀青温度一定要高，使叶温迅速上升到80℃以上，使酶在顷刻间失去活性，同时散发出青草气。杀青后期应降低锅温，杀青产生大量水蒸气后，鲜叶内含水分无法吸收更多的热量。继续高温杀青，会导致失水过快而使失水不均，失水快的地方极易升高的锅温出现焦斑、焦煳等，导致品质变差。

（2）抛闷结合，多抛少闷　在高温杀青时，要用抛炒，使蒸发出来的水蒸气和青草气迅速散发，叶温也随之降低。抛炒的优点是有利于香气形成，保持色泽翠绿。当然抛炒也有缺点，就是易使芽叶断碎，甚至炒焦，杀青不匀，或出现红梗红叶。

闷炒的优点是利用生成的高温蒸汽使梗脉迅速升温，达到杀匀、杀透，不至于产生红梗红叶。它的缺点是闷炒过久，叶色泛黄，产生水闷气，影响品质。所以要“抛闷结合”，可集中优点，避免缺点，提高杀青质量。

一般而言，嫩叶宜多抛，老叶要多闷。例如一二级鲜叶，杀青前阶段应以抛杀为主，中间闷1～2min为好，而4～5级鲜叶，则应多闷，并提前闷炒。

（3）嫩叶老杀，老叶嫩杀　老杀是指叶子失水多些，嫩杀是指叶子失水适当少些。因为嫩叶含水量高，酶活性强，嫩杀不易杀透杀匀，所以要老杀。如果嫩杀，则酶活性未彻底破坏，容易产生红梗红叶；同时杀青叶含水量过高，在揉捻时汁液易流失，加压时易呈糊状，芽叶易断碎。

3. 手工杀青方法

达到杀青锅温时，投入鲜叶；先以翻炒为主，先快后慢，等待叶温迅速升高，适当间以抛撒，时间30s到1min；待叶温逐渐升高，水蒸气开始大量形成，翻炒的同时逐渐转向于抛炒为主，大量散发水蒸气。抛炒一定时间时，开始降低锅温。翻炒要勤，要求翻得快，扬得高，捞得净，撒得开。注意杀匀杀透，适当老杀。杀青适度后，应立即出锅薄摊，迅速降温。

4. 杀青适度的标准

杀青适度标准：一是看杀青叶减重率或含水量，叶减重30%左右为佳；二是看杀青叶外观叶相。

（1）眼看　叶色由浅暗绿变为深暗绿，表面光泽完全失去，无红梗红色。

（2）鼻嗅　青草气完全消失，清香或花果香显露。

（3）手捏　梗子弯曲而不断裂，手捏叶软，略有黏性，紧捏叶子成团，稍有弹性。

（二）能力训练

1. 操作条件

操作条件如表2-7所示。

表2-7　操作条件

用途类别	设备、器具、材料名称	单位	数量
杀青	小簸箕	个	1
	棕扫	把	1
	大簸箕	个	1
	一芽二叶茶树鲜叶	kg	0.5
	电炒锅/滚筒连续杀青机	口/台	1
	线手套	双	1

2. 安全注意事项

（1）操作前要穿好工作服。

（2）收拢小簸箕上的茶叶时，不要用手赶，以免有小篾刺扎伤手。

（3）注意杀青过程中的用电安全。

（4）杀青结束要关闭电源。

（5）使用滚筒连续杀青机杀青完成后需待滚筒温度降至50℃以下才能停止转动。

3. 操作过程

操作过程如表2-8所示。

表2-8 操作过程

步骤	操作方法及说明	质量标准及记录
升高锅温，达到杀青温度	打开开关将锅温升高到200～280℃。达到杀青锅温要求时，怎样来判断呢？一是白天看锅底呈微灰白色，夜晚弱光下看呈红色；二是将手背放置于锅中央离锅心10cm处，10s左右，有明显热刺感（烫手背）；三是扔几个芽叶入锅，发出噼里啪啦的响声	白天看锅底呈微灰白色，夜晚弱光下看呈红色 □是 □否 将手背放置于锅中央离锅心10cm处，10s左右，有明显热刺感（烫手背） □是 □否 扔几个芽叶入锅，发出噼里啪啦的响声 □是 □否
杀青	当锅温达到杀青温度时，投入0.5kg的鲜叶；先以翻炒为主，先快后慢，等待叶温迅速升高，适当间以抛撒，时间约30s～1min；待叶温逐渐升高，水蒸气开始大量形成，翻炒的同时逐渐转向于抛炒为主，大量散发水蒸气。抛炒一定时间时，开始降低锅温。整个杀青过程中，翻炒要勤，要求翻得快，扬得高，捞得净，撒得开。注意杀匀杀透，适当老杀。杀青时间一般为4～6min。杀青适度后，应立即出锅薄摊，迅速降温	高温杀青，先高后低 □是 □否 抛闷结合，多抛少闷 □是 □否 嫩叶老杀，老叶嫩杀 □是 □否 时间4～6min □是 □否
判断杀青适度的标准	看、闻、捏	看：叶色由浅暗绿变为深暗绿，表面光泽完全失去，无红梗红色 □是 □否 闻：青草气完全消失，清香或花果香显露 □是 □否 捏：梗子弯曲而不断裂，手捏叶软，略有黏性，紧捏叶子成团，稍有弹性 □是 □否

（三）问题情境

1. 问题情境一：鲜叶入锅时，锅温稍低了一些应怎么做？

减少翻动频率，提高叶温。

2. 问题情境二：鲜叶入锅时，锅温稍高了一些应怎么做？

增加翻动频率，降低叶温。

（四）知识拓展（都匀毛尖茶杀青）

视频5　烘青绿茶加工

1. 杀青温度

杀青锅温320～370℃（即用手背离锅底20cm，时间5～10s，感觉到有刺热感时），投叶量为0.5～0.8kg。

2. 杀青时间

杀青时间4～6min，采用“老叶嫩杀，嫩叶老杀”和“多抛少闷，抛闷结合”的原理进行杀青。

3. 杀青方法

将茶青一次性倒入锅内，发出炒芝麻的声音后，立即将锅内茶青迅速翻动，让茶青受热均匀，当叶温上升，有大量水汽冒出后，采用多抛少闷的手法交替进行，要求杀匀、杀透、不焦煳。

4. 杀青适度标准

杀青叶颜色变暗，叶面无光泽，叶质变软，折而不断，青草气消失，茶香显露。

（五）学习评价

学习评价如表2-9所示。

表2-9　学习评价

项目	内容	配分	得分	批注
工作准备（10%）	能正确理解工作任务的内容	5		
	能查阅资料，确认相关技术标准	5		
工作过程（90%）	能在小组内开展有序的分工	5		
	能穿好工作服	5		
	能准备必需的器具	5		
	注意用电安全	5		
	能正确判断杀青温度	20		
	能正确掌握杀青的手法	30		
	能正确掌握杀青适度的标准	20		

任务三　揉捻（做形）

职业能力｜能正确地进行绿茶揉捻。

核心概念｜揉捻分为冷揉和热揉。所谓热揉，就是杀青叶不经摊青，趁热揉捻。热揉的优点是在热的条件下纤维素软化容易成条，缺点是易导致闷黄和产生水闷气。所谓冷揉，就是杀青叶出锅后，经过一段时间的摊凉，使叶温下降到一定程度时再进行揉捻。冷揉的优点是嫩叶内含物质丰富，易成条，冷揉有益于色泽和香气的形成。

学习目标｜能正确地掌握绿茶揉捻的原则、方法和揉捻程度。

（一）基础知识

1. 揉捻的目的

揉捻的目的有两点：一是卷叶成条，塑造外形；二是适当破坏叶细胞组织，既要茶汁容易泡出，又要耐冲泡。

视频6 炒青绿茶加工——揉捻和干燥

2. 揉捻叶要求

揉捻叶的要求是“五要五不要”：一要叶条，不要叶片；二要圆条，不要扁条；三要直条，不要弯条；四要紧条，不要松条；五要整条，不要碎条。同时要求叶色翠绿，不泛黄，香气清高，不低闷。

3. 揉捻加压

揉捻加压应遵循“先轻后重，逐步加压，轻重交替，最后不加压”的原则。开始揉捻时，一般不加压揉（轻），等到叶子已初步揉成条时，再逐步加压，由轻到重，条索越揉越紧。待条索揉紧成条后，改用轻压，最后不用压揉。中途轻、重、轻交替，过早加压会导致茶条松散和扁碎。

4. 揉捻时间

揉捻时间和加压二者关系密切，应结合起来统一考虑，不能仅强调一方面。高级叶揉捻时间一般为20～30min，如果加重压，则揉捻15～20min。

5. 揉捻程度

揉捻程度为三级以上的叶子成条率达80%以上，三级以下的叶子成条率达60%以上。揉捻叶细胞破碎率一般为45%～55%。茶汁附着叶面，手摸有湿润黏手感。

（二）能力训练

1. 操作条件

操作条件如表2-10所示。

表2-10 操作条件

用途类别	设备、器具、材料	单位	数量
揉捻	棕扫	把	1
	大簸箕	个	1
	杀青叶	kg	0.15
	茶叶揉捻机	台	1

2. 安全注意事项

（1）操作前要穿好工作服。

（2）收拢大簸箕上的茶叶时，不要用手赶，以免有小篾刺扎伤手。

（3）使用茶叶揉捻机时，在机器运转的过程中不能伸手进揉盘拿茶叶。

（4）注意与工作中的揉捻机保持安全距离。

3. 操作过程

操作过程如表2-11所示。

表2-11 操作过程

步骤	操作方法及说明	质量标准及记录
收拢茶青准备揉捻	将大簸箕上杀青好的茶青收拢成团，便于揉捻。操作方法为簸箕颠簸，收拢成团	簸箕颠簸，收拢成团 □是 □否
揉捻	揉捻时，用单手或双手将茶叶握在手心，在揉捻篾片上向前方推揉，使茶团在手心翻转，中间解块几次，使加工叶不结块，成形均匀。揉捻中加压要遵循“轻—重—轻”的原则	单手或双手将茶叶握在手心，在揉捻篾片上向前方推揉，使茶团在手心翻转 □是 □否 中间解块几次，使加工叶不结块，成形均匀 □是 □否 加压要遵循“轻—重—轻”的原则 □是 □否
判断揉捻程度	看、捏	看：三级以上的叶子成条率达到80%以上，三级以下的叶子成条率达到60%以上 □是 □否 捏：茶汁附着叶面，手摸有湿润黏手感 □是 □否

（三）问题情境

1. 问题情境一：老叶揉捻不成条怎么办？

加压热揉。

2. 问题情境二：名优绿茶揉捻的原则有什么？（如都匀毛尖尊品）

冷揉和轻揉。

（四）知识拓展（都匀毛尖茶揉捻）

都匀毛尖茶的揉捻分为揉捻、做形和提毫。

1. 揉捻

杀青结束后，立即将锅温降到150～200℃，按照“轻—重—轻”的原则，交替用力，时间8～10min，待茶叶成条变软，手捏不粘时，进行做形。

2. 做形

要求锅温120～170℃，时间8～12min，具体做法是搓团，将茶团置于手心，让茶团在手心滚动，按同一方向搓揉，然后进行定型，最后进行解块，如此反复进行，使茶条卷曲。待含水量达到20%～40%时，进行提毫。

3. 提毫

要求锅温120～150℃，时间8～12min，做形叶的含水量为20%～40%。用双手握住茶团，掌心用力，让茶团相互摩擦显毫；当茶毫显露，茶条变硬显脆时，提毫结束，此时茶条含水量在10%～20%，然后进行烘焙。

（五）学习评价

学习评价如表2-12所示。

表2-12 学习评价

项目	内容	配分	得分	批注
工作准备（10%）	能正确理解工作任务的内容	5		
	能查阅资料，确认相关技术标准	5		
工作过程（90%）	能在小组内开展有序的分工	5		
	能穿好工作服	5		
	能准备必需的器具	10		
	能正确判断揉捻的手法	30		
	能正确掌握揉捻加压原则	20		
	能正确掌握揉捻程度	20		

任务四 干燥

职业能力｜能正确进行绿茶干燥。

核心概念｜干燥是决定炒青绿茶品质的最后一关。炒青绿茶的干燥一般分为炒二青、炒三青和辉锅三道工序。

学习目标｜能正确地掌握绿茶干燥的目的、方法和干燥适度的标准。

（一）基础知识

1. 干燥的目的

干燥的目的并不仅仅是去除茶叶中的水分，其目的主要包括以下三点。

（1）叶子在杀青的基础上继续使内含物发生变化，提高内在品质。

（2）在揉捻的基础上收紧条索，改进外形。

（3）排除过多水分，防止霉变，便于贮藏。

2. 水分控制

（1）二青　二青叶干燥程度以含水量40%～50%为宜。老叶适度含水量多一些，嫩叶适度含水量少一些，一般烘到叶子手捏不黏，稍有触手，而叶子尚软，仍可成团，松手后会弹散即可。烘干温度不能过高，一般控制在80～100℃。

（2）炒三青　经过初烘或者初炒后的二青叶，上锅式炒干机炒三青炒到手捏叶子有部分发硬，但不会破碎，有触手感觉，略有弹散力即可，含水量20%左右为宜。投叶量在7.5～10kg的二青叶时，锅温控制在100～110℃。

（3）辉锅　用瓶式炒干机辉锅，叶量为二锅三青叶，锅温90～100℃，炒30～40min，含水量5%～6%为适度。

3. 干燥适度的标准

干燥适度的毛茶，手握有刺手感，梗折即断，手捻即成粉末。炒青绿茶条索紧实，色泽绿润起霜，锋苗显露。

（二）能力训练

1. 操作条件

操作条件如表2-13所示。

表2-13　操作条件

用途类别	设备、器具、材料	单位	数量
干燥	电炒锅/圆斗烘干机/瓶式炒干机	口	1
	揉捻叶	kg	0.15
	棕扫	把	1
	大簸箕	个	1

2. 安全注意事项

（1）操作前要穿好工作服。

（2）主要干燥过程中的用电安全。

（3）干燥结束后，降温前不能将物品放在电炒锅里；若用圆斗烘干机，需降温后再关闭风机；若用瓶式炒干机，需降温后再停止转动。

3. 操作过程

操作过程如表2-14所示。

表2-14 操作过程

步骤	操作方法及说明	质量标准及记录
二青	将揉捻叶加入电炒锅中，进行翻炒，锅温一般控制在80～100℃，炒制含水量40%～50%为宜	锅温控制在80～100℃ □是 □否 含水量40%～50%，判断标准：叶子手捏不黏，稍有触手，而叶子尚软，仍可成团，松手后会弹散 □是 □否
炒三青	锅温控制在80～90℃，将二青叶炒制含水量到20%左右	锅温控制在80～90℃ □是 □否 含水量20%左右，判断标准：手捏叶子有部分发硬，但不会破碎，有触手感觉，略有弹散力 □是 □否
辉锅	锅温80～85℃，炒至茶手握有刺手感，梗折即断，手捻即成粉末。含水量5%～6%为适度	锅温控制在80～85℃ □是 □否 含水量5%～6%，判断标准：茶手握有刺手感，梗折即断，手捻即成粉末 □是 □否

（三）问题情境

1. 问题情境一：干燥过程中如听见有啪啪的“爆破”声，是什么原因造成的，应该怎么办？

此时锅温过高，茶叶应立即出锅，待锅温下降后再入锅干燥。

2. 问题情境二：辉锅后的茶叶颜色不润，是什么原因造成的？

辉锅时间过长且锅温高。

（四）知识拓展（都匀毛尖茶干燥）

都匀毛尖茶干燥，要求锅温90～100℃，时间8～15 min，将茶叶均匀薄摊于锅壁，每2～3 min翻动一次，往复进行。翻动时动作要轻，翻动彻底，待手捏成粉，含水量达到6%以下时，割末出锅。

（五）学习评价

学习评价如表2-15所示。

表2-15 学习评价

项目	内容	配分	得分	批注
工作准备（10%）	能正确理解工作任务的内容	5		
	能查阅资料，确认相关技术标准	5		

续表

项目	内容	配分	得分	批注
工作过程（90%）	能在小组内开展有序的分工	5		
	能穿好工作服	5		
	能准备必需的器具	10		
	能正确判断干燥的程度	30		
	能正确掌握干燥的手法	20		
	能正确掌握干燥的温度	20		

课后练习题

（一）判断题

1. 摊晾是指鲜叶采摘后到杀青前的管理，也称为摊青。（ ）
2. 摊青厚度一般不超过5cm。（ ）
3. 摊青时间一般不超过10h。（ ）
4. 摊青需要摊至含水量约60%为宜。（ ）
5. 不同等级的茶青应分开摊青。（ ）
6. 摊青过程中一般不翻动，防止叶片受伤。（ ）
7. 摊青的环境应是密封不透气的。（ ）
8. 都匀毛尖尊品茶青，独芽含量90%以上，一芽一叶初展含量10%以内。（ ）
9. 杀青是指采取高温在短时间内钝化酶活性、破坏鲜叶的组织与结构，是绿茶品质形成的关键工序。（ ）
10. 杀青温度应先高后低。（ ）
11. 杀青应抛闷结合，多抛少闷。（ ）
12. 独芽应含水量高，应适度嫩杀。（ ）
13. 使酶在顷刻间失去活性的温度为70℃。（ ）
14. 杀青温度较低，容易出现红梗红叶。（ ）
15. 杀青适度，青草气散失。（ ）
16. 抛炒过多，芽叶易断碎。（ ）
17. 所谓热揉，就是杀青叶不经摊凉，趁热揉捻。（ ）
18. 冷揉的优点是嫩叶内含物质丰富，易成条，冷揉有益于色泽和香气的形成。（ ）
19. 揉捻加压的原则为“轻—重”。（ ）
20. 揉捻时间和加压二者关系密切，应结合起来统一考虑。（ ）

21. 热揉的缺点是易导致闷黄和产生水闷气。(　)

22. 揉捻的茶条应是紧条、圆条。(　)

23. 揉捻时，用单手或双手将茶叶握在手心，在揉捻篾片上向前方推揉。(　)

24. 都匀毛尖茶加工揉捻为冷揉。(　)

25. 二青叶干燥程度以含水量40%～50%为宜。(　)

26. 叶子手捏不黏，稍有触手，而叶子尚软，仍可成团，松手后会弹散。此时，叶子的含水量为40%～50%。(　)

27. 手捏叶子有部分发硬，但不会破碎，有触手感觉，略有弹散力。此时，叶子的含水量为10%左右。(　)

28. 含水量10%左右，判断标准为茶手握有刺手感，梗折即断，手捻即成粉末。(　)

29. 干燥的目的包含排除过多水分、防止霉变、便于贮藏。(　)

30. 炒青绿茶的干燥一般分为炒二青、炒三青和辉锅三道工序。(　)

31. 干燥过程中温度越高越好。(　)

32. 干燥过程中如听见有啪啪的爆破声，这时应立即出锅。(　)

(二)简答题

1. 茶青加工前为什么要摊青?
2. 茶青摊青适度的标准?
3. 杀青的目的?
4. 杀青适度的标准?
5. 揉捻的目的?
6. 揉捻适度的标准?
7. 干燥的目的?
8. 干燥适度的标准?

思政小课堂

课程思政2：茶人精神——
毕生投入、专注深耕 杨继昌

拓展阅读

（一）典型案例一：都匀毛尖茶初制加工技术

都匀毛尖茶，以采自贵州省黔南布依族苗族自治州境内的中小叶茶树群体种或适宜的茶树良种的幼嫩芽叶为原料，按特定加工工艺加工而成，具有特定品质特征的卷曲形绿茶。

视频7　都匀毛尖茶加工

1. 原料（鲜叶）要求

原料鲜叶应保持芽叶完整、新鲜、匀净、无污染物和其他非茶类夹杂物。

鲜叶分为四个等级：珍品、特级、一级、二级，分级及要求见表2-16。

表2-16　都匀毛尖茶鲜叶分级及要求

等级	要求
珍品	单芽至一芽一叶初展
特级	一芽一叶
一级	一芽二叶
二级	一芽二叶50%以上，幼嫩的一芽三叶及其同等嫩度对夹叶和单片叶在50%以内

2. 加工工艺技术要求

（1）都匀毛尖茶加工工艺　分为手工加工工艺和机械加工工艺两种。

（2）手工加工工艺技术要求　手工加工工艺流程：茶青分级→摊青→杀青→揉捻→做形→提毫→烘焙足干→出锅→审评归类→拼样官堆装箱→入库

①茶青分级：茶青采收时，按照都匀毛尖茶鲜叶质量分级要求进行分级，不同等级的茶青分开收放，不能混装。

②摊青：厚度为5～15cm，雨水叶或含水量较高的鲜叶宜薄摊，晴天中午或下午采摘的鲜叶宜厚摊，每隔1h左右轻翻一次，室内温度在25℃以下，防止太阳照射。摊放时间2～3h，叶质变软，含水量降至38%～72%，色泽变暗，当天采摘鲜叶应当天加工完毕。

③杀青

杀青锅温：300～380℃（即用手背离锅底20cm，时间5～10s，感觉到有刺热感时），投叶量为0.5～0.8kg。

杀青时间：3～4min，采用“老叶嫩杀，嫩叶老杀”和“多抛少闷，抛闷结合”的原理进行杀青。

杀青方法：将茶青一次性倒入锅内，发出炒芝麻的声音后，立即将锅内茶青迅速翻动，让茶青受热均匀，当叶温上升，有大量水汽冒出后，采用多抛少闷的手法交替进行，要求杀匀、杀透、不焦煳。

杀青适度标准：杀青叶色变暗，叶面无光泽，叶质变软，折而不断，青草气消失，茶香显露。

④揉捻：杀青结束后，立即将锅温降到150～180℃，按照“轻—重—轻”的原则，交替用力，时间8～10min，待茶叶成条变软，手捏不黏时，进行做形。

⑤做形：要求锅温120～150℃，时间8～12min，搓团，将茶团置于手心，让茶团在手心滚动，按同一方向搓揉，定形，解块，如此反复进行，使茶条卷曲。待含水量达20%～30%时，进行提毫。

⑥提毫：要求锅温120～150℃，时间8～12min，做形叶的含水量20%～30%。用双手握住茶团，掌心用力，让茶团相互摩擦显毫；当茶毫显露、茶条变硬显脆时，提毫结束，此时茶条含水量在10%～18%，进行烘焙。

⑦烘焙足干：要求锅温100～150℃，时间8～15min，将茶叶均匀薄摊于锅壁，每2～3min翻动一次，往复进行，翻动时动作要轻，翻动彻底，待手捏成粉、含水量达6%以下时，割末出锅。

⑧出锅：出锅时，先将茶叶收拢于锅底，双手将茶叶捧入茶簸箕中，锅底碎茶单独盛装，不能合并混装。

（3）机械加工工艺技术要求　机械加工工艺流程：茶青分级→摊青→杀青→冷却摊凉→揉捻→初烘→做形提毫→烘焙足干→拼样官堆装箱→入库

①茶青分级、摊青：同手工加工工艺技术要求。

②杀青

杀青方法：采用金属导热杀青机，按照“嫩叶老杀、老叶嫩杀”的原则进行杀青。杀青时，要求锅壁温度280～450℃，时间1.2～2.5min。

杀青适度标准：叶色暗绿，无光泽；叶质柔软，手握成团，略有弹性；青气消失，茶香显露且无焦边、无焦味；含水量在58%～62%，要求杀匀、杀透、不焦煳、不红变。

（二）典型案例二：龙井茶初制加工技术

视频8　西湖龙井加工

西湖龙井，是指在龙井茶地理标志产品保护范围内，即杭州市西湖区（西湖风景名胜区）现辖行政区域（西湖产区），杭州市萧山、滨江、余杭、富阳、临安、桐庐、建德、淳安等县（市、区）现辖行政区域（钱塘产区），绍兴市绍兴、越城、新昌、嵊州、诸暨、上虞等县（市、区）现辖行政区域以及磐安、东阳、天台等县（市）现辖部分乡镇区域（越州产区）内，采摘的龙井群体、龙井43、龙井长叶、迎霜、鸠坑种等经审（认）定的适宜加工龙井茶的茶树良种，按照传统工艺在地理标志产品保护范围内加工而成，具有“色绿、香郁、味醇、形美”的扁形绿茶。

1. 原料（鲜叶）要求

龙井茶鲜叶分级及要求如表2-17所示。

表2-17　龙井茶鲜叶分级及要求

等级	要求
特级	一芽一叶初展，芽叶夹角度小，芽长于叶，芽叶匀齐肥壮，芽叶长度不超过2.5cm
一级	一芽一叶至一芽二叶初展，以一芽一叶为主，一芽二叶初展在10%以下，芽稍长于叶，芽叶完整、匀净，芽叶长度不超过3cm
二级	一芽一叶至一芽二叶，一芽二叶在30%以下，芽与叶长度基本相等，芽叶完整，芽叶长度不超过3.5cm
三级	一芽二叶至一芽三叶初展，以一芽二叶为主，一芽三叶不超过30%，叶长于芽，芽叶完整，芽叶长度不超过4cm；一芽二叶至一芽三叶，一芽三叶不超过50%，叶长于芽，有部分嫩的对夹叶，长度不超过4cm
四级	一芽二叶至一芽三叶，一芽三叶不超过50%，叶长于芽，有部分嫩的对夹叶，长度不超过4.5cm

2. 加工工艺技术要求

手工加工工艺流程：鲜叶摊放→手工青锅→摊凉回潮→青锅叶分筛→手工辉锅→干茶分筛→挺长头→复筛后分类归堆→收灰与贮藏

机械（特级、一级及二级原料）加工工艺流程：鲜叶摊放→青锅→摊凉回潮→理条整形→二青固形→摊凉回潮→辉锅→干茶分筛→筛面复辉→复筛后分类归堆→收灰与贮藏

机械（三级及级外等级原料）加工工艺流程：鲜叶摊放→理条杀青→风选冷却→二青做形→理条整形→三青固形→摊凉回潮→辉锅→干茶分筛→筛面复辉→复筛后分类归堆→贮藏

（1）手工加工工艺技术要求

①鲜叶摊放

摊放方式：应在摊放器具上进行，以室内自然摊放为主，可通过适当控制通风，关闭或开放门窗来调节鲜叶的失水。必要时可用鲜叶脱水机脱除表面水后再进行摊放，也可用鼓风方式缩短摊放时间。有条件的可在空调室内或专用摊青设备、摊青室进行摊放，根据鲜叶数量和加工能力来调节摊青进程。摊放场所要求清洁卫生、阴凉、空气流通、不受阳光直射。

摊放厚度：视天气、鲜叶老嫩、摊放方式而定。高档嫩叶薄摊，中低档芽叶可适当加厚；自然摊放薄摊，设备摊放可适当加厚；自然摊放不宜搭叶，鼓风摊放不漏风。二级以上鲜叶原料每平方米摊放1kg为宜，摊叶厚度控制在30mm以内；三级、四级鲜叶原料一般控制在40～50mm。

摊放时间：视天气和原料而定，一般6 ~ 12h。晴天、干燥天时间可短些；阴雨天应相对长些。二级以上鲜叶摊放时间应长些，三级、四级鲜叶摊放时间应短些。

摊放过程：二级至四级鲜叶轻翻1 ~ 2次，促使鲜叶水分散发均匀且摊放程度一致。二级以上鲜叶尽量少翻。

程度：以叶面开始萎缩，叶质由硬变软，叶色由鲜绿转暗绿，清香显露，含水率降至（70 ± 2）%为宜。

②手工青锅

青锅温度：鲜叶下锅锅底温度150 ~ 200 ℃（机械温度计显示温度，下同）。特级鲜叶150 ~ 170℃，一级至二级鲜叶170 ~ 190℃，三级至四级鲜叶180 ~ 200℃。鲜叶投入锅中有“噼啪”爆声，锅温掌握从高到低。

投叶量：特级鲜叶每锅100 ~ 150g，一级至二级鲜叶150 ~ 200g，三级至四级鲜叶250 ~ 300g，炒制中每锅投叶量应稳定一致。

作业过程：应先用油褟沾极少炒茶专用油脂，润滑锅面，油烟散去后，放入鲜叶。炒制时应先轻抓、轻抖，抖得高、散得匀，炒约3min茶叶呈自然“瘪落”时适当降低温度并同时减少抖，并逐渐加用搭、带、拓等手法，开始轻，逐渐加重搭、拓、甩的力度，以不出茶汁、不相互黏结，茶叶平扁为宜，炒6 ~ 7min。加快手法的协调和运动速度，再炒3 ~ 4min，至茶叶有干燥感时起锅。炒制时不应用力过早或用力过迟，应先轻后重。青锅全程时间为12 ~ 14min。

程度：当芽叶初具扁平、挺直、软润、色绿一致，茶叶含水量降至约40%，即可出锅。

③摊凉回潮：青锅叶出锅后应及时摊凉，及时降温和散发水汽。青锅叶摊凉后，适当并堆，必要时可覆盖清洁棉布，使芽、茎、叶各部位的水分重新分布均匀回软。摊凉回潮时间1 ~ 2h。

④青锅叶分筛：用不同孔径的茶筛将回潮后的青锅叶分成2 ~ 3档，簸去片末。高档叶可以不分筛。筛面叶解散搭叶，筛底叶簸去片末。筛面、中筛、筛底叶分别辉锅。

⑤手工辉锅

温度：准确掌握青锅叶落锅炒制时的锅温，锅温起始控制在90℃为宜，中间过程65 ~ 75℃，出锅前75℃为宜。

投叶量：每锅炒制中应保持稳定一致。特级茶、一级茶、二级茶每锅投青锅叶200 ~ 250g，三级茶、四级茶250 ~ 300g。

作业过程：应先用油褟沾极少量炒茶专用油脂，润滑锅面，油烟散去后，放入青锅叶。用力程度应与锅温有机结合，掌握“轻—重—轻”的原则。开始以轻抓、轻抖、轻搭，把茶叶匀齐地掌握在手中，理条并散发水汽，炒3 ~ 8min；然后逐渐转入“手不离茶、茶不离锅”阶段，用拓、抓、捺、扣等手法，把茶叶齐直地攒在手中，然后逐步以抓、扣、挺的手法代替搭、抓的手法。用抓、挺、捺、扣手法相互交替，密切配合，炒5～6min。当茶叶出现灰白（即茶的茸毛显露）时，可略提高锅温（有烫手感），用力减轻，改用抓、挺、磨等手法；当茶毛起球脱落时，应“守住”茶叶，不宜让茶叶“逃”出手外，当茶毛脱净，茶叶一折就断，可起锅，炒制时间约5min。如需增加扁平度，应在炒制中期进行抓、挺、磨时，用压手法。辉锅全程时间为15～20min。

程度：干茶含水量为6.5%以下。

⑥干茶分筛：炒制好的干茶经摊凉，选用不同孔径的龙井茶筛，分出2～3档，即筛面（头子）、中筛、筛底（底子）。

⑦挺长头（辉锅复炒）：各级干茶的筛面茶挺长头，方法与辉锅相同。

⑧复筛后分类归堆：将经过筛分后的各级筛号茶，按同级筛号归堆，并分别标上日期、等级、数量；经过几天采制，将同一等级的茶归堆后，重新标上日期、数量。

⑨收灰与贮藏

收灰：茶叶放在专用贮存缸或其他容器中，按茶叶与生石灰之比为5∶1的比例贮放，时间为10～15d。茶叶与生石灰不能直接接触，之间用非漂白的白纸或本白白布隔开。生石灰用非漂白白布制成布袋盛装。

贮藏：宜贮存在低温专用冷库中，温度以5℃以下为宜。

（2）机械加工（特级、一级及二级原料）工艺技术要求

①鲜叶摊放：同手工加工工艺技术要求。

②青锅

机械设备：长板式扁形茶炒制机。

温度：摊放叶下锅时青锅温度应在200～240 ℃（机械温度计显示温度，下同），具体根据鲜叶原料进行适度调整。鲜叶投入锅中有“噼啪”爆声，锅温掌握从高到低。

投叶量：特级鲜叶投叶量每锅80～120g，一级至二级每锅120～150g，同类青锅叶每锅投叶量应稳定一致。

作业过程：开启机械，将炒板转至上方，加温，当实际锅温升至设定温度时，开启炒板转动按钮，炒板转动。加入少量炒茶专用油脂，油烟散去后，均匀投入摊青叶，可听到茶叶在锅中的“噼啪”爆声。摊青叶入锅后开始逐步加压，加压一般分三个阶段，第一阶段从摊青叶入锅到芽叶萎软，采用轻压，以能带起芽叶，又不致使芽叶结块为宜，约1min；第二阶段是芽叶成形初级阶段，逐步加压，压力挡位增加至轻压的2倍以上，具体根据芽叶情况进行调整，时间在2～2.5min，到芽叶基本成条并呈扁平状，互不粘手；第三阶段恒温炒，提高扁平度，待芽叶炒至扁平成形，含水量约30%，推开前面出料门自动出锅。茶叶炒制结束放松炒板，切断机器电源。

时间：全程4～5min。

程度：待茶叶炒至成形，芽叶初具扁平、挺直、软润、色绿一致的特点，茶叶含水量降至30%为宜。

③摊凉回潮

机械设备：竹匾、竹筐、回潮机等。

作业过程：青锅叶出锅后应及时摊凉，尽快降温和散发水汽。然后集中在竹匾、竹筐、回潮机中进行回潮。

回潮叶堆厚度：10～15cm。

回潮时间：1～2h。

程度：芽叶各部位均匀回软。

④理条整形

机械设备：扁茶脱毫磨光机。

温度：回潮叶下锅温度应在60℃为宜（机械温度计显示温度，下同）。

投叶量：每槽2.5kg，4槽共计约10kg。

作业过程：开启机械，加温，当实际温度升至设定温度时，开启机械往复振动开关，投入茶叶，结束后自动出茶。机械往复振动频率126次/min。

时间：20min为宜，具体根据生产安排进行调整。

程度：茶叶进一步收拢，挺直度提升，理条结束后茶叶含水量稍有下降，约23%。

⑤二青定形

机械设备：长板式扁形茶炒制机。

温度：下锅温度应在170～180℃，根据原料进行适当调整。

投叶量：投叶量每锅40～50g做形叶，同类青锅叶每锅投叶量应稳定一致。

作业过程：开启机械，将炒板转至上方，加温，当实际锅温升至设定温度时，开启炒板转动按钮，炒板转动。均匀投入做形叶，炒板翻炒茶叶，当芽叶受热变软，开始逐步加压，根据茶叶干燥程度，一般每隔半分钟加压一次，加压程度主要看炒板，以能带起茶叶，又不致使茶叶结块为宜。加压从中挡压力开始逐步加压，分为三个阶段，第一阶段为中压阶段，时间0.5～1min；第二阶段是茶叶固形阶段，压力逐步加至初始中挡压力的1.5倍以上，这一阶段是“扁平、挺直”龙井茶固形的重要时段，动作以“压、磨”为主，不得一次性加压。茶叶炒制结束放松炒板，切断机器电源。

时间：全程时间为2～3min。

程度：芽叶扁平、挺直、较光滑、软润、色绿一致，茶叶含水量降至10%～12%。

⑥摊凉回潮

机械设备：竹匾、竹筐、回潮机、包装袋等。

作业过程：二青叶出锅后应及时摊凉，尽快降温和散发水汽。然后集中在竹匾、竹筐、回潮机或者包装袋中进行回潮。

回潮时间：4h以上，具体根据生产安排进行调整。

⑦辉锅

机械设备：八角滚筒辉锅机等。

温度：筒壁温度在80 ~ 90 ℃。

投叶量：每锅投叶量2 ~ 4kg回潮叶。

作业过程：将筒体清理干净，打开加热开关，启动筒体转动开关，加热到设定的温度。投入茶叶，启动筒体转动开关，7 ~ 8r/min的转速下炒制10min为宜，茶叶受热回软，打开热风开关排除热气。定期检查筒体内在制茶叶的干燥度与形状，以茶叶不出现末碎，表面光滑，达到干燥度要求时即可停机。

时间：20 ~ 30min。

程度：形状扁平、光滑、挺直，含水量6.5%以下。

⑧干茶分筛：同手工加工工艺技术要求。

⑨筛面复辉：机械设备同辉锅。各级干茶的筛面（头子）进行复辉处理，方法与辉锅相同。

⑩复筛后分类归堆

机械设备：茶叶匀堆机等。

作业过程：将经过筛分后的各级筛号茶，按照同级筛号归堆，并分别标上日期、等级、数量。

⑪收灰与贮藏：同手工加工工艺技术要求。

（3）机械加工（三级及级外等级原料）工艺技术要求

①鲜叶摊放：同手工加工工艺技术要求。

②理条杀青

机械设备：理条杀青机等。

温度：摊放叶下锅时理条机温度应在250 ~ 270℃，具体根据鲜叶原料成熟度的不同进行适度调整。鲜叶投入锅中有“噼啪”爆声。

投叶量：鲜叶投叶量每锅400 ~ 600g，每锅投叶量应稳定一致。

作业过程：开启机械，加温，当温度升至设定温度时，开始投放鲜叶。均匀投入茶叶，可听到茶叶在锅中的“噼啪”爆声，理条机摆动频率约150次/min。待茶叶炒至叶面失去光泽，叶质柔软，呈直条状，芽叶初具挺直，青气消失，香气显露，结束后自动出茶。

时间：2 ~ 3min。

程度：茶叶含水量55% ~ 50%。

③风选冷却

机械设备：风扇、风选机等。

作业过程：理条杀青叶出锅后借助风扇及时摊凉，尽快降温和散发水汽，随后投入茶叶风选机进行风选，初步将轻飘黄片、碎片等借助风力剔除。

④二青做形

机械设备：长板式扁形茶炒制机等。

温度：锅温在160～200℃，掌握从高到低。

投叶量：一般每锅50～100g，依据原料情况进行适当调整，炒制中每锅投叶量应稳定一致。

作业过程：开启机械，将炒板转至上方，加温，当实际锅温升至设定温度时，机械控制自动加入少量炒茶专用油脂，开启炒板转动按钮，炒板转动。均匀投入茶叶，阶段性逐步降温增压，以能带起茶叶，又不致使茶叶结块为宜，不应一次性加重压。锅温应先高后低，采用三联锅进行炒制压扁，分为三个阶段：第一阶段温度190～200℃，压力采用轻压至中挡压力，时间40～60s；第二阶段温度比第一阶段低20～30℃，压力采用中挡至高挡压力，时间40～60s；第三阶段温度比第二阶段低10℃为宜，压力采用高挡压力，增加“磨”的作用，恒温炒40～60s，第二、第三阶段是做扁的重要时段。茶叶炒制结束放松炒板，切断机器电源。

时间：2～3min。

程度：待茶叶炒至扁平成形，含水量降至25%为宜。

⑤理条整形：同机械加工（特级、一级及二级原料）工艺技术要求。

⑥三青固形

机械设备：长板式扁形茶炒制机等。

锅温：下锅温度150～170℃，根据原料进行适当调整。

投叶量：投叶量每锅50～70g做形叶，每锅投叶量应稳定一致。

作业过程：开启机械，将炒板转至上方，加温，当实际锅温升至设定温度时，开启炒板转动按钮，炒板转动。均匀投入茶叶，炒板翻炒茶叶，当芽叶受热变软，开始逐步加压，根据茶叶干燥程度，一般每隔0.5min加压一次，加压程度主要看炒板，以能带起茶叶，又不致使茶叶结块为宜。加压从中挡压力开始逐步加压，分为三个阶段，第一阶段为中压阶段，0.5～1min；第二阶段是茶叶固形阶段，压力逐步加至初始中挡压力的1.5倍以上，这一阶段是“扁平、挺直”龙井茶固形的重要时段，动作以“压、磨”为主，不得一次性加重压。茶叶炒制结束放松炒板，切断机器电源。

时间：2～3min。

程度：当芽叶具扁平、挺直、较光滑、软润、色绿一致，茶叶含水量降至10%～12%。

⑦摊凉回潮：同机械加工（特级、一级及二级原料）加工工艺技术要求。

⑧辉锅

机械设备：辉锅机等。

温度：机显温度100℃，筒壁温度约90 ℃。

投叶量：每锅投叶量3～6kg回潮叶。

作业过程：同机械加工（特级、一级及二级原料）加工工艺技术要求。

时间：约30～40min。

程度：形状扁平、光滑、挺直，含水量6.5%以下。

⑨干茶分筛：同手工加工工艺技术要求。

⑩筛面复辉：同机械加工（特级、一级及二级原料）加工工艺技术要求。

⑪复筛后分类归堆：同机械加工（特级、一级及二级原料）加工工艺技术要求。

⑫贮藏：同手工加工工艺技术要求。

除了纯手工和纯机械制作龙井茶以外，目前还有机械与手工组合加工的方式，多用于高档鲜叶的加工。一般是机械青锅与手工辉锅（或前半段机械辉锅组合后半段手工辉锅）相结合的方式进行，其加工工艺分别对应上述手工和机械的相应步骤流程。各级龙井茶的感官品质要求见表2-18。

表2-18　各级龙井茶的感官品质要求

项目	特级	一级	二级	三级	四级
外形	扁平光润、挺直尖削；嫩绿鲜润；匀整重实；匀净	扁平光滑尚润、挺直；嫩绿尚鲜润；匀整有锋；洁净	扁平挺直，尚光滑；绿润；匀整；尚洁净	扁平、尚光滑，尚挺直；尚绿润；尚匀整；尚洁净	扁平，稍有宽扁条；绿稍深；尚匀；稍有青黄片
香气	清香持久	清香尚持久	清香	尚清香	纯正
滋味	鲜醇甘爽	鲜醇爽口	尚鲜	尚醇	尚醇
汤色	嫩绿明亮、清澈	嫩绿明亮	绿明亮	尚绿明亮	黄绿明亮
叶底	芽叶细嫩成朵，匀齐，嫩绿明亮	细嫩成朵，嫩绿明亮	尚细嫩成朵，绿明亮	尚成朵，有嫩单片叶，浅绿尚明亮	尚嫩匀稍有青张，尚绿明
其他要求	无霉变，无劣变，无污染，无异味；产品洁净，不得着色，不得夹杂非茶类物质，不含任何添加剂				

（三）典型案例三：恩施玉露初制加工技术

恩施玉露是中国传统名茶之一，曾称“玉绿”，因其香鲜爽口，条索紧圆光滑，色泽苍翠绿润，毫白如玉，故改名“玉露”。恩施玉露产于湖北省恩施土家族苗族自治州南部的芭蕉乡及东郊五峰山一带，是湖北省恩施土家族苗族自治州的特产，也是中国国家地理标志产品。恩施玉露的制作工艺独特，采用蒸青工艺，这是目前我国保存下来的唯一一种以蒸汽杀青的针形绿茶制作工艺，已被列入国家级非物质文化遗产代表性项目名录。恩施玉露的显著特点是“三绿”，即茶绿、汤绿、叶底绿，其口感清新细腻，香气持久，营养丰富，备受茶友们的喜爱。

1. 原料（鲜叶）要求

根据茶树品种的特性不同，恩施玉露可以分为两种类型，分别是恩施玉露翠玉型和恩施玉露白玉型。恩施玉露翠玉型是指采用少毫的茶树良种的鲜叶原料，制成的条索紧细直光滑、似针形的茶叶。恩施玉露白玉型是指采用恩施苔子茶、鄂茶1号、鄂茶10号、鄂茶14号等白毫较多的茶树品种的鲜叶原料，制成的条索紧细直、有白毫、似针形的茶叶。不同类型恩施玉露的推荐适制品种见表2-19、恩施玉露翠玉型鲜叶分级及要求见表2-20、恩施玉露白玉型鲜叶分级及要求见表2-21。

表2-19 不同类型恩施玉露的推荐适制品种

项目	适制品种
恩施玉露翠玉型	龙井43、浙农117等
恩施玉露白玉型	恩施苔子茶、鄂茶14号、鄂茶10号、鄂茶1号、中茶108、槠叶齐、春波绿、名山白毫131、福鼎大白茶等

表2-20 恩施玉露翠玉型鲜叶分级及要求

等级	要求
特级	一芽一叶≥95%，一芽二叶初展叶<5%
一级	一芽一叶≥85%，一芽二叶初展叶<15%
二级	一芽一叶≥50%，一芽二叶初展叶<50%
三级	一芽二叶≥85%，一芽三叶<15%

表2-21 恩施玉露白玉型鲜叶分级及要求

等级	要求
特级	单芽≥95%，一芽一叶初展叶<5%
一级	单芽≥60%，一芽一叶初展叶<40%
二级	一芽一叶≥85%，一芽二叶初展叶<15%
三级	一芽一叶≥50%，一芽二叶初展叶<50%

2. 加工工艺技术要求

手工加工工艺流程：摊青→蒸青→扇干水汽→炒头毛火→揉捻→铲二毛火→整形上光→提香→拣选

机械加工工艺流程：摊青→蒸汽杀青→回潮→揉捻→初干→回潮→理条→回潮→做形→脱毫→干燥→提香

（1）手工加工工艺技术要求

①摊青

摊青要求：鲜叶进厂后薄摊于干净的篾垫、纱网或摊青机上，摊叶厚度不超过5cm。晴天叶、下午叶摊青可稍厚。摊青场所要求清洁卫生、阴凉通风。

摊青时间：摊青5～8h，摊青时每隔2～3h要翻叶1次，动作要轻，以防芽叶损伤。

摊青程度：以芽叶含水量69%～71%为宜，此时手捏芽叶感觉较柔软，青草气基本消失，有清香或花果香。

②蒸青：采用蒸青灶。蒸青温度≥100℃，投叶量0.20～0.25kg。将叶子均匀薄摊在蒸青屉内，蒸青时间45～50s。程度以杀青叶叶色暗绿、叶质柔软、叶面光滑、微带清香为适度。

③扇干水汽：蒸青完成后，迅速将杀青叶薄撒在竹匾或摊青台上，摇动手扇或吊扇兴风，降低叶温，散发叶面水分。

④炒头毛火：采用焙炉。将2～3 kg蒸青叶投放在140～150℃的焙炉台上，双手捧叶抖散回落炉面，反复进行，炒制时间25～30min。适宜程度为叶色暗绿、叶质柔软，手捏成团，松手能散时下炉摊凉。

⑤揉捻：100～110℃焙炉上采用回转揉或对揉方式。回转揉：两手握住适量茶叶在焙炉台上，从左向右或从右向左始终朝一个方向周而复始地滚团揉；对揉：2人/4人/6人对立焙炉两边，往返推揉，茶团成一圆柱状，在炉盘上滚转。其间间歇解散团块。揉捻程度以成条率达95%以上为宜。

⑥铲二毛火：在100～110℃焙炉台上进行，揉捻叶量3～5 kg。双手手心相对，左右来回铲炒茶团，动作由慢至快，并随时将散落在炉台边的零星茶叶收拢，使其受热受力均匀。铲炒8～10min后，手捏叶成团、柔软，而稍有刺手感为适度，下叶摊青35～40min。

⑦整形上光：在80～100℃焙炉台上进行，毛火叶量0.8～1.0kg。分两个阶段进行。

第一阶段：悬手搓，即两手捧起茶叶，掌心相对，顺着一个方向轻轻搓转茶叶。当茶叶约七成干时，茶条呈细条长圆形，色泽油绿，转入第二阶段。

第二阶段：托搓，即采用“搂、端、搓、扎”四种手法依托炉盘搓茶。当茶条达八成干且互不粘连时，加大搓力，使其紧细挺直；当达九成干时，减轻搓力，以防断碎和色泽变灰。整形上光时间60～80min，当手捻茶叶能成末，折梗能断碎，含水量约7%。

⑧提香：采用焙炉或焙笼、地炉。焙炉提香：将整形上光叶在130℃的烘炉台面上不断翻抖烘焙，动作要轻，节奏要匀，时间20～25min；焙笼提香：采用木炭作燃料，温度70～80℃，叶层厚5～8cm，时间60～70min，中间每隔5～10min翻拌一次。提香程度掌握茶叶含水量5%～6%，清香或栗香显露。

⑨拣选：先用8号和10号竹筛分粗细，11号筛割末，簸箕或风车扇除轻质碎片，再手工拣剔。

（2）机械加工工艺技术要求

①摊青：同手工加工工艺技术要求。

②蒸汽杀青：采用蒸汽杀青机或汽热杀青机杀青，以蒸匀蒸透、不出现红梗红叶、焦叶为适度，相应工艺参数见表2-22。杀青叶含水量控制在58%～60%，手捏叶基本能成团，清香显露。

表2-22 蒸汽杀青设备型号及相应工艺参数

杀青设备及型号		蒸汽压力/MPa	杀青温度/℃	杀青时间/s	脱水温度/℃	脱水时间/s	台时产量/（kg/h）
蒸汽杀青机	100型	3	420～560	40～45	140～160	35～50	100～150
	200型	3～4	500～540	40～45	220～240	45～50	140～150
	300型	3.8～4	520～550	40～50	150～180	40～50	150～180
	400型	3.8～4	580～680	40～50	150～170	38～55	400～500
气热杀青机	150型	—	150～165	25～40	140～190	105～145	—

注：投叶量芽叶无重叠，茶叶平铺厚度约1cm。

③回潮：杀青叶先经冷却机冷却，再进入回潮机回潮，时间40～60min，叶质柔软。

④揉捻：采用揉捻机揉捻，揉捻机型号及投叶量见表2-23。揉捻过程加压遵循“轻—重—轻”的原则，以轻揉为主，揉捻时间40～60min，揉捻成条率≥85%。

表2-23 揉捻机型号及投叶量

揉捻机型号	不同级别原料投叶量				
	特级/kg	一级/kg	二级/kg	三级/kg	四级/kg
40型揉捻机	10～15	10～15	10～15	—	—
45型揉捻机	20～25	20～25	20～30	25～40	25～40
55型揉捻机	45～50	50～55	50～55	55～65	55～65
65型揉捻机	75～80	90～95	90～95	100～110	100～110

⑤初干（以“热风滚筒烘干机”为例）：采用110型热风滚筒烘干机，热风温度200～240℃，均匀进料。以茶叶含水量40%～45%，叶质柔软，手握成团，放手自然松开为适度。

⑥回潮：同手工加工工艺技术要求。

⑦理条（以“往复式理条机”为例）：采用18槽或11槽往复式理条机理条。18槽理条机温度180～200℃、投叶量0.2～0.3kg/槽；11槽理条机温度90～110℃、投叶量0.1～0.15kg/槽。理条程度为茶叶含水量20%左右，手握茶叶有刺手感。

⑧回潮：同手工加工工艺技术要求。

⑨做形（以“精揉机”为例）：采用60K-S型精揉机做形。温度100～120℃，遵循“先高后低”原则；每锅投叶量4～5kg，加压遵循“轻—重—轻”的原则，时间约45min左右。以茶叶含水量10%～15%，手感叶条较硬，折条断碎即为做形适度。

⑩脱毫（以“理条机和滚筒型辉锅机”为例）：采用12槽理条机或110型滚筒型辉锅机。12槽理条机温度70～80℃，叶量0.5～0.6kg/槽，时间20～30min；110型滚筒型辉锅机温度60～80℃，叶量15～20kg/锅，慢速滚炒，时间40～60min。程度以茶叶尚显毫或无毫、光滑或较光滑为适度。

⑪干燥（以“链板式烘干机”为例）：采用10型链板式烘干机或20型链板式烘干机进行两次干燥。10型链板式烘干机第一次干燥温度90～95℃，第二次干燥温度105～110℃；20型链板式烘干机第一次干燥温度95～100℃，第二次干燥温度115～120℃。干燥程度以茶叶含水量≤6.5%，手捏茶叶成粉末即为适度。

⑫提香（以“链板式烘干机”为例）：干燥叶摊凉回潮1h后，采用10型链板式烘干机或20型链板式烘干机进行提香。10型链板式烘干机温度120～122℃，20型链板式烘干机温度130～135℃。提香程度以茶叶清香或嫩栗香显露为适度。

⑬拣选：提香后的茶叶经冷却后，用平圆筛、风选机或色选机进行拣选，除去碎片、碎末、黄片、老梗、果及其他夹杂物，高档玉露可配合手工拣选。

（四）典型案例四：绿宝石绿茶初制加工技术

绿宝石绿茶，是以适制绿茶的中小叶茶树品种的一芽二三叶幼嫩新梢，按以下加工工艺加工而成，具有“颗粒形、翡翠绿、嫩栗香、浓爽味”品质特征的绿茶。

1. 原料（鲜叶）标准

绿宝石绿茶原料采摘及验收标准见表2-24。

表2-24　绿宝石绿茶原料采摘及验收标准

采收季节	春茶前期	春茶中期	夏茶期
嫩度	一芽二三叶，不得有四叶以上老叶，不得有鱼叶		
长度	7～8cm	6～7cm	5～6cm

续表

采收季节	春茶前期	春茶中期	夏茶期
品种	适制绿茶的中小叶优良茶树品种		
鲜度	茶青鲜活，不得有机械损伤、红梗红叶		
纯净度	不得有单片叶，对夹叶等，长短匀齐，不得夹杂有茶果、梗、花及其他非茶类物质		

2. 初制加工工艺技术要求

初制加工工艺流程：茶青验收→摊晾→杀青→回潮→揉捻→脱水→做形→烘干

（1）摊晾　厚度20cm左右，均匀，时间6～12h，用鼓风机摊晾，摊青叶含水量为65%～70%。叶面失去光泽，变为深绿色，叶质柔软，无硬脆感，青草气消失，显露清香。

（2）杀青　杀青温度340～380℃时，杀匀杀透，稍有爆点，显清香味，无红梗红叶，无焦边糊叶，色泽深绿一致，及时摊凉，开风机给杀青叶降温，直至杀青叶冷却。

（3）回潮　当杀青叶摊凉冷却至室温后，装入竹篓或贮茶斗中进行回潮，待杀青叶柔软投入揉捻。

（4）揉捻　装到与桶口相平时轻压一下回潮叶，然后再将叶装满，将压盘压到桶口下1cm处。使用45型揉捻机、55型揉捻机、65型揉捻机，转速为35r/min，春茶前期不加压轻揉25min；春茶后期不加压轻揉40min。

（5）脱水　一般用动态烘干机，温度160～180℃，均匀投放揉捻叶，在机内运行90s左右，脱水叶失去黏性，手握茶成团，松手后可散开，含水量为50%左右，及时对脱水叶冷却，使脱水叶嫩茎中水分输送到叶片中且各部分含水量均匀。

（6）做形　用双锅曲毫炒干机在炒锅中滚动，通过一次炒坯，两次并锅来完成。每次茶坯做形工序结束后，茶叶下锅摊凉，将团块用手搓散，即可投入第一次并锅炒制。做形炒制中，观察做形叶性状变化来对照检查做形叶是否符合做形标准要求，做形工序结束后，造好形的茶叶必须摊凉后，再投入干燥提香作业。

（7）烘干　烘干叶厚度2cm，必须均匀，温度120～130℃，时间为20～25min，茶叶含水量<7%，及时进行薄摊散热1h左右，待茶叶冷却至室温，计量装袋绿宝石绿茶的三次做形方法和技术参数变化情况（50型炒锅）和绿宝石绿茶的三次做形技术指标和叶性状变化情况（50型炒锅）见表2-25和表2-26。

表2-25 绿宝石绿茶的三次做形方法和技术参数变化情况（50型炒锅）

工序	投叶量/kg	叶面温度/℃	设备转速/（r/min）	挡幅	炒制时间/min
炒坯	3～4	60～70	110	大	55～65
并锅炒	4～5	50～60	90	小	50～60
成形炒	8～12	70～80	60	小	50～65

表2-26 绿宝石绿茶的三次做形技术指标和叶性状变化情况（50型炒锅）

做形过程	成形率/%	含水量/%	做形叶性状
炒坯	—	50	墨绿色，芽尖稍显毫，清香显露，稍有刺手感，手捏不成团，无粘手感
第一次并锅	10	35	前期：叶色深绿，梗稍偏黄；后期：整体墨绿色，稍有清香，不显毫
第二次并锅	55	25	前期：叶色深绿，显毫，清香略显；后期：整体墨绿色，稍有清香，极少毫
做形完成	98	10	颗粒紧结成盘花颗粒，整体翠绿带墨绿，栗香显；显毫或隐毫

（五）典型案例五：云南晒青绿茶初制加工技术

云南晒青绿茶也叫云南大叶种晒青茶，其一般作为普洱茶（普洱茶生茶、普洱茶熟茶）的加工原料。因此，稳定的晒青茶加工技术是普洱茶产品品质的保障。

1. 原料（鲜叶）要求

云南晒青绿茶鲜叶分级及要求见表2-27。

表2-27 鲜叶分级及要求

指标	等级				
	特级	一级	二级	三级	四级
正常芽叶比例	单芽100%	一芽一叶100%	一芽一叶、一芽二叶初展95%	一芽二叶、一芽三叶初展占45%～55%	一芽三叶、一芽四叶占30%
单片叶、对夹叶比例	无单片叶、对夹叶	无单片叶、对夹叶	同等嫩度单片叶、对夹叶占5%	同等度单片叶、对夹叶 39%～49%	同等嫩度单片叶、对夹叶占60%
不合格叶梗	—	—	—	≤6%	≤10%

2. 加工工艺技术要求

加工工艺流程：摊青→杀青→揉捻→解块→日光干燥→包装

（1）摊青　鲜叶进厂后及时摊青，厚度为5～10cm。摊放至青草气散发，微露清香，鲜叶表面无水分附着，芽叶萎软，失去光泽为适度。摊青过程中不应翻动叶子。

（2）杀青　采用下列两种方法。

①手工杀青：当锅腔热空气温度达到160～180℃时投叶。投叶量根据锅的大小确定，以翻匀杀透为宜。

②滚筒杀青机杀青：当筒腔热空气温度达到180～200℃时投叶。投叶量根据杀青机型号和杀青程度增减。

当叶色暗绿，叶质柔软，青草气消失，显露清香，手握茶叶略带黏性，手折茎梗不断，达到杀青适度。

（3）揉捻　采用下列两种方法。

①手工揉捻：用手握紧杀青叶成团，然后顺时针或反时针方向搓揉（整个揉捻过程只能向一个方向揉，且多次抖散杀青叶）。

②机械揉捻：投叶量以自然装满为宜，不应硬装、紧压。较嫩的原料，芽叶易于成条，内含物质丰富，茶汁容易外溢，因此揉捻无压或轻压，时间相应短些；粗老的原料，叶质硬化，细胞难于破碎，条索不易揉紧，因此揉捻压力可稍微加大，时间稍长一些。

③揉捻适度：应根据叶质老嫩、匀度和杀青质量来掌握揉捻的时间和适度。当少量茶汁揉出黏附于叶面，手摸有润滑黏手感时达到揉捻适度，要求外形条索紧结，不扁不碎。

（4）解块　即用解块机或手工解散揉捻叶团块。

（5）日光干燥　茶叶抖散于晒场，厚度为1～2cm，用手搓捻叶片成末，茶梗折断为适度，干燥后含水量≤10%。

晒青茶感官品质特征见表2-28。

表2-28　晒青茶感官品质特征

级别	外形				内质			
	条索	色泽	整碎	净度	香气	滋味	汤色	叶底
特级	肥嫩紧结，芽毫显	绿润	匀整	稍有嫩茎	清香浓郁	浓醇回甘	黄绿清净	柔嫩显芽
二级	肥壮紧结，显毫	绿润	匀整	有嫩茎	清香尚浓	浓厚	黄绿明亮	嫩匀
四级	紧结	墨绿润泽	尚匀整	稍有梗片	清香	醇厚	绿黄	肥厚
六级	紧实	深绿	尚匀整	有梗片	纯正	醇和	绿黄	肥壮

续表

级别	外形				内质			
	条索	色泽	整碎	净度	香气	滋味	汤色	叶底
八级	粗实	黄绿	尚匀整	梗片稍多	平和	平和	绿黄稍浊	粗壮
十级	粗松	黄褐	欠匀整	梗片较多	粗老	粗淡	黄浊	粗老

（六）典型案例六：雷山银球茶初制加工技术

雷山银球茶，是采摘雷山县境内优良茶树芽叶为原料，经过摊青、杀青、揉捻、造型等加工而成的圆球状特型绿茶产品。

1. 原料（鲜叶）要求

雷山银球茶鲜叶分级及要求见表2-29。

表2-29　雷山银球茶鲜叶分级及要求

等级	规格	芽叶长度	原料要求
特级	一芽一叶	≤3.5cm	新鲜、匀嫩、无病叶、无紫叶、无杂物
一级	一芽二叶	≤4.5cm	新鲜、匀嫩、无病叶、无紫叶、无杂物

2. 加工工艺技术要求

加工工艺流程：摊青→杀青→揉捻→回炒→造形→烘干→提香

（1）摊青　鲜叶应及时摊青，摊青厚度3～5cm，自然摊青时间4～8h。

（2）杀青　杀青温度240～280℃，掌握“先高后低”的原则，时间根据芽叶嫩度控制在2～3min。杀青程度为梗折不断，手捏成团，有弹性，散发清香，叶面色泽由绿变为暗绿，无红叶红梗。杀青叶及时摊放在冷却工具上自然冷却或机械冷却，回软后揉捻。

（3）揉捻　掌握“轻—重—轻”的原则循环进行，时间25～35min。充分破坏叶肉细胞，条索紧结，无断碎、无芽叶分离，有弹性。

（4）回炒　用瓶式炒干机，温度150℃左右；用5斗烘焙机，80℃左右，小风量，掌握“先高后低”的原则，时间5～8min，茶坯柔软，手捏不粘手，有弹性。

茶坯出锅后摊放在专用器具上，自然冷却。

（5）造形　茶坯人工拣去粗条片块，并用60目竹格筛（专用）筛去碎末茶，茶称量4g，以确保干茶净含量在2.5g。每颗茶球坯料经过搓、压、捏、挤、揉、整形，茶球圆紧，不松散、不开裂。

（6）烘干　用烘焙机等进行烘烤，温度120～80℃，先高后低，时间2～3h，用手捏听到破碎清脆声，含水量≤7.0%。

（7）提香　提香温度70～80℃，时间1～1.5h，用手捏干茶球成碎状，水分含量≤5.0%。

（七）典型案例七：正安白茶初制加工技术

正安白茶是以贵州省遵义市正安县境内采用白叶一号茶树品种为原料，采用一定的加工工艺制作而成的针形或扁形绿茶产品。

1. 原料（鲜叶）要求

正安白茶鲜叶分级及要求见表2-30。

表2-30　正安白茶鲜叶分级及要求

等级	嫩度	匀度	新鲜度	净度
特级	一芽一叶，长度2.0～2.5cm	匀齐	新鲜、有活力，无机械损伤，无红变	无异杂物，无变质叶，无病虫叶
一级	一芽一叶，长度2.6～3.0cm	匀齐		
二级	一芽一叶≥50%，一芽二叶，长度3.0～3.5cm	较匀齐		

2. 加工工艺流程

松针形正安白茶加工工艺流程：摊青→杀青→摊凉→理条→初烘→摊凉→烘干

扁形正安白茶加工工艺流程：摊青→杀青→摊凉→理条→摊凉→压扁做形→初烘→摊凉→烘干

3. 加工工艺技术要求

（1）松针形正安白茶加工工艺技术要求

①摊青：在清洁卫生、空气流通、无异味、设施完好的摊青间进行，摊青器具应是篾质簸箕、竹垫或不锈钢网摊青槽。进入加工车间的鲜叶原料应立即摊青，温度在20～28℃，相对湿度70%～85%，以自然摊青为主，视气温高低及摊青叶厚度进行辅助通风，降低叶层温度并加速鲜叶适度失水。摊青技术要求见表2-31。

表2-31　摊青技术要求

鲜叶级别	项目			
	厚度/cm	时间/h	含水量/%	摊青叶适度感官品质
特级	2～3	6～15	70～72	芽叶柔软，色泽变暗，青气减退，清香显现
一级	2～3	6～12	70～72	
二级	2～5	6～10	68～72	

②杀青：摊青适度的鲜叶可采用高温热风杀青机、滚筒连续杀青机、微波杀青机、光波杀青机、名茶多功能机进行杀青。杀青时间为2～6min。杀青适度，即杀青叶由玉白变淡黄色、无焦边煳叶、无红梗红叶，手握柔软成团略有刺手感、松手后自然松开，无青草气、清香显露，杀青叶含水量58%～65%。

③摊凉：将杀青叶均匀摊放于干净、干燥的摊青器具内，自然或吹风冷却，时间1～1.5h。

④理条：选用理条机或多功能机，设置温度100～140℃，投叶量0.3～0.5kg，时间4～6min，理成直条时下机摊凉。

⑤摊凉：将理条叶均匀摊放于干净、干燥的器具内，自然或吹风冷却，时间1～1.5h。

⑥初烘：采用旋转或园斗烘焙机，温度70～75℃，每斗投叶0.5～1.0kg，烘至茶条刺手，含水量降至10%～15%。

⑦摊凉：将初烘叶均匀摊放于干净、干燥的器具内，自然或吹风冷却，时间1.0～1.5h。

⑧烘干：将摊凉后的初烘叶置旋转或园斗烘焙机，温度90～95℃，每斗投叶0.5～1.0kg，烘至茶叶含水量低于6%后下烘，冷却后装箱。

（2）扁形正安白茶加工工艺技术要求

①摊青、杀青、理条、摊凉：同松针形正安白茶加工工艺技术要求。

②压扁做形：采用名优茶多用机或扁茶机，温度110～140℃时投入摊凉后的理条叶，加棒或加压1.0～1.5 min，下机摊凉。

③初烘、烘干：同松针形正安白茶加工工艺技术要求。

项目三　红茶初制技术

红茶是中国六大茶类之一，属全发酵茶。GB/T 30766—2014《茶叶分类》中红茶的定义：以鲜叶为原料，经萎凋、揉捻（切）、发酵、干燥等加工工艺制成的产品。

视频9　红茶产销状况

视频10　红茶品质特征

视频11　红茶加工原理与技术特点

中国红茶最早出现的是福建崇安一带的小种红茶，以后发展演变产生了工夫红茶。1875年前后，工夫红茶制法由福建传至安徽祁门一带，继而江西、湖北、台湾等省都大力发展工夫红茶。至19世纪80年代，我国生产的工夫红茶在国际市场上曾占统治地位，但随后生产开始衰落。20世纪50年代以来，除福建、安徽、江西、湖北等省外，四川、浙江、湖南、云南、广东、广西、贵州等省（自治区）也普遍开展了工夫红茶的生产。19世纪，我国的红茶制法传到印度和斯里兰卡等国，后来仿效中国红茶的制法又逐渐发展成为将叶片切碎后再发酵、干燥的“红碎茶”，我国1957年以后也开始试制生产红碎茶。目前，我国以生产工夫红茶为主，小种红茶数量较少，红碎茶是目前世界上消费量最大的茶类，我国红碎茶的产销量随着我国对外贸易的变化而不断变化，但总体数量很少。我国红碎茶生产以中低档茶居多，成本较高，在国际市场上竞争力不足。

任务一　鲜叶的验收

职业能力｜能准确进行红茶的鲜叶原料分级工作。

核心概念｜红茶的鲜叶原料由嫩度、匀度、净度、新鲜度四个方面决定，一般要求鲜叶一芽二三叶作为原料，老嫩均匀一致，有一定的新鲜度，品种一致，不含有夹杂物，无病虫害叶、无紫色芽叶等。

学习目标｜正确识别单芽、一芽一叶、一芽二叶、一芽三叶、一芽四叶、驻芽、单片、病虫害叶、紫色芽叶等原料；正确判断原料的等级；了解加工茶叶时原料均匀的重要性。

（一）基础知识

1. 不同鲜叶原料的特点

（1）工夫红茶的鲜叶原料　工夫红茶所用原料的茶树品种分为大叶和小叶两种：大叶工夫茶以乔木或半乔木茶树鲜叶为原料制成，又称为“红叶工夫”，以滇红工夫及政和工夫为代表；小叶工夫以灌木型小叶种茶树的鲜叶为原料制成，色泽乌黑，又称“黑叶工夫”，以祁门工夫及宜红工夫为代表。

祁门红茶：以安徽省祁门县为核心产区，以祁门槠叶种及以此为资源选育的无性系良种为主的茶树品种鲜叶为原料。

滇红：以云南省行政区域内采收的大叶种茶树鲜叶为原料。

宜红：以湖北省行政区域内茶树的芽、叶、嫩茎为原料。

（2）其他红茶的鲜叶原料

小种红茶：以产于福建省武夷山市星村镇桐木村及武夷山自然保护区域内的茶树鲜叶为原料。

红碎茶：有以大叶种为原料的分为第一套样（在云南用大叶种生产的）和第二套样（在广东、广西、四川、海南等地生产的），以中小叶种为原料的分为第三样（在贵州、四川、湖北、湖南部分地区生产的）和第四套样（在浙江、江苏、湖南等地生产的）。

（3）红茶代表性茶树品种的特征　红茶代表性茶树品种及其特征见表3-1。

表3-1　红茶代表性茶树品种及其特征

品种	基本性状
凤庆大叶茶	有性系、乔木，大叶，早生，树姿开张，芽叶绿色，茸毛特多，持嫩性强，产量较高，抗寒性较弱
海南大叶种	有性系、茸毛少，持嫩性一般，产量高，抗旱性、抗寒性较弱
黔湄419	无性系、小乔木，大叶，晚生，树姿半开张，芽叶淡绿色，茸毛多，持嫩性强，产量高，抗寒性较弱
英红1号	无性系、乔木，大叶，早生，树姿开张，芽叶黄绿色，茸毛中等，持嫩性强，产量高，抗寒性较弱
蜀永2号	无性系、小乔木，大叶，中生，树姿较直立，芽叶黄绿色，产量高，抗寒性较强

2. 鲜叶等级

不同红茶各等级鲜叶要求虽有所不同，但均依据鲜叶的嫩度进行分级，祁门工夫红茶各等级鲜叶要求如表3-2所示。

表3-2 祁门工夫红茶各等级鲜叶要求

等级	鲜叶嫩度
特茗	一芽一叶为主
特级	一芽一叶、一芽二叶为主
一级	一芽二叶为主
二级	一芽二叶、一芽三叶为主
三级	一芽三叶为主
四级	一芽三叶、一芽四叶为主
五级	一芽四叶、嫩对夹叶为主

（二）能力训练

1. 操作条件

操作条件如表3-3所示。

表3-3 操作条件

用途类别	设备、器具、材料	单位	数量
区分鲜叶规格	小簸箕	个	3
	一芽一叶茶树鲜叶	kg	0.5
	一芽二叶茶树鲜叶	kg	0.5
	一芽三叶茶树鲜叶	kg	0.5
	少量对夹叶、单片叶	kg	0.5

2. 安全注意事项

（1）操作前要穿好工作服。

（2）收拢小簸箕上的茶叶时，不要用手赶，以免有小篾刺扎伤手。

3. 操作过程

操作过程如表3-4所示。

表3-4 操作过程

步骤	操作方法及说明	质量标准及记录
判断鲜叶规格	将盛装不同规格的鲜叶容器贴上相应的规格标签	正确区分一芽一叶原料 □是 □否 正确区分一芽二叶原料 □是 □否 正确区分一芽三叶原料 □是 □否 正确区分对夹叶和单片叶原料 □是 □否

（三）问题情境

1. 问题情境一：进厂时已经发热的原料如何处理？

萎凋槽鼓冷风降至正常叶温即可。

2. 问题情境二：一芽一叶原料中混有少量单片叶如何处理？

用簸箕将单片叶子簸出。

（四）知识拓展

在进行红茶鲜叶的分级的工作时，有大叶种茶树鲜叶原料，也有中叶种茶树鲜叶原料，有时还会遇到当地群体种的小叶种茶树鲜叶，要注意区分，并分开摊放。

叶片大小以定型叶的叶面积来区分，叶面积（cm^2）=叶长（cm）×叶宽（cm）×系数（0.7）

特大叶叶面积：大于50cm^2，大叶叶面积：28～50cm^2，中叶叶面积：14～28cm^2，小叶叶面积：大于14cm^2。

（五）学习评价

学习评价如表3-5所示。

表3-5　学习评价

项目	内容	配分	得分	批注
工作准备（10%）	能正确理解工作任务的内容	5		
	能查阅资料，确认相关技术标准	5		
工作过程（90%）	能在小组内开展有序的分工	10		
	能穿好工作服	5		
	能戴好工作帽	5		
	能准备必需的器具	10		
	能正确区分鲜叶原料的规格	30		
	能区分中大叶种原料与小叶种原料	30		

任务二　鲜叶的萎凋

职业能力 | 能开展萎凋工作。

核心概念 | 萎凋是红茶加工的基本工序，萎凋中鲜叶正常而均匀地失水，促使

内含成分的变化，萎凋结果的好坏直接影响茶叶的品质。

学习目标｜掌握红茶不同萎凋的相关参数和萎凋适度的标准知识；能正确判断萎凋适度的叶相。

（一）基础知识

萎凋是红茶初制的基础工序。萎凋时随着鲜叶失水，细胞液浓缩，促进内含成分变化，鲜叶的物理形状也随之变化。

1. 萎凋的目的

鲜叶含水量一般在75%左右，细胞质对细胞壁的膨压使叶组织呈脆硬状态。如果直接进行揉捻，则茶叶容易破碎，难以卷紧成条，而且茶汁会流失，严重影响成茶品质。因此，萎凋的目的是使鲜叶在一定的条件下，均匀地散失适量的水分，减少细胞张力，使叶质柔软、韧性增强，为揉捻做形创造必要的条件。同时，伴随水分的散失，细胞液浓缩，细胞膜透性增强，酶的活性增强，为发酵过程中多酚类化合物酶促氧化打好基础。此外，还引起内含物质发生一系列的变化，如不可溶性物质水解为可溶性物质，有利于茶叶香气、滋味的形成和发展；芳香成分的变化，使鲜叶青草气逐渐消失等。

2. 不同萎凋方式的特点

（1）室内自然萎凋　利用自然气候条件，在室内进行的一种萎凋方式，室内排设萎凋架，架上置萎凋帘，鲜叶摊于萎凋帘上萎凋。室内要求：通风良好，避免日光直射，摊放厚度为2～3cm，室温20～24℃，相对湿度60%～70%，室内自然萎凋在正常天气和良好操作下，萎凋质量较好。不过室内自然萎凋受天气的影响很大，操作不方便，大规模生产不太适应。

（2）日光萎凋　是使鲜叶直接接受日光热力，散失水分的萎凋方式。在晴朗的天气，选择地面平坦、避风向阳、清洁干燥的地方铺上晒簟，以叶片基本不重叠为度。中间翻叶一次，结合翻叶适当厚摊，萎凋达一定程度时，须移入阴凉处摊放散热，并继续萎凋至适度。在烈日下不宜采用日光萎凋。

（3）萎凋槽萎凋　是采用鼓风机强制热空气穿透叶层，促进鲜叶水分蒸发，达到萎凋适度的一种萎凋方式。

温度：雨水叶，先鼓冷风吹干表面水分后再鼓热风，风温不超过35℃，1h后逐渐降低到30℃左右，下叶前15min停止加温，鼓冷风。夏秋季节，气温较高，如气温达30℃左右，就可不加温，只鼓风，也能获得较好的萎凋质量。

具体摊叶厚度应视鼓风机型号和季节不同而异。叶子摊放时要抖散、摊平时呈蓬松状态，保持厚薄一致，使通风均匀，以槽面叶子微微颤动，但不出现空洞为宜。摊叶厚度一般不超过15～20cm。

翻抖使萎凋加速并达到均匀一致。一般在停止鼓风时翻抖一次，要求上下层翻透抖松，使叶层通气良好。

（4）萎凋适度的标准

经验判断：叶形皱缩，叶质柔软，嫩梗萎软，曲折不断，手捏叶片软绵，紧握萎凋叶成团，松手可缓慢松散。叶表光泽消失，叶色转暗绿，青草气减退，透发清香。

含水量判断：工夫红茶萎凋叶含水量60%～64%为适度标准；春季鲜叶，萎凋至60%～62%；夏秋季鲜叶，萎凋至62%～64%。

（二）能力训练

1. 操作条件

操作条件如表3-6所示。

表3-6　操作条件

萎凋方式	设备、器具、材料	单位	数量
室内自然萎凋	萎凋帘	个	3
	茶青原料一芽二三叶	kg	2.5
	温湿度计	个	1
日光萎凋	晒簟	个	3
	茶青原料一芽二三叶	kg	2.5
	温湿度计	个	1
萎凋槽萎凋	萎凋槽	个	1
	茶青原料一芽二三叶	kg	2.5
	温湿度计	个	1

2. 安全注意事项

（1）操作前要穿好工作服。

（2）注意用电安全。

3. 操作记录

按照不同萎凋方式对原料进行萎凋并记录好时间和叶相（表3-7）。

表3-7　操作记录

萎凋方式	开始时间	结束时间	萎凋开始时的叶相	萎凋过程中的叶相	萎凋结束时的叶相
室内自然萎凋					
日光萎凋					
萎凋槽萎凋					

（三）问题情境

萎凋时遇雨水天气如何处理？

雨水天气应尽可能薄摊鲜叶，创造空气流通的条件，如吹风扇、萎凋槽鼓风。

（四）知识拓展

正常气候条件下，萎凋时叶子水分散失的规律有以下几点。

（1）鲜叶萎凋失水呈现出“快—慢—快”的规律　第一阶段，叶中游离水蒸发得较快；第二阶段，内含物质发生自身分解和叶梗水分分散到叶片的过程，水分蒸发变慢；第三阶段，由叶梗输送到叶片的水分和内含物质发生自身分解形成的化合水，以及一些胶体凝固释放出的结合水，水分蒸发再次加快。

（2）老叶角质化程度高，水分较难蒸发，嫩叶角质化程度低，水分容易蒸发。

（3）茎梗水分比叶片多，但茎梗的水分蒸发较慢，并有一部分是输送到叶片中蒸发的。

（五）学习评价

学习评价如表3-8所示。

表3-8　学习评价

项目	内容	配分	得分	批注
工作准备（10%）	能正确理解工作任务的内容	5		
	能查阅资料，确认相关技术标准	5		
工作过程（90%）	能在小组内开展有序的分工	10		
	能穿好工作服	5		
	能戴好工作帽	5		
	能准备必需的器具	10		
	能正确掌握萎凋的适度标准	30		
	能掌握不同萎凋方式	30		

任务三　揉捻

职业能力｜能开展红茶揉捻工作。

核心概念｜揉捻是工夫红茶塑造外形和形成内质的重要工序。工夫红茶要求外形条索紧结、内质滋味浓厚甜醇，这取决于揉叶的紧卷程度和细胞组织的破损率。

学习目标｜掌握红茶揉捻的方式、相关参数、揉捻适度的标准知识；能在揉捻过程适度加压；能正确判断揉捻适度的叶相。

（一）基础知识

1. 揉捻技术

（1）揉捻室温湿度　室温保持在20～24℃，相对湿度为85%～90%。

（2）揉捻时间和次数

大型揉捻机：时间为90min，嫩叶分三次揉，每次30min；中级叶分两次揉，每次45min；较老叶分三次揉，每次45min。

中小型揉捻机：时间为60～70min，分两次揉，每次30～35min。

（3）加压原则　嫩叶加压轻，次数少，时间短，加压迟；老叶则相反。

（4）揉捻机影响　揉捻机转速：慢—快—慢；揉盘棱骨构造与揉成条索的关系：棱骨弧形低而宽适合揉细嫩鲜叶，棱骨弧形高而狭则适合揉粗老鲜叶。

2. 揉捻适度的标准

细胞破损率达到80%～85%，叶片80%以上呈紧卷条索，茶汁充分外溢，黏附于茶条表面，用手紧握，茶汁溢出而不成水滴为度。

（二）能力训练

1. 操作条件

操作条件如表3-9所示。

表3-9　操作条件

揉捻方式	材料	单位	数量
大型揉捻机	簸箕	个	5
	茶青原料一芽二三叶（已完成萎凋）	kg	15
	计时器	个	1
中小型揉捻机	簸箕	个	3
	茶青原料一芽二三叶（已完成萎凋）	kg	7.5
	计时器	个	1
手工揉捻	簸箕	个	1
	茶青原料一芽二三叶（已完成萎凋）	kg	2.5
	计时器	个	1

2. 安全注意事项

（1）操作前要穿好工作服。

（2）注意用电安全。

3. 操作记录

按照不同揉捻方式对原料进行揉捻并记录好时间和叶相（表3-10）。

表3-10 操作记录

揉捻方式	揉捻开始时间	揉捻结束时间	揉捻开始时的叶相	揉捻过程中的叶相	揉捻结束时的叶相
大型揉捻机					
中小型揉捻机					
手工揉捻					

（三）问题情境

揉捻中发现茶叶结块应该如何处理？

空压解块再继续逐渐加压揉捻，如果揉捻已经完成，则及时分筛解块。

（四）知识拓展

揉捻开始即红茶发酵开始，在保证红茶成条率的情况下，应尽可能缩短揉捻过程中的发酵时间。揉捻时间过长多酚类化合物的酶性氧化反应程度会加深，多酚类化合物保留率低，茶黄素、茶红素含量少，导致滋味不浓厚，汤色、叶底欠红艳。揉捻时间过短则叶片难以成条；叶细胞组织破碎率不高，发酵程度不足，导致红茶香味青涩，叶底发乌。

（五）学习评价

学习评价如表3-11所示。

表3-11 学习评价

项目	内容	配分	得分	批注
工作准备（10%）	能正确理解工作任务的内容	5		
	能查阅资料，确认相关技术标准	5		
工作过程（90%）	能在小组内开展有序的分工	10		
	能穿好工作服	5		
	能戴好工作帽	5		
	能准备必需的器具	10		
	能正确掌握揉捻的适度标准	30		
	能掌握不同的揉捻方式	30		

任务四　发酵

职业能力｜能开展红茶发酵工作。

核心概念｜发酵过程中，各种内含成分都发生了较为深刻的变化，如多酚类物质的氧化、叶绿素的破坏、蛋白质和糖类的水解及芳香物质的变化等，其中对红茶品质影响最大的是多酚类的氧化作用。

学习目标｜掌握发酵过程茶叶品质变化的知识；能为红茶正常发酵配备合适的条件；能正确判断发酵适度的叶相和香气。

（一）基础知识

1. 发酵技术

（1）发酵温度　室温掌握在22～30℃。

（2）湿度　相对湿度达到90%以上。

（3）通气　保持良好的通气条件。

（4）摊叶厚度　嫩叶薄摊，老叶厚摊，通常8～15cm。

（5）发酵时间　从揉捻开始计算，根据实际情况确定。

视频12　红茶初制工艺之发酵和干燥

2. 发酵适度的标准

发酵适度的标准是叶子青草气消失，出现发酵叶特有的香气（花果香），当叶温达高峰并开始稳定时，即为发酵适度。发酵不足则带有青气，叶色青绿或青黄；发酵过度则香气低闷，叶色红暗。

（1）发酵程度　“宁可偏轻，不可过度”。

（2）鉴定发酵程度的方法　看叶色和闻香气。

叶色变化过程：青绿→黄绿→黄色→红黄→黄红→红色→紫红→暗红色。

香气的变化过程：强烈青草气→青草气消退→清香→清花香→花香→果香→熟香→香气逐渐低淡→酸馊味。

由于叶色变化标准难以统一，所以判断发酵程度时以闻香气为主，察叶色为辅。

（二）能力训练

1. 操作条件

操作条件如表3-12所示。

表3-12 操作条件

发酵方式	设备、器具、材料	单位	数量
室内自然发酵	簸箕	个	5
	茶青原料一芽二三叶（已完成揉捻）	kg	5
	毛巾（大）	张	3
	温湿度计	个	1
发酵机发酵	簸箕	个	3
	茶青原料一芽二三叶（已完成揉捻）	kg	5
	温湿度计	个	1

2. 安全注意事项

（1）操作前要穿好工作服。

（2）注意用电安全。

3. 操作记录

按照不同发酵方式对已经完成揉捻的原料进行发酵并记录好时间、叶相、香气（表3-13）。

表3-13 操作记录

发酵方式	发酵开始时间	发酵结束时间	发酵开始时的叶相、香气	发酵结束时的叶相、香气	发酵开始时的温湿度	发酵结束时的温湿度
室内自然发酵						
发酵机发酵						

（三）问题情境

室内自然发酵中发现湿度不够应该如何处理？

进行加湿处理，如在发酵区放置温水盆，或建立专门的发酵室。

（四）知识拓展

红茶发酵实质是鲜叶细胞组织受到损伤，多酚类化合物得以与内源氧化酶类接触，引起多酚类化合物的酶促氧化聚合作用，形成茶黄素、茶红素等有色物质。与此同时，偶联发生一系列内含物质的化学反应，从而形成红茶特有的香味物质。

具体发酵时间要根据叶子老嫩、气温高低、颗粒大小、不同品种、叶细胞损伤率高低等因素而定。要点是保持茶黄素、茶红素在较高水平，同时控制茶褐素的大量形成。

（五）学习评价

学习评价如表3-14所示。

表3-14　学习评价

项目	内容	配分	得分	批注
工作准备（10%）	能正确理解工作任务的内容	5		
	能查阅资料，确认相关技术标准	5		
工作过程（90%）	能在小组内开展有序的分工	10		
	能穿好工作服	5		
	能戴好工作帽	5		
	能准备必需的器具	10		
	能正确掌握发酵的适度标准	30		
	能掌握不同的发酵方式	30		

任务五　干燥

职业能力｜能开展红茶干燥工作。

核心概念｜干燥是红茶制作的最后一道工序，与制茶品质有密切关系。干燥过程除了去除水分、达到足干、便于贮藏，以供长期饮用外，还在前期工序基础上，进一步促进红茶特有的色、香、味、形的形成。

学习目标｜掌握红茶干燥相关参数、干燥程度判断的知识；能正确判断干燥程度。

（一）基础知识

1. 干燥技术

干燥分为毛火、中间摊凉、足火。

（1）毛火

温度：高温，进风温度110～120℃，不超过120℃。

风量：加大风量可提高干燥速率，毛火风量应较足火时大。

时间：高温短时，一般以10～15min为宜。

摊叶厚度：1～2cm，“毛火薄摊、足火厚摊”“嫩叶薄摊、老叶厚摊”“碎叶薄摊、条状叶厚摊”。

（2）中间摊凉　时间为40min，不超过1h。

（3）足火

温度：足火低温，温度85～95℃，不超过100℃。

风量：风量适当降低。

时间：低温慢烘，15～20min为宜。

摊叶厚度：3～4cm。

2. 干燥程度

毛火叶含水量20%～25%，即七八成干，叶条基本干硬，嫩茎稍软。足火叶含水量5%左右为适度，梗折即断，用手指捻茶条即成粉末。

（二）能力训练

1. 操作条件

操作条件如表3-15所示。

表3-15　操作条件

干燥阶段	设备、器具、材料	单位	数量
毛火	烘干机	台	1
	茶青原料一芽二三叶（已完成发酵）	kg	5
	计时器	个	1
摊凉	簸箕	个	5
	计时器	个	1
足火	烘干机	台	1
	茶青原料一芽二三叶（已完成发酵）	kg	5
	计时器	个	1

2. 安全注意事项

（1）操作前要穿好工作服。

（2）注意用电安全。

3. 操作记录

按照不同干燥阶段对已经完成发酵的原料进行干燥并记录好时间、叶相、香气（表3-16）。

表3-16　操作记录

干燥阶段	开始时间	结束时间	开始时的叶相、香气	中间的叶相、香气	结束时的叶相、香气
毛火					
摊凉					
足火					

（三）问题情境

1. 问题情境一：毛火完成后不经摊放直接足火，会出现什么情况？

会出现外干内湿的情况。所以毛火后的茶叶至少要放置1h再足火干燥，但也要及时进行干燥。

2. 问题情境二：干燥过度或不足，对茶叶品质有何影响？

如果干燥过度，会产生高火茶甚至把茶叶烘焦，造成茶叶品质下降；干燥不足，则香气不高、滋味不醇，在贮存和运输过程中还容易发生质变。

（四）知识拓展

1. 红茶干燥的目的

（1）利用高温及时钝化氧化酶的活性，防止发酵过度。

（2）使茶叶中的水分汽化散失，直至达到足干。

2. 干燥技术原则

（1）分次干燥，中间摊凉（避免外干内湿）。

（2）毛火快烘，足火慢烘（毛火要薄摊、高温、短时、快烘；足火时要低温慢烘，防止高温下出现外干内湿和香气过度挥发）。

（3）嫩叶薄摊，老叶厚摊。

（五）学习评价

学习评价如表3-17所示。

表3-17　学习评价

项目	内容	配分	得分	批注
工作准备（10%）	能正确理解工作任务的内容	5		
	能查阅资料，确认相关技术标准	5		

续表

项目	内容	配分	得分	批注
工作过程（90%）	能在小组内开展有序的分工	10		
	能穿好工作服	5		
	能戴好工作帽	5		
	能准备必需的器具	10		
	能掌握干燥技术	30		
	能正确掌握干燥适度判断的标准	30		

课后练习题

视频13 小种红茶加工

（一）选择题

1. 鉴定红茶发酵程度的方法有看叶色和闻香气，下列哪项符合发酵过程中香气的变化：（　）。

A. 强烈青草气→青草气消退→清花香→清香→花香→果香→熟香→香气逐渐低淡→酸馊味

B. 强烈青草气→青草气消退→清香→清花香→熟香→果香→花香→香气逐渐低淡→酸馊味

C. 强烈青草气→青草气消退→清香→清花香→花香→果香→熟香→香气逐渐低淡→酸馊味

D. 香气逐渐低淡→酸馊味→强烈青草气→青草气消退→清香→清花香→花香→果香→熟香

2. 鉴定红茶发酵程度的方法有看叶色和闻香气，下列哪项符合发酵过程中叶色的变化：（　）。

A. 青绿→黄绿→黄色→红黄→黄红→红色→紫红→暗红色

B. 黄绿→青绿→黄色→红黄→黄红→红色→紫红→暗红色

C. 青绿→黄绿→黄红→红黄→黄色→红色→紫红→暗红色

D. 青绿→黄绿→黄色→红黄→黄红→暗红色→紫红→红色

3.（多选）红茶萎凋的方法有：（　）。

A. 日光萎凋　　B. 室内自然萎凋　　C. 萎凋槽萎凋

4.（多选）工夫红茶萎凋的原则：（　）。

A. 嫩叶重萎凋，老叶轻萎凋　　B. 宁轻勿重，严防萎凋过度

C. 老叶重萎凋，嫩叶轻萎凋　　D. 宁重勿轻，严防萎凋不足

5.（多选）工夫红茶萎凋适度以后的标准：（　）。

A. 叶形皱缩，叶质柔软，嫩梗萎软，曲折不断

B. 手捏叶片软绵，紧握萎凋叶成团，松手可缓慢松散

C. 叶表光泽消失，叶色转暗绿，青草气减退，透发清

6.（多选）下列属于红茶干燥目的的有：（　）。

A. 利用高温及时钝化氧化酶的活性，防止发酵过度

B. 使茶叶中的水分汽化散失，直至达到足干

C. 促进酶促反应的进行

D. 发展茶香

（二）简答题

1. 刚刚揉捻了一段时间的茶叶断碎得厉害，问题出在哪里？

2. 影响红茶发酵的因素有哪些？

3. 红茶干燥的目的和原则是什么？

思政小课堂

课程思政3：茶人精神——
创新进取、追求卓越 江元勋

拓展阅读

（一）典型案例一：遵义红红茶初制加工技术

遵义红红茶是以遵义市境内及环境相似的周边地域的黔湄系列等适制品种的鲜叶为原料，按以下加工工艺加工而成的红茶。

1. 原料（鲜叶）要求

遵义红红茶鲜叶分级及要求见表3-18。

表3-18 遵义红红茶鲜叶分级及要求

等级	要求	
特级	单芽至一芽一叶初展	嫩、匀、鲜、净
一级	一芽一叶开展至一芽二叶初展	
二级	一芽二叶至一芽三叶	

2. 加工工艺技术要求

加工工艺流程：摊青→萎凋→揉捻→发酵→干燥（做形）→提香

（1）摊青 将鲜叶尽快摊放至常温，防止鲜叶变质。嫩叶、雨水叶和露水叶薄摊，老叶厚摊，摊叶时应抖散摊平茶叶呈蓬松状态，保持厚薄一致。

萎凋槽萎凋将鲜叶均匀摊放在萎凋槽中，摊叶厚度为15～20cm。自然萎凋将鲜叶均匀摊放在竹席或萎凋架上，摊叶厚度为3～8cm。

（2）萎凋

①萎凋槽萎凋

鼓风气流温度：28～32℃，空气相对湿度（70±5）%，萎凋槽前后温度要保持相对一致，鼓风机气流温度应随萎凋进程逐渐降低。

鼓风要求：风量大小根据鲜叶含水量、叶层厚薄和叶质柔软程度适当调节，以不吹散叶层、不出现“空洞”为标准。根据萎凋叶的状态和萎凋的均匀程度，下叶前10～30min停止鼓热风，改为鼓冷风或停止鼓风。

翻抖：1.5～2h翻抖一次，含水量高时翻抖间隔应适当缩短，翻抖时要求手势轻，抖得松，翻得透，避免损伤芽叶。

程度：萎凋时间为5～8h。萎凋叶含水量（62±1）%为宜，感官特征：叶面失去光泽，叶色暗绿，青草气减退，叶形皱缩、叶质柔软、紧握成团，松手可缓慢松散。

②室内自然萎凋

环境要求：室温，空气相对湿度（65±5）%。

翻抖：一般为2h翻抖一次，翻抖时要求手势轻，抖得松，翻得透，避免损伤芽叶。

程度：时间为10～16h，叶相与萎凋槽萎凋程度一致。

（3）揉捻 装叶量以揉盖能盖妥为准，装叶时嫩叶避免按压，老叶可适当按压。加压掌握“轻—重—轻”的原则。揉捻叶紧卷成条，有少量茶汁溢出为揉捻适度。解块后的筛面茶条索不够紧结的可进行复揉，复揉装叶量以揉桶的2/3为准。以茶条紧卷，茶汁外溢，黏附于茶条表面为适度，成条率90%以上。

揉捻时间与加压方式技术要求参考表3-19。

表3-19 揉捻时间与加压技术要求

鲜叶级别	时间/min						
	不加压	轻压	中压	重压	中压	不加压	全程
特级	5	15～20	20～25	0	0	5	45～55
一级	5	15～25	20～30	10～25	10	5	65～100
二级	10	15～25	25～30	20～25	10～15	5	85～110

（4）发酵

①发酵室：室内温度24～28℃，湿度≥95%，以喷雾或洒水调节，保持室内通风，足氧。

②操作：将揉捻好的茶叶解块放入发酵筐或发酵盘发酵，摊放均匀，厚度8～12cm，保持叶温26～33℃，时间3.5～6h。

③发酵程度：发酵叶青草气消失，出现花果香味，特级茶、一级茶的发酵叶叶色呈黄红，二级茶呈黄色或绿黄。发酵叶象四级为适度，三级不够，五级则偏重。

（5）做形

①卷曲形红茶：不需要做形，发酵适度后直接进入干燥环节。

②颗粒形红茶：做形之前需要先脱水，脱水要求高温快速。脱水叶黏性降低，手握茶坯成团，松手后可散开，色泽深红，茶坯含水量为45%左右。做形在双锅曲毫机中进行，利用茶坯在锅内滚动和相互挤压，在一定的温度和水分条件下，通过炒坯、第一次并锅和第二次并锅共三次来完成做形。

炒坯：将脱水并摊晾回潮后的发酵叶投入预热至80℃左右的50型双锅曲毫机中，投叶量为8～10kg，启动双锅曲毫机，调到大幅挡位、设备运行速度约为45r/min，使茶坯在锅中能顺利翻转为宜，炒制时间约为45min。炒至芽叶卷曲状、色泽乌褐，稍显甜香，含水量约35%左右时，迅速下锅，短暂摊凉，搓散团块，筛去碎末。

第一次并锅：将经过炒坯并筛去碎末的茶坯10～12kg 投入预热至70℃左右的双锅曲毫机中，将设备运转速度降至38r/min，根据茶坯在锅中的翻转情况设定为大幅挡或小幅挡，炒制时间约为50min，至茶坯整体为乌褐，甜香明显，条索较紧，茶坯含水量25%左右时，迅速下锅，短暂摊凉，筛去碎末。

第二次并锅：将经过第一次并锅并筛去碎末的茶坯投入预热至60℃左右的双锅曲毫机中，投叶量为12～15kg，转速为30r/min左右，炒制时间约为70min；炒至颗粒紧结重实，整体乌褐油润或红褐油润，甜香显，含水量约为10%时下锅，摊凉，完成做形工序。

③直条形红茶：将发酵叶放入理条机中理条，使茶坯条索挺直，含水量达到30%～40%时下机摊凉。

（6）干燥

①毛火：温度110～120℃，烘至含水量18%～20%，及时摊凉。

②足火：温度100～110℃，烘至含水量 4%～6%，用手捏茶即成粉末。

（7）提香　提香温度在90～110℃，时间为15～30min。

（二）典型案例二：云南大叶种红茶初制加工技术

云南大叶种红茶也叫滇红、滇红工夫红茶，是以云南省行政区域内采收的大叶种茶树鲜叶为原料，经萎凋、揉捻、发酵、干燥、精制等工艺制成的条形红茶。

1. 原料（鲜叶）要求

云南大叶种红茶鲜叶分级及要求见表3-20。

表3-20　云南大叶种鲜叶分级及要求

等级	要求
特级	单芽至一芽一叶初展；匀齐，鲜活，无机械损伤、无夹杂物
一级	一芽一叶至一芽二叶初展；匀齐，鲜活，无机械损伤和红变芽叶，无夹杂物
二级	一芽二叶至一芽三叶，一芽二叶为主；较匀齐，新鲜，无红变芽叶，茶类夹杂物≤3%，无非茶类夹杂物
三级	一芽三叶为主，新鲜，无红变芽叶，茶类夹杂物≤5%，无非茶类夹杂物

2. 加工工艺技术要求

加工工艺流程：萎凋→揉捻→发酵→干燥→精制→成品茶

（1）萎凋

①槽式萎凋

温湿度：鼓风机气流温度25～35℃，槽体前后温度一致，采用“先高后低”温度调控，下叶前10～15min停止鼓热风，改为鼓自然风。

摊叶：摊叶厚度10～20cm，嫩叶、雨水叶和露水叶薄摊，老叶厚摊，摊叶时要抖散摊平呈蓬松状态，保持厚薄一致。

风量：一般为15000～20000m^3/h，风量大小根据叶层厚薄和叶质柔软程度适当调节。

翻拌：鼓风1h后停止15min，进行翻抖，翻抖动作要轻、缓。翻抖时要从上层翻到下层、槽前翻到槽后，并抖松、摊匀，避免损伤芽叶。

时间：8～12h。

②室内萎凋

温湿度：萎凋室温度25～30℃，相对湿度60%～70%。

摊叶：摊叶厚度2～6cm，嫩叶、雨水叶和露水叶薄摊，老叶厚摊，摊叶时要抖散摊平呈蓬松状态，保持厚薄一致。

翻拌：每隔2～3h翻抖一次，翻抖动作要轻、缓。

时间：12～16h。

③萎凋机萎凋

温湿度：环境温度25～30℃，相对湿度60%～70%。

摊叶：摊叶厚度2～6cm，嫩叶、雨水叶和露水叶薄摊，老叶厚摊，摊叶时要抖散摊平呈蓬松状态，保持厚薄一致。

风量：间隔25min，通风15～20min。

时间：10～12h。

不同原料级别适宜的萎凋程度不同：高档原料萎凋至含水量60%～64%，中档原料萎凋至含水量58%～62%，低档原料萎凋至含水量56%～60%。以叶面失去光泽、叶色暗绿，青草气减退，叶形皱缩、叶质柔软、折梗不断，紧握成团、松手可缓慢松散为适度。

（2）揉捻　随着制茶技术的不断发展，当前滇红工夫红茶的揉捻工艺主要采用机械作业，此处以机械揉捻为例进行介绍。机械揉捻相关参数见表3-21。

表3-21　机械揉捻相关参数

原料级别	推荐机型	加压程度					全程时间/min
		不加压（桶盖刚接触在制品）	轻压（桶盖下降距离为桶高的1/5～1/4）	中压（桶盖下降距离为桶高的1/3）	重压（桶盖下降距离为桶高的1/2～2/3）	轻压	
高档原料	45型、55型	20～25	20～25	20～25	—	10～15	70～90
中档原料	55型、65型	15～20	20～25	25～30	10～15	10～15	80～105
低档原料	55型、65型	15～20	20～25	25～30	15～20	10～15	85～110

揉捻程度主要从以下几个方面判断。

①看条索：揉捻适度茶叶卷紧成条，细胞破碎率在80%以上，成条率达90%，无松散折叠现象，用手紧握湿坯叶，汁液向外微微溢出，松手后茶团不松散且有黏手感。

②看色泽：湿坯叶大部分变为淡黄色，局部变为淡红色，嫩茎泛红。

③嗅气味：揉捻适度的芽叶具有浓厚而不刺鼻的青草气。

没有充分的揉捻就不能获得良好的发酵品质，所以揉捻工序是初制红茶品质优劣的关键之一。总的来说，以茶条紧卷，茶汁外溢，黏附于茶条表面为揉捻适度。

（3）发酵　有竹箩自然发酵、发酵室发酵、发酵机发酵等方式。

竹箩自然发酵时，一般用直径40cm、高40cm的竹箩，特级至二级茶叶装竹箩体积的2/3，二级以下茶叶装竹箩体积的4/5，自然松散堆积，加盖洁净湿布，湿布距茶坯至少5cm并保持湿润，置发酵室内。发酵45min后，适度压紧继续发酵45min，抖散重新自然松散堆积，继续发酵30～50min。发酵完成时间一般为春季2.5～3.0h，夏秋季适当调整为1.5～2.0h。常见发酵方式工艺参数见表3-22。

表3-22　常见发酵方式工艺参数

工艺参数	发酵方式	
	发酵室发酵	发酵机发酵
温度	环境温度25～30℃，叶温不宜高于35℃	环境温度25～30℃，叶温不宜高于35℃
湿度	相对湿度≥90%，可采取喷雾或洒水等增湿措施	相对湿度≥90%
通风	发酵室应保持新鲜空气流通	每隔30min通风5min
摊叶	摊叶厚度8～12cm，嫩叶薄摊，老叶厚摊；高温薄摊，低温厚摊；叶层厚薄要均匀，不应紧压	
时间	3～6h	

发酵程度主要从以下几个方面判断。

①发酵茶坯颜色变化：青绿→青黄→黄→黄红、橘红→深红→暗红。高级别茶：特级至二级嫩度高的茶以黄红为适度，中级茶或混合级以新铜红色为适度；低级别茶：以橘红色为适度。深红或暗红则意味着发酵过度。

②嗅香气：青草味消失，透发出新鲜浓郁的苹果香或者浓厚花果香，茶坯紧握无黏性，即为适度。

③根据茶坯发酵叶温先低后高再降低的规律，以叶温升高并稳定为发酵最适度。通常根据茶坯颜色、香气判断发酵程度，尺度不易掌握，若结合茶坯发酵叶温综合判断则更为准确。一般来说，至发酵叶叶色变为黄红色，青草气消失，呈现花果香、甜香为发酵适度。

（4）干燥

①毛火：宜采用链板式烘干机，温度105～115℃，摊叶厚度1～2cm，时间10～15min，至在制品含水量达20%～25%，条索收紧，有较强的刺手感，嫩茎稍软为适度。毛火后将毛火叶放置于竹匾或输送带上摊凉30～60min。

②足火：宜采用链板式烘干机或箱式烘干机，温度85～95℃，摊叶厚度2～3cm，时间30～60min，至在制品含水量<6%，折梗即断，用手指捻茶条即成粉末为适度。

（5）精制　采用拣梗机或色选机去除筋梗，采用风选机去除黄片、毛衣。采用圆筛机区分长短，抖筛机区分粗细，风选机区分轻重，实现规格匀整。按商品茶品质要求进行匀堆拼配。

滇红工夫红茶产品各等级的感官品质见表3-23。

表3-23　滇红工夫红茶产品各等级的感官品质

等级	外形				内质			
	条索	整碎	净度	色泽	香气	滋味	汤色	叶底
单芽级	芽头肥壮披毫	匀齐	洁净	金毫满披	甜香浓郁持久，花果香显	甜醇鲜	橙红明亮	芽头肥壮，红匀明亮
特级	肥壮紧结芽毫显	匀齐	洁净	乌褐或棕褐油润，金毫显露	甜香浓郁持久，花果香显	甜醇鲜	红明亮	肥嫩多芽，红匀明亮
一级	肥壮紧结有锋苗	匀整	洁净	乌褐或棕褐较润，多金毫	甜香浓较持久	较甜醇鲜	红较明亮	肥嫩有芽，红匀明亮
二级	肥壮紧结	匀整	洁净，稍有嫩茎	乌褐或棕褐较润，显金毫	甜香较高较浓	尚甜醇	红较亮	柔嫩较匀，较红亮
三级	紧实	较匀整	洁净，有筋梗	乌褐或棕褐较润，有金毫	甜香较高尚浓	较醇较甜	红尚亮	柔嫩较匀，尚红亮
四级	较紧实	尚匀整	有筋梗	乌褐或棕褐尚润，略有金毫	有甜香	较醇	较红	尚柔软尚匀，尚红亮

（三）典型案例三：红宝石红茶初制加工技术

红宝石红茶是贵州省内采用福鼎大白等适制红茶品种的鲜叶为原料，按特定加工工艺加工而成的颗粒形红茶。

1. 原料（鲜叶）要求

红宝石红茶原料（鲜叶）要求见表3-24。

表3-24　红宝石红茶原料（鲜叶）要求

采收季节	春茶前期	春茶中期	春茶后期和夏秋茶期
品种	适制红茶的优良茶树品种		
嫩度	一芽二三叶，不得有四叶以上老叶，不得有鱼叶、单片叶		

续表

采收季节	春茶前期	春茶中期	春茶后期和夏秋茶期
长度	7 ~ 8cm	6 ~ 7cm	5 ~ 6cm
鲜度	茶青鲜活，不得有机械损伤、红梗红叶		
纯净度	不得有单片叶，对夹叶等，长短匀齐，不得夹杂有茶果、梗、花及其他非茶类物质		

2. 加工工艺技术要求

基本加工工艺流程：茶青验收→萎凋→摇青→揉捻→发酵→脱水→做形→烘干

（1）萎凋　用萎凋槽进行萎凋，厚度为10 ~ 20cm，均匀，温度25 ~ 35℃（环境温度≥25℃时，自然吹风萎凋；低于25℃时需用热风萎凋，温度不得高于35℃），时间8 ~ 12h，在萎凋过程中翻抖一至二次，保证萎凋均匀一致。

萎凋标准为叶面失去光泽，变为暗绿，叶质柔软，折茎不断，青草气消失。

（2）摇青　用乌龙茶摇青机，每次投叶量为35 ~ 45kg/筒，第一次摇青转速12r/min，时间8 ~ 12min；第二次摇青转速25r/min，时间10 ~ 15min。

（3）揉捻　选用45型揉捻机、55型揉捻机，转速为45 ~ 55r/min，自然装到与桶口齐平，将压盘压到桶口下1cm处。轻揉50 ~ 60min，解块，然后盖触压揉捻叶揉40 ~ 50min，松压后揉5min。

揉捻标准为条索紧卷，茶汁充分揉出而不流失，叶片大部分泛黄，并发出较浓烈的清香，成条率达95%，细胞破坏率达85%左右。

（4）发酵　发酵时发酵盘或簸箕必须清洁，摊放厚度15 ~ 20cm，均匀，疏松，不得有团块。室温应控制在26 ~ 30℃，湿度在95%以上，发酵室设通风口，发酵时间200 ~ 300min，当叶象变成红黄色、花果香显现为发酵适度。

（5）脱水　要求高温快速，温度130 ~ 150℃，时间120 ~ 150s。脱水叶黏性降低，手握茶坯成团，松手后可散开，色泽红褐，茶坯含水量约为45%左右。

（6）做形　在双锅曲毫机中进行，利用茶坯在锅内滚动和相互挤压，在一定的温度和水分条件下，通过炒坯、第一次并锅和第二次并锅共三次完成。

①炒坯：将脱水并摊晾回潮后的发酵叶投入预热至80℃左右的50型双锅曲毫机中，投叶量约为8 ~ 10kg，启动双锅曲毫机，调到大幅挡位、设备运行速度约为45r/min，茶坯在锅中能顺利翻转为宜，炒制时间约为45min。炒至芽叶卷曲状、色泽乌褐，稍显甜香，含水量约35%左右时，迅速下锅，短暂摊凉，搓散团块，筛去碎末。

②第一次并锅：将10 ~ 12kg经过炒坯并筛去碎末的茶坯投入预热至70℃左右的双锅曲毫机中，将设备运转速度降至40r/min，根据茶坯在锅中的翻转情况设定为大幅挡或小幅挡，炒制时间约为50min。炒至茶坯整体呈乌褐，甜香明显，条索较紧，茶坯含水量25%左右时，迅速下锅，短暂摊凉，筛去碎末。

③第二次并锅：将经过第一次并锅并筛去碎末的茶坯投入预热至60℃左右的双锅曲毫机中，投叶量为12～15kg，转速为35r/min左右，炒制时间约为70min。炒至颗粒紧结重实，整体乌褐油润或红褐油润，甜香显，含水量约为10%时及时下锅摊凉，完成做形工序。红宝石红茶做形工艺参数见表3-25。

表3-25　红宝石红茶做形工艺参数

工序	投叶量/kg	叶面温度/℃	设备速度/（r/min）	挡幅	炒制时间/min	含水量/%
炒坯	8～10	80～85	45	大	45～55	35±2
第一次并锅	10～12	70～80	40	小	45～55	28±2
第二次并锅	12～15	70～90	35	小	65～75	10±2

（7）烘干

厚度为2cm，温度100～120℃，时间20～25min，茶叶含水量≤6.0%，及时进行薄摊散热30～60min，待茶叶冷却至室温，计量装袋。

（四）典型案例四：习水古树红茶初制加工技术

习水古树红茶是以贵州省遵义市习水县境内乔木古树茶鲜叶为原料，按以下加工工艺加工而成的红茶。

1. 原料（鲜叶）要求

习水古树红茶鲜叶分级及要求见表3-26。

表3-26　习水古树红茶鲜叶分级及要求

等级	要求	
特级	一芽一叶初展	嫩、匀、鲜、净
一级	一芽一叶开展至一芽二叶初展	

2. 加工工艺技术要求

加工工艺流程：摊青→萎凋→揉捻→发酵→干燥→提香

（1）摊青　将鲜叶摊青并尽快将叶温降至常温。嫩叶、雨水叶和露水叶薄摊，摊叶时应抖散摊平茶叶呈蓬松状态，保持厚薄一致。萎凋槽萎凋将鲜叶均匀摊放在萎凋槽中，摊叶厚度15～20cm。自然萎凋将鲜叶均匀摊放在竹席或萎凋架上，摊叶厚度为3～5cm。

（2）萎凋

①萎凋槽萎凋：鼓风气流温度为28～32℃，相对湿度（70±5）%，萎凋槽前

后温度要保持相对一致。萎凋时间为6～10h。萎凋叶以含水量（60±1）%为宜，感官特征为叶面失去光泽，叶色暗绿，青草气减退，叶形皱缩，叶质柔软，紧握成团，松手可缓慢松散。

②室内自然萎凋

环境要求：室温，相对湿度（65±5）%。

翻抖：一般为2h翻抖一次，翻抖时要求手势轻，抖得松，翻得透，避免损伤芽叶。

萎凋程度：时间为12～18h，叶相与萎凋槽萎凋的感官特征一致。

（3）揉捻　装叶量以揉盖能盖妥为准，装叶时嫩叶避免按压，老叶可适当按压。加压掌握“轻—重—轻”的原则。揉捻叶紧卷成条，有少量茶汁溢出为揉捻适度。以茶条紧卷，茶汁外溢，黏附于茶条表面为适度，细胞破坏率80%以上，成条率90%以上，色泽黄绿，茶条圆紧。

（4）发酵　发酵室温度28～32℃，湿度≥80%，以喷雾或洒水调节，保持室内通风，足氧。将揉捻好的茶叶解块放入发酵筐或发酵盘发酵，摊放均匀，厚度8～12cm，时间4～7h。发酵程度为发酵叶青草气消失、出现花果香，叶色铜红。

（5）干燥

①毛火：温度105～115℃，时间15～20min，烘至含水量18%～25%，及时摊凉。

②足火：温度90～100℃，时间25～30min，烘至含水量<6%，用手捏茶即成粉末。

项目四　白茶初制技术

白茶是中国六大茶类之一，属微发酵茶。GB/T 30766—2014《茶叶分类》中白茶的定义：以特定茶树品种的鲜叶为原料，经萎凋、干燥等生产工艺制成的产品。

清乾隆三十七年到四十七年（1772—1782年），福建省建阳市水吉镇利用水仙茶树种创制了现代意义的白茶，也就是白牡丹。嘉庆初年（1796年）以闽北菜茶品种壮芽制成银针。1857年，福鼎大白茶树由太姥山移植到福鼎市点头镇，开启了大白茶的培育和栽种。1922年政和县也开始制造白牡丹，运销香港，价格比普通红茶和绿茶高出一倍多。20世纪70年代，为了满足外销的需求，白琳茶厂研制出新工艺白茶，茶汤滋味更浓，颜色更深，口感更重，条索紧结，发酵程度较传统白茶更重，介于白茶与红茶之间。

视频14　白茶品质特征

视频15　白茶加工原理及加工技术特点

云南、四川、广西、广东、福建、浙江、贵州等地均有白茶的生产，但福建的白茶产量最高。

任务一　鲜叶的分级和摊放

职业能力｜能准确进行白茶的鲜叶原料分级工作和正确摊放鲜叶原料。

核心概念｜白茶的鲜叶原料以中叶种、大叶种茶树品种为主，具有茸毛特多的特性。不同产地的白茶原料等级的嫩度不同。摊放是对进厂的原料及时摊开处理，避免由于堆放过厚而红变。

学习目标｜正确识别单芽、一芽一叶初展及开展、一芽二叶初展及开展、驻芽、单片叶等原料；正确判断原料的等级；了解加工茶叶时原料均匀的重要性。

（一）基础知识

1. 不同鲜叶原料的特点

（1）福建的鲜叶原料　福建的白茶产地主要有以下三个。福鼎市是中国十大产茶县（市）之一，海拔平均500～800m，是白茶的原产地、主要产区和出口基地，主要树种有福鼎大白、福鼎大毫、福云六号、歌乐。南平市政和县，海拔400～1000m，主要树种有政和大白、福安大白。南平市建阳区是白牡丹的发源地，主要树种有武夷莱茶、福建水仙。

（2）其他产地的鲜叶原料　云南、广东、广西主要用大叶种鲜叶原料，四川、浙江、贵州等地多用中小叶种鲜叶原料。

白茶代表性茶树品种及其特征见表4-1。

表4-1　白茶代表性茶树品种及其特征

品种名称	基本性状	特征
福鼎大白茶	无性系、小乔木型、中叶类、早生种	茸毛特多、一芽三叶百芽重63.0g
福鼎大毫茶	无性系、小乔木型、大叶种、早生种	茸毛特多、一芽三叶百芽重104.0g
景谷大白茶	有性系、乔木型，大叶类、中生种	茸毛特多，一芽三叶百芽重163.8g
丹霞系列品种	无性系、小乔木型、中叶类、中生种	茸毛特多、一芽三叶百芽重157.7g
凌云白毛茶	有性系、小乔木型、大叶类、中生种	茸毛特多、一芽三叶百芽重99.0g

2. 鲜叶等级

不同地区的白茶分级标准和方法有不同，但总体来说均是依据鲜叶的嫩度分级。白茶产品也根据原料等级的不同而有不同的名字，各茶区之间均有差异，福建地区白茶原料等级和云南地区白茶原料等级如表4-2、表4-3所示。

表4-2　福建地区白茶原料等级

茶叶名称	鲜叶嫩度
白毫银针	单芽
白牡丹	一芽二叶
贡眉	一芽二至三叶
寿眉	一芽三叶带驻芽嫩梢或叶片

表4-3　云南地区白茶原料等级

茶叶名称	鲜叶嫩度
白龙须	单芽
月美人	一芽一叶
月光白	一芽二叶≥90%，一芽三叶及同等嫩度对夹叶≤10%
月光寿	一芽二叶、一芽三叶、一芽四叶及同等嫩度对夹叶混采≤100%

（二）能力训练

1. 操作条件

操作条件如表4-4所示。

表4-4　操作条件

用途类别	设备、器具、材料	单位	数量
区分鲜叶等级	小簸箕	个	4
	单芽茶树鲜叶	kg	0.5
	一芽一叶茶树鲜叶	kg	0.5
	一芽二叶茶树鲜叶	kg	0.5
	一芽三叶茶树鲜叶带少量对夹叶、单片叶	kg	0.5

2. 安全注意事项

（1）操作前要穿好工作服。

（2）收拢小簸箕上的茶叶时，不要用手赶，以免有小篾刺扎伤手。

3. 操作过程

操作过程如表4-5所示。

表4-5　操作过程

步骤	操作方法及说明	质量标准及记录
判断鲜叶等级	将盛装不同等级的鲜叶容器贴上等级标签	正确区分单芽原料 □是　□否 正确区分一芽一叶原料 □是　□否 正确区分一芽二叶原料 □是　□否 正确区分对夹叶和单片原料 □是　□否
正确摊放定级后的鲜叶	将定级后的鲜叶进行摊放处理	摊放厚度不超12cm □是　□否 摊放时厚薄均匀 □是　□否

（三）问题情境

1. 问题情境一：进厂时已经发热的原料如何处理？

进厂时原料已经发热，应该通过散热和降温处理来解决。茶叶原料发热可能是由于其在运输或储存过程中积累了过多的热量，这会影响茶叶的质量和后续加工效果。因此，首先需要采取措施散热，可以通过薄摊、通风等方式帮助茶叶恢复正常的温度。

2. 问题情境二：一芽一叶原料中混有少量单片叶如何处理？

手工筛选：对于混入单片叶的一芽一叶原料，首先可以通过手工方式进行初步筛选。工人可以仔细挑选出单片叶，将其与一芽一叶的原料分离。这种方法虽然耗时耗力，但能够较为精确地控制原料的质量。

机械筛选：为了提高效率，可以使用机械筛选设备对原料进行分离。这些设备通常根据茶叶的大小、形状等特性进行筛选，能够有效地将单片叶与一芽一叶原料分开。

（四）知识拓展

在进行白茶鲜叶的分级的工作时，常见的是大叶种茶树鲜叶原料，也有中叶种，有时也会遇到当地群体种的小叶种茶树鲜叶，要注意区分，并分开摊放。

叶片大小以定型叶的叶面积进行区分：特大叶叶面积$>50cm^2$，大叶叶面积$28\sim50cm^2$，中叶叶面积$14\sim28cm^2$，小叶叶面积$<14cm^2$。

（五）学习评价

学习评价如表4-6所示。

表4-6　学习评价

项目	内容	配分	得分	批注
工作准备（10%）	能正确理解工作任务的内容	5		
	能查阅资料，确认相关技术标准	5		
工作过程（90%）	能在小组内开展有序的分工	10		
	能穿好工作服	5		
	能戴好工作帽	5		
	能准备必需的器具	10		
	能正确区分鲜叶原料的等级	20		
	能正确摊放鲜叶原料	20		
	能区分中大叶种原料与小叶种原料	20		

任务二　鲜叶的萎凋

职业能力｜能开展白茶萎凋工作。

核心概念｜萎凋是白茶加工的关键工序，其目的是蒸发鲜叶水分，提高细胞膜透性和酶活性，促进叶内含物质发生缓慢的水解和氧化作用，挥发青气，发展茶香，形成白茶自然的外形和内质特征。

学习目标｜理解白茶萎凋的原理；掌握萎凋的方法；正确判断萎凋是否适度。

（一）基础知识

1. 萎凋的原理

鲜叶萎凋过程中，随着叶内水分蒸发，鲜叶呼吸作用增强，细胞膜透性随之增强，同时也增强了酶活性，使叶细胞在未受损情况下发生一系列的缓慢水解、氧化反应。萎凋过程物质转化见表4-7。

表4-7　萎凋过程物质转化

反应物质	过程	生成物质
叶绿素	（叶绿素酶）水解	叶绿酸、植醇（叶色转为暗绿）
蛋白质	（蛋白质酶）水解	氨基酸
多糖	水解	小分子的单糖
酯型儿茶素	水解	非酯型儿茶素
多酚类	（多酚氧化酶）氧化	茶黄素和茶红素等
结合态非挥发性香气前体物质	水解	游离态挥发性香气成分

2. 萎凋的方法

（1）白毫银针　在制作白毫银针时，根据天气情况灵活采用室内自然萎凋和加温萎凋的方式。白毫银针萎凋技术参数见表4-8。

表4-8　白毫银针萎凋技术参数

萎凋方式	工具	摊叶要求	温度	时间
室内自然萎凋	水筛	芽头不重叠	15～25℃（春季）、25～35℃（夏季）	40～60h
加温萎凋	水筛	芽头不重叠	25～35℃	16～24h

（2）白牡丹

室内自然萎凋：鲜叶进厂后需要轻巧地摊放在萎凋帘或水筛上，以免叶张碰摩受损。摊叶厚度依鲜叶嫩度、肥壮度及含水量而定，嫩度高、肥壮、含水量高的鲜叶薄摊，反之厚摊。萎凋结束，收筛动作宜轻，以免芽叶断碎。白牡丹室内自然萎凋技术参数见表4-9。

表4-9　白牡丹室内自然萎凋技术参数

萎凋方式	工具	摊叶厚度	摊叶量	温度	湿度	时间
室内自然萎凋	水筛	2～3cm	0.4～0.5kg	18～25℃（春季）	67%～80%（春季）	48～60h
				25～35℃（夏季）	60%～75%（夏季）	

复式萎凋：春秋季的晴天，室内自然萎凋应结合微弱日光萎凋进行，晒青时间视室外温湿度而定，均晒至叶片微热时移入室内，待萎凋叶温下降后再行晒青。大白和水仙白嫩梢肥壮，含水量高，多采用此法，以加速水分蒸发和提高茶汤醇度。摊青、拼筛方法同室内萎凋。白牡丹复式萎凋技术参数见表4-10。

表4-10　白牡丹复式萎凋技术参数

萎凋方式	工具	摊叶厚度	温度	湿度	单次晒时长	重复次数	日晒总时数
复式萎凋	水筛	2～3cm	25℃左右	65%	25～35min	2～4次	1～2h
			30℃左右	小于60%	15～20min		

加温萎凋：遇阴雨天气，应将鲜叶均匀摊放在萎凋槽进行加温萎凋，摊叶厚度以叶层不被风吹成空洞为度。鼓热风和停吹交替进行，中间翻拌数次，翻拌动作宜轻。下叶前20min宜停止加温，并改为鼓冷风以降低叶温。白牡丹加温萎凋技术参数见表4-11。

表4-11　白牡丹加温萎凋技术参数

萎凋方式	工具	摊叶厚度	风温	单次鼓风时长	停吹时长	时间
加温萎凋	萎凋槽	20～25cm	约30℃	1h	10min	20～36h

3. 萎凋程度

芽叶毫色银白，叶色转为灰绿或深绿，叶缘自然干缩或垂卷，芽尖、嫩梗呈“翘尾”状为萎凋适度。采用全萎凋法则萎凋至手捻茶叶成末，含水量达8%～9%即为适度；半萎凋则萎凋至九成干；遇阴雨天气，叶色转为翠绿或黛绿，达六七成干即应及时烘焙。

（二）能力训练

1. 操作条件

操作条件如表4-12所示。

表4-12　操作条件

用途类别	设备、器具、材料	单位	数量
掌握萎凋工艺	水筛	个	1
	福鼎大白茶品种一芽二叶茶树鲜叶	kg	1

2. 安全注意事项

（1）操作前要穿好工作服。

（2）收拢小簸箕上的茶叶时，不要用手赶，以免有小篾刺扎伤手。

（3）用萎凋槽时要注意用电安全。

3. 操作过程

操作过程如表4-13所示。

表4-13　操作过程

步骤	操作方法及说明	质量标准及记录
掌握萎凋方法	室内自然萎凋应结合微弱日光萎凋进行，晒青时间视室外温湿度而定，均晒至叶片微热时移入室内，待萎凋叶温下降后再行晒青，重复2～4次，日照总时数为1～2h	正确选定萎凋的方法 □是　□否 正确调整自然萎凋和日光萎凋的时间和次数 □是　□否
正确判断萎凋的程度	叶色转为灰绿或深绿，叶缘自然干缩或垂卷，芽尖、嫩梗呈“翘尾”状，萎凋至九成干	叶色转为灰绿或深绿 □是　□否 叶缘自然干缩或垂卷 □是　□否 芽尖、嫩梗呈“翘尾”状 □是　□否 萎凋至九成干 □是　□否

（三）问题情境

1. 问题情境一：采用福建福鼎传统制法制作白毫银针，正常气候、晴天、湿度小时，应该怎么操作？

正常气候、晴天、湿度小，将芽头均匀薄摊在烈日下暴晒一天，达八九成干后用文火烘焙。

2. 问题情境二：采用福建福鼎传统制法制作白毫银针，遇高温、高湿的气候时，应该怎么操作？

遇高温、高湿的气候时，一般晒一天只能达到六七成干，第二天还要继续暴晒达八九成干后，再用文火烘焙，如当天不能晒至六七成干，或者第二天遇到阴雨天，为保证品质，当晚或第二天即用低温烘焙。

3. 问题情境三：采用福建福鼎传统制法制作白毫银针，遇阴雨天或大雾天时，应该怎么操作?

阴雨天或大雾天，没有条件暴晒，则应用低温慢烘代替阳光暴晒，以防茶芽变黑较低品质；大风天则采用室内自然萎凋至减重30%左右时，再用文火烘焙，以防芽头色泽转暗变黑。

4. 问题情境四：并筛的目的和方法是什么?

为了避免萎凋叶长时间静置引起贴筛，影响叶形和萎凋均匀度，当萎凋至七八成干时，须进行拼筛处理，一般小白茶八成干时两筛并一筛；大白茶拼筛分两次进行，七成干时两筛并一筛，八成干时再两筛并一筛，并摊成凹状。中低级白茶采用堆放，萎凋叶含水量30%左右时堆厚约10cm，含水量25%左右时堆厚约25cm，含水量不宜低于20%，否则不能转色。拼筛后继续萎凋12～14h，萎凋叶达九成干时即可下筛拣剔。

5. 问题情境五：白牡丹的拣剔要求有哪些?

拣剔按白牡丹级别进行，动作宜轻，以防芽叶断碎。高级白牡丹要求拣去蜡片、黄片、红张、粗老叶和杂物；一级白牡丹拣去蜡片、红张、梗片和杂物；二级白牡丹拣去红张和杂物；三级白牡丹拣去梗片和杂物；低级白牡丹拣去非茶类夹杂物。拣剔后，采用全萎凋的白牡丹继续萎凋至足干。

6. 问题情境六：由于加温萎凋时间偏短，内含物质化学变化尚未完成，为了保障品质，需要做什么处理?

需要堆积处理。做法：萎凋叶达八成干时，及时堆积3～5h，堆厚20～30cm。若鲜叶含水量过低，则要增加堆积高度，或装入布袋中，或装入竹筐中。堆中温度控制在22～25℃，避免温度过高引起萎凋叶红变。待到萎凋叶嫩梗和叶主脉变为深红棕色，叶色转为暗绿或灰绿，青臭气散失，茶叶清香显露时，应及时烘焙，否则易引起叶张红变。萎凋过度，鲜叶则呈暗褐色，俗称“铁板色”；萎凋不足，即行烘干，成茶叶色燥绿，易转黄绿，香味青涩，品质低次，粗老的叶张更为明显。

（四）知识拓展

白毫银针分为北路银针和南路银针，北路银针是采用福鼎制法制得，南路银针是采用政和制法制得。政和制法：一是全萎凋法，即将茶芽薄摊于室内或微弱的阳光下萎凋至七八成干，再置于强光下晒至足干；二是半萎凋法，芽头置室内自然萎凋至六七成干时，用文火烘至足干。

（五）学习评价

学习评价如表4-14所示。

表4-14　学习评价

项目	内容	配分	得分	批注
工作准备（10%）	能正确理解工作任务的内容	5		
	能查阅资料，确认相关技术标准	5		
工作过程（90%）	能在小组内开展有序的分工	10		
	能穿好工作服	5		
	能戴好工作帽	5		
	能准备必需的器具	10		
	能掌握萎凋的方法	20		
	能熟练掌握萎凋工序的操作过程	20		
	能正确判断萎凋是否适度	20		

任务三　干燥

职业能力｜能开展白茶干燥工作。

核心概念｜干燥是白茶排除多余水分，提高香气和滋味的重要阶段。通过适当烘焙，破坏酶活性，终止酶促氧化，固定烘焙前形成的色、香、味品质；去除水分，紧缩茶条；促使内含物质发生热化学转化，发展白茶品质。

学习目标｜掌握白茶干燥的原理、方式及程度知识；能准确判断干燥是否适度；了解干燥工序对白茶品质的重要性。

（一）基础知识

1. 干燥的原理

干燥是在高温（烘焙）作用下，某些带青气的低沸点的醇类、醛类芳香物质挥发和异构化，形成带清香的芳香物质。糖与氨基酸、氨基酸与多酚类物质相互作用，形成新的香气；糖与氨基酸的焦糖化作用，可使白茶香气提高与熟化。所以采用晒干或风干的白茶香气不足，并稍带青气。烘焙还促进儿茶素类产生异构化而减少茶汤的苦涩味，使茶汤滋味较为清醇。

2. 干燥的方式

（1）白毫银针的干燥　技术参数见表4-15。

表4-15 白毫银针的干燥技术参数

分类	干燥方式	干燥温度	干燥时间
福鼎传统制法	焙笼烘焙	约45℃（萎凋芽头八九成干时）	约30min
		45～50℃（萎凋芽头六七成干时）	直至足干
福鼎现代制法	烘干机烘焙	80～110℃（烘焙2～3次）	每次10～20min
政和制法	日晒	无（萎凋芽头七八成干）	直至足干
	焙笼烘焙	30～40 ℃（萎凋芽头六七成干时）	直至足干
	烘干机烘焙	80～110℃（烘焙2～3次）	每次10～20min

（2）白牡丹的干燥　烘干机烘焙有一次烘焙和二次烘焙两种方法，摊叶厚度均约为4cm，干燥技术参数见表4-16。

表4-16 白牡丹的干燥技术参数

干燥方式	摊叶厚度	萎凋叶干燥程度	干燥温度	干燥时间
烘干机烘焙一次烘焙	约4cm	九成干	70～80℃	约20min
烘干机烘焙二次烘焙	约4cm	七八成干	90～100℃（初焙）	约10min（烘后摊凉0.5～1h）
			80～90℃（复焙）	约20min

（二）能力训练

1. 操作条件

操作条件如表4-17所示。

表4-17 操作条件

用途类别	设备、器具、材料	单位	数量
掌握白茶干燥工艺	提香机	台	1
	福鼎大白茶品种一芽二叶萎凋叶	kg/筛	把握摊叶厚度为4cm左右，每筛的具体数量依提香机型号差异而有所不同

2. 安全注意事项

（1）操作前要穿好工作服。

（2）收拢小簸箕上的茶叶时，不要用手赶，以免有小篾刺扎伤手。

（3）在操作提箱机时按要求开关，谨防触电。

3. 操作过程

操作过程如表4-18所示。

表4-18 操作过程

步骤	操作方法及说明	质量标准及记录
正确设置干燥温度及时间	将萎凋叶装入提香机的转盘中，然后根据萎凋叶的状态，设置合适的温度和时间	正确把握摊叶厚度 □是 □否 正确设置时间和温度 □是 □否
判断干燥程度	检查烘焙结束后的茶叶是否干燥适度	手捻茶叶成粉末 □是 □否 茎梗易折断 □是 □否

（三）问题情境

1. 问题情境一：白毫银针烘焙要注意什么？

烘焙白毫银针极为珍贵，传统的多采用焙笼烘焙。烘焙前，先在焙笼内铺一层白纸，以防温度过高而灼伤芽头，而后将萎凋达一定干度的芽头摊放于焙笼的白纸上，每笼叶量约为0.25kg。

2. 问题情境二：制作白毫银针遇不良天气时该怎么处理干燥环节？

遇不良气候，可将芽头经室内自然萎凋至减重约30%，火温30～40℃，文火烘至足干。

（四）知识拓展

白牡丹的焙笼烘焙方法与烘干机烘焙基本相同，不同之处是烘焙过程结合数次翻拌，翻拌动作要求轻，谨防叶片断碎，茸毛脱落。九成干萎凋叶采用一次烘焙法，烘焙前期每笼摊叶量约0.5kg，后期每笼约1kg，温度70～80℃，历时15～20min，烘至足干。七八成干的萎凋叶分两次烘焙，初焙用明火，温度约100℃，每笼摊叶量0.75kg左右，历时约10min。初焙后摊凉0.5～1h后复焙；复焙用暗火，温度约90℃，每笼摊叶量1kg左右，历时约20min，烘至足干。

（五）学习评价

学习评价如表4-19所示。

表4-19 学习评价

项目	内容	配分	得分	批注
工作准备（10%）	能正确理解工作任务的内容	5		
	能查阅资料，确认相关技术标准	5		
工作过程（90%）	能在小组内开展有序的分工	10		
	能穿好工作服	5		
	能戴好工作帽	5		
	能准备必需的器具	10		
	能熟练使用提香机	20		
	能正确设计干燥的温度和时间	20		
	能准确判断干燥的程度	20		

任务四 新工艺白茶的制作

职业能力｜能准确掌握新工艺白茶的原料特点、品质特征及加工工序。

核心概念｜白茶新工艺制法是在传统白茶制法的基础上，进行工艺革新发展起来的。所谓“新工艺”就是在萎凋和烘焙工序之间增加揉捻工序，其新产品即以“新工艺白茶”或“新白茶”命名。

学习目标｜正确理解新白茶的原料特点，熟练操作新白茶的各项制作工序；了解创新白茶的特色。

（一）基础知识

1. 新白茶的原料特点

鲜叶原料要求相似于低档的贡眉、寿眉原料，嫩度要求不高，采摘标准为一芽二三叶、驻芽二三叶、单片叶等。新工艺白茶对原料不苛求，有别于传统白茶重视原料嫩度的工艺特点。

2. 新白茶的品质特征

新工艺白茶外形是半卷条形，色泽暗绿略带褐色，清香味浓，汤色橙红，叶底色泽青灰带黄，筋脉带红，滋味浓醇清甘。

3. 新白茶的加工工序

新白茶基本加工工艺：鲜叶→萎凋（→堆积）→轻揉捻→烘焙→毛茶→拣剔→复焙→包装，与传统白茶工艺相比，其工艺特点为轻萎凋、轻发酵、轻揉捻、高火烘焙。

（1）萎凋　分为室内自然萎凋和加温萎凋两种，方法与传统白茶相同，以室内自然萎凋的成茶品质较佳。新白茶的萎凋技术参数见表4-20。

表4-20　新白茶的萎凋技术参数

萎凋方式	工具	温度	相对湿度	时间
室内自然萎凋	萎凋帘	20～25℃	70%	24～48h
加温萎凋	萎凋槽	约30℃	65%～70%	8～10h

萎凋适度时，萎凋叶色泽由翠绿转灰绿，茸毛发白，叶缘微卷，手握叶子有刺触感，青臭气消失，清香显露，一般失水率为26%～30%，叶质柔软而有弹性，揉时不易断碎，成形好。

（2）揉捻　是新白茶区别于传统白茶的加工工艺，其作用是改善因鲜叶偏老而造成的外形粗松、滋味淡薄问题，以形成新白茶的条索状外形及增强滋味的浓度。

新白茶揉捻与其他茶类的揉捻有所不同。轻压、短揉是新白茶揉捻的特点。方法是将揉捻叶蓬松装入揉捻机，加压程度及揉捻时间长短与茶青的嫩度及季节有关，即掌握“嫩叶轻压短揉，老叶稍重压长揉”的原则，以外形稍呈条索状为适度。新白茶的揉捻技术参数见表4-21。

表4-21　新白茶的揉捻技术参数

茶青状态	揉捻时间
嫩度好的春茶	3～5min
中等嫩度的茶青	5～10min
稍老的茶青	10～15min
低档的夏秋茶青	15～21min

（3）干燥　采用烘干机烘焙。烘焙温度一般控制在100～120℃，烘焙过程以温度适中偏高、一次快速焙干为宜，以手搓茶叶呈粉末，梗折即断为度。

（二）能力训练

1. 操作条件

操作条件如表4-22所示。

表4-22　操作条件

用途类别	设备、器具、材料	单位	数量
新白茶的萎凋	水筛	个	1
新白茶的揉捻	小簸箕	个	1
新白茶的干燥	提香机	台	1
制作新白茶	福鼎大白茶品种的一芽三叶茶青	kg	1

2. 安全注意事项

（1）操作前要穿好工作服。

（2）在操作提箱机时按要求开关，谨防触电。

3. 操作过程

操作过程如表4-23所示。

表4-23 操作过程

步骤	操作方法及说明	质量标准及记录
萎凋	鲜叶薄摊于水筛上，适宜温湿度条件下（温度20～25℃，相对空气湿度约70%），一般自然萎凋需24～48h	正确把握摊叶厚度 □是 □否 正确把握萎凋时间 □是 □否
揉捻	将萎凋叶装入小簸箕，揉捻方法与卷曲形绿茶相同，但用力小、时间短	正确把握揉捻的力度 □是 □否 正确把握揉捻的程度 □是 □否
干燥	提香机温度一般控制在100～120℃，烘焙过程以温度适中偏高、一次快速焙干为宜，以手搓茶叶呈粉末，梗折即断为度	正确把握干燥的温度 □是 □否 正确把握干燥的程度 □是 □否

（三）问题情境

1. 问题情境一：不同时间、气候条件下，新白茶萎凋的时间有什么要求？

春茶嫩度好，叶张肥厚，鲜叶含水量高，萎凋时间要长；秋夏茶嫩度差，叶张瘦薄，含水量低，萎凋历时相对缩短。闷热潮湿的南风天，萎凋时间长；低温干爽的北风天，萎凋时间则短。

2. 问题情境二：新白茶的加温萎凋有什么缺陷，应如何弥补？

加温萎凋在叶态特征上与自然萎凋一致，但因萎凋时间短，内含物质转化不充分，同时还会出现梗叶水分不平衡的现象，表现为叶片因失水快而干脆，茎梗因走水不及而硬胀，为此，常于加温萎凋后辅以堆积处理以弥补这一缺陷。堆积的方法是将萎凋叶蓬松堆积，不能挤压、踩踏，堆积场所要求空气流通，堆积厚度及历时视萎凋程度及天气情况有所变化，一般低温干燥天气，堆叶厚度20～30cm，历时34h：高温、高湿的南风天，堆叶厚15～20 cm，时间23h。萎凋程度重，含水量低的叶子，堆积历时要长些，萎凋程度轻的，堆积历时可适当缩短。

（四）知识拓展

毛茶经筛分、风选、拣剔后进行复焙，一般温度为130～140℃，以消除因原料成熟度偏高带来的粗薄感，从而突出火功香，所以高火烘焙也是新工艺白茶的工艺特色之一。复焙结束应及时拼堆与包装。

（五）学习评价

学习评价如表4-24所示。

表4-24　学习评价

项目	内容	配分	得分	批注
工作准备（10%）	能正确理解工作任务的内容	5		
	能查阅资料，确认相关技术标准	5		
工作过程（90%）	能在小组内开展有序的分工	10		
	能穿好工作服	5		
	能戴好工作帽	5		
	能准备必需的器具	10		
	能熟练掌握萎凋的工序	20		
	能熟练把握揉捻的力度与时间	20		
	能准确判断干燥的程度	20		

课后练习题

（一）选择题

1. 白茶的关键加工工序是（　）。

A. 摊青　　B. 萎凋　　C. 揉捻　　D. 干燥

2. 白毫银针茶加工是将茶芽摊在通风阴处或微弱日光下，萎凋至含水量20%～30%时，再放在烈日下晒至全干或低温烘干（政和制法），烘干的温度为（　）。

A. 45～50℃　　B. 50～60℃　　C. 60～70℃　　D. 70～80℃

3. 白毫银针加工时，室内自然萎凋是时长一般为（　）。

A. 10～30h　　B. 20～40h　　C. 30～50h　　D. 40～60h

4. 春季加工白牡丹，采用复式萎凋时的摊叶厚度一般为（　）。

A. 1～2cm　　B. 2～3cm　　C. 3～4cm　　D. 4～5cm

5. 夏季加工白牡丹，采用自然萎凋的方式时，萎凋温度要求在（　）。

A. 15～20℃　　B. 18～25℃　　C. 20～30℃　　D. 25～35℃

6.（　）形状如针，色白如银，汤色浅杏黄色，香气清鲜毫香显，味清新爽口。

A. 信阳毛尖　　B. 白毫银针　　C. 君山银针　　D. 安化松针

7. 白牡丹干燥时，采用烘干机干燥一次性烘焙，温度应控制在（ ）。

A. 50～60℃　　B. 60～70℃　　C. 70～80℃　　D. 80～90℃

（二）判断题

1. 加工白茶要求芽叶茸毛少。（ ）

2. 芽叶毫色呈银白，叶色转变为灰绿或深绿，叶缘自然干缩或垂卷，芽尖和嫩梗呈“翘尾”状。（ ）

3. 白茶不是我国独有茶类。（ ）

4. 白毫银针白毫披露，“银装素裹”是品质优异的特征。（ ）

5. 揉捻是新白茶区别于传统白茶的加工工艺，其作用在于改善因鲜叶偏老而导致的外形粗糙、滋味淡薄等问题，以形成新白茶的条索状外形及增强滋味的浓度。（ ）

（三）简答题

1. 请谈一下白茶萎凋的原理。

2. 怎样用焙笼干燥白毫银针？

3. 新白茶的品质特征是什么？

思政小课堂

课程思政4：茶人精神——社会责任与担当 林振传

拓展阅读

（一）典型案例一：白毫银针初制加工技术

白毫银针是以福鼎大白茶、福鼎大毫、政和大白茶和福建水仙品种的肥壮芽头为原料，按以下加工工艺加工而成的白茶。

1. 原料（鲜叶）要求

鲜叶采摘标准为肥壮芽头。采摘要求“十不采”，即雨天不采，露水未干不采，细瘦芽不采，紫色芽头不采，人为损伤芽不采，虫伤芽不采，开心芽不采，空心芽不采，病态芽不采，霜冻伤芽不采。

2. 加工工艺技术要求

加工工艺流程：鲜叶→萎凋→烘焙→毛茶

（1）传统加工工艺技术要求　鲜叶应及时均匀薄摊于萎凋帘或水筛上，不可重叠，因重叠部位会变黑。萎凋过程不可翻动以避免伤叶红变。

①萎凋：正常气候、晴天、湿度小，将芽头均匀薄摊在烈日下暴晒一天，达八九成干后用文火烘焙。若湿度大，一般晒一天只能达到六七成干，第二天还要继续曝晒达八九成干后，同样用文火烘焙；若当天不能晒至六七成干，或者第二天遇到阴雨天，则当晚或第二天即用文火烘焙；若遇阴雨天、大风或大雾天，则采用室内自然萎凋至减重30%左右时，即用文火烘焙，以防芽头色泽转暗变黑。

②烘焙：采用焙笼烘焙。烘焙前，先在焙笼内铺一层白纸，以防温度过高而灼伤芽头，而后将萎凋达一定干度的芽头摊放于焙笼的白纸上，每笼装叶量约为0.25kg。八九成干的萎凋芽头，一般焙温45℃左右，烘焙30min左右即达足干；六七成干的芽头烘温可稍高，为45～50℃，烘焙到足干；遇不良气候，可将芽头经室内自然萎凋至减重约30%，火温30～40℃，文火烘至足干。

（2）现代加工工艺技术要求

①室内萎凋：采用自然萎凋工艺的春茶，萎凋温度15～25℃，夏秋茶温度25～35℃。加温萎凋室内温度25～35℃。正常气候的自然萎凋总历时40～60h，加温萎凋总历时16～24h。萎凋适度时的萎凋叶含水量为18%～26%。萎凋芽叶毫色银白，叶色转变为灰绿或深绿；叶缘自然干缩或垂卷，芽尖、嫩梗呈"翘尾"状。

②拣剔：拣去蜡叶、黄叶、红张叶、粗老叶及非茶类夹杂物。

③烘焙：烘焙2～3次，温度80～110℃，历时10～20min。

（二）典型案例二：白牡丹初制加工技术

白牡丹是以福鼎大毫茶、福鼎大白茶、福安大白茶、政和大白茶、水仙及歌乐茶等茶树品种的鲜叶为原料，按以下加工工艺制成的白茶。

视频16　白牡丹的初制技术

1. 原料（鲜叶）要求

高级白牡丹鲜叶采摘标准为一芽一二叶初展，普通白牡丹鲜叶采摘标准以一芽二叶为主，兼采一芽三叶和幼嫩对夹叶。按标准适时分批采摘，要求雨天不采，露水未干不采，紫色芽头不采，虫伤芽不采，开心芽不采，病态芽不采，霜冻伤芽不采等。

2. 加工工艺技术要求

加工工艺流程：鲜叶→萎凋→烘焙→毛茶

（1）萎凋

①室内自然萎凋：摊叶厚度根据鲜叶嫩度、肥壮度及含水量而定，嫩度

高、肥壮、含水量高的鲜叶薄摊，反之厚摊。萎凋结束，收筛动作宜轻，以免芽叶断碎。一般萎凋帘摊叶厚2～3cm，水筛每筛摊叶0.4～0.5kg。春季萎凋温度18～25℃，相对湿度67%～80%；夏秋季温度25～35℃，相对湿度60%～75%，萎凋总历时48～60h。为避免萎凋叶长时间静置引起贴筛，影响叶形和萎凋均匀度，当萎凋至七八成干时，须进行并筛处理，并筛后继续萎凋12～14h，萎凋叶达九成干时即可下筛拣剔。拣剔按白牡丹级别进行，动作宜轻，以防芽叶断碎。高级白牡丹要求拣去蜡片、黄片、红张、粗老叶和杂物；一级白牡丹拣去蜡片、红张、梗片和杂物；二级白牡丹拣去红张和杂物；三级白牡丹拣去梗片和杂物；低级白牡丹拣去非茶类夹杂物。拣剔后，采用全萎凋的白牡丹继续萎凋至足干。

②复式萎凋：春秋季的晴天，室内自然萎凋应结合微弱日光萎凋进行，晒青时间视室外温湿度而定，均晒至叶片微热时移入室内，待萎凋叶温下降后再行晒青，重复2～4次，日照总时数为1～2h。一般室外温度25℃左右，相对湿度约65%，晒青25～35min；室外温度30℃左右，相对湿度低于60%，晒青15～20min。摊青、并筛方法同室内自然萎凋。

③加温萎凋：阴雨天气，将鲜叶均匀摊放在萎凋槽的盛叶筐内，摊叶厚20～25cm，以叶层不被风吹成空洞为度。风温约30℃，全程历时20～36h，中间翻拌数次，翻拌动作宜轻。鼓热风和停吹交替进行，一般鼓热风1h停吹10min，下叶前20min宜停止加温，改为鼓冷风以降低叶温。萎凋叶达八成干时，及时堆积3～5h，堆厚20～30cm。若鲜叶含水量过低，则要增加堆积高度，或装入布袋中，或装入竹筐中。堆中温度控制在22～25℃，避免温度过高引起萎凋叶红变。待到萎凋叶嫩梗和叶主脉变为深红棕色，叶色转为暗绿或灰绿，青臭气散失，茶叶清香显露时，应及时烘焙，否则易引起叶张红变。萎凋过度，鲜叶则呈暗褐色，俗称“铁板色”；萎凋不足，即行烘干，则成茶叶色燥绿，易转黄绿，香味青涩，品质低次，粗老的叶张更为明显。

（2）烘焙

①烘干机烘焙：采用一次烘焙和二次烘焙两种方法，摊叶厚度约为4cm。九成干的萎凋叶采用一次烘焙法，风温70～80℃，时间20min，烘至足干。七八成干的萎凋叶分两次烘焙，初焙温度90～100℃，时间10min，初焙后摊凉0.5～1h，使水分重新分布均匀。复焙温度80～90℃，时间20min，烘至足干。

②焙笼烘焙：方法与烘干机烘焙基本相同，不同之处是烘焙过程结合数次翻拌，翻拌动作要求轻，谨防叶片断碎，茸毛脱落。九成干萎凋叶采用一次烘焙法，烘焙前期每笼摊叶量0.5kg，后期每笼1kg，温度70～80℃，时间15～20min，烘至足干。七八成干的萎凋叶分两次烘焙，初焙用明火，温度约100℃，每笼摊叶量0.75kg左右，时间10min。初焙后摊凉0.5～1h后复焙，复焙用暗火，温度90℃，每笼摊叶量1kg，时间20min，烘至足干。

（三）典型案例三：月光白初制加工技术

月光白是以云南大叶种茶树一芽一二叶及少量一芽三叶为原料，按以下加工工艺制成的白茶。

1. 原料（鲜叶）要求

月光白原料要求及时分批按标准采摘，采摘标准为一芽一二叶及少量一芽三叶，同批芽叶长短大小应匀齐一致。采时以双指捏芽叶使其弯曲，自然断裂为准。杜绝掐、捋、抓等不正确采法，不采残、破、碎、虫、冻伤叶和病斑叶。

2. 加工工艺技术要求

自然萎凋加工工艺流程：鲜叶→[自然萎凋]→[干燥]→毛茶

加温萎凋加工工艺流程：鲜叶→[加温萎凋]→[干燥]→毛茶

复式萎凋加工工艺流程：鲜叶→[自然萎凋]↔[加温萎凋]→[干燥]→毛茶

（1）萎凋

①摊叶量：鲜叶萎凋摊放厚度：水筛为3～4cm，萎凋帘为2～3cm，有鼓风设备的萎凋槽为10～15cm。雨水叶、露水叶适当薄摊，萎凋过程至干燥前，水筛、萎凋帘注意不宜翻动，有鼓风设备的萎凋槽尽可能不翻动。

②萎凋温湿度（室内）：春茶温度为15～25℃，相对湿度为60%～75%；夏秋茶温度为25～35℃，相对湿度为65%～80%，萎凋时间为60～72h。

③萎凋适度：以鲜叶光泽消失、叶色转暗绿、叶质变软，青草气散失、清香透露，手捏叶片软绵、嫩梗萎软、折而不断，手捏茶叶成团、松开后缓慢散开，含水量达20%以下为适度。

（2）干燥

①自然干燥：直接利用太阳光照射进行干燥。

②设备干燥：分两次烘焙（烘干），初焙（初烘）烘干机温度90～100℃，摊叶厚度4～5cm，历时5min左右，以手揉叶碎梗不碎为宜；复焙（复烘）温度70～80℃，摊叶厚度4～5cm，历时10min左右，以手揉叶、梗均碎为宜。干燥温度平稳，防止忽高忽低，毛茶含水量控制在6%～10%。

（四）典型案例四：贵州白茶初制加工技术

贵州白茶是以贵州省境内适宜制作白茶的茶树的芽、叶、嫩茎为原料，经萎凋、干燥、捡剔等特定工艺并在贵州境内生产加工的白茶产品，且具有“外形秀美，花香优雅，清鲜甘醇”的品质特征。

1. 产品分类

（1）散茶　经萎凋、干燥、捡剔等工艺制成的白茶产品。

（2）紧压茶　以散茶为原料，经压制定型、干燥制成的白茶产品。

（3）银针　以单芽为原料加工而成的白茶产品。

（4）牡丹　以一芽一二叶为原料加工而成的白茶产品。

（5）寿眉　以一芽二三叶及以上并包括相同等级对夹叶为原料加工而成的白茶产品。

2. 原料（鲜叶）要求

贵州白茶原料（鲜叶）要求见表4-25。

表4-25　贵州白茶原料（鲜叶）要求

名称	等级	芽叶组成	总量占比	质量要求
银针	特级	芽肥壮	95%	嫩、匀、鲜、净
牡丹	特级	一芽一叶或一芽二叶初展	≥95%	芽叶肥壮，嫩、匀、鲜、净
	一级	一芽二叶	≥70%	芽叶壮，嫩、匀、鲜、净
寿眉	特级	一芽二三叶同等嫩度对夹叶或单叶	≥90%	净
	一级	一芽三四叶或同等嫩度单叶	≥60%	净

3. 初制加工工艺技术要求

初制加工工艺流程：茶青→萎凋→烘焙→毛茶

（1）萎凋　将摊晾鲜叶放在晾青架上，使叶子均匀散开，摊叶要均匀。

①自然萎凋：将开筛后萎凋叶放置于通风的晾青架上，静置于室内自然萎凋；在萎凋过程中，萎凋叶不得翻动。

②复式萎凋：春茶在早晨或傍晚日照不强烈或天气变幻无常的情况下，可采用复式萎凋，将萎凋叶放置在阳光下日照。一般春茶前期每日日照可重复2～4次，每次日照不得超过30min。

③加温萎凋：在不能进行自然萎凋和复式萎凋的情况下，可采用加温萎凋，风温达到40～45℃，保持16～20h，同时进行通风降温排湿，直至茶叶含水量降到20%以下。

④归堆：萎凋程度达到六七成干，萎凋叶毫色发白，叶色由浅绿转向深绿或灰绿，芽尖和嫩梗呈“翘尾”，叶缘垂卷时即可归堆，堆厚10～15cm，呈“凹”字形，仍放置于晾青架上继续萎凋，待八成干时再两堆归为一堆。

（2）干燥　干燥时温度60℃，时间10min。干燥至毛茶含水量8%～9%，银针含水量小于8%。

项目五　黄茶初制技术

黄茶是中国六大茶类之一，属轻发酵茶。GB/T 30766—2014《茶叶分类》中黄茶的定义：以鲜叶为原料，经杀青、揉捻、闷黄、干燥等生产工艺制成的产品。

唐代宗大历十四年（779年）有关史籍中有“淮西节度使李希烈赠宦官邵光超黄茗二百斤”（1斤=0.5kg）的记载；说明早在中唐时期，在我国安徽已有黄茶生产。随着黄茶生产的发展，加工技术也在不断革新。例如君山银针在清代有“尖茶”和“茆茶”之分，茶叶采回后要进行“拣尖”，把尖头和叶片分开。芽头如箭的称尖茶，白毛茸然，纳作贡品，又称“贡尖”；拣尖后剩下的叶片叫茆茶，又称“贡茆”，色黑少毛，不作贡品。此法一直延续到1952年，从1953年开始改为直接从茶树上按一定标准采下芽头，省去“拣尖”程序。在加工方面，1952年前只闷黄一次，历时两昼夜，干茶外形欠黄，香气较低闷；1953年以后闷黄分两次进行，效果较好。

湖南省岳阳市为中国黄茶之乡。黄茶中的历史名茶有湖南的君山银针、北港毛尖、沩山毛尖，四川的蒙顶黄芽，湖北的远安鹿苑茶，安徽的霍山黄芽、皖西黄大茶，广东的大叶青，贵州的海马宫茶，浙江的莫干黄芽、温州黄汤（平阳黄汤、泰顺黄汤）等。

视频17　黄茶品质特征

视频18　黄茶的加工原理及加工技术特点

视频19　黄小茶的手工制作技术

任务一　鲜叶的分级和摊放

职业能力｜能准确进行黄茶的鲜叶原料分级工作和正确摊放鲜叶原料。

核心概念｜黄茶的鲜叶原料丰富，以中叶种茶树品种为主，大叶种、小叶种均有采制。不同产地的黄茶原料嫩度要求有所不同，摊放是对进厂的原料及时摊开处理，避免因处理不当而变质。

学习目标｜正确识别单芽、一芽一叶初展及开展、一芽二叶初展及开展、驻芽、单片等原料；正确判断原料的等级；了解加工茶叶时原料均匀的重要性。

（一）基础知识

1. 不同鲜叶原料的特点

（1）鲜叶原料　叶片小、叶张厚、叶质柔软、细嫩、色泽显绿、茸毛多的品种，较适宜显毫类的绿茶；芽叶纤细、叶色黄绿或浅绿、茸毛少或中偏少的品种，较适宜少毫型的龙井类扁形绿茶；叶片大、节间长、芽头肥壮、芽叶黄绿色、茸毛多、叶面隆起、叶质软、叶张薄的品种，较适宜制红茶。叶肉厚，芽叶大、茸毛多、叶色黄绿的品种则较适宜制黄茶。

（2）黄茶代表性茶树品种的特征　见表5-1。

表5-1　黄茶代表性茶树品种及其特征

品种名称	基本性状	特征
福鼎大白茶	无性系、小乔木型、中叶类、早生种	芽叶黄绿色，茸毛特多
浙农139	无性系、小乔木型、中叶种、特早生种	芽叶绿色，茸毛中等
浙农12	无性系、小乔木型，中叶类，中生种	芽叶绿色，肥壮，茸毛特多
迎霜	无性系、小乔木型、中叶类、早生种	芽叶黄绿色，茸毛多
翠峰	无性系、小乔木型、中叶类、中生种	芽叶翠绿色，茸毛多

2. 鲜叶等级

茶鲜叶质量的好坏直接关系到制成黄茶的品质。按照制成等级标准进行茶鲜叶的挑选与分级。嫩度要求单芽、一芽一叶、一芽二叶和一芽三四叶、对夹叶等，黄茶的原料等级如表5-2所示。

表5-2　黄茶的原料等级

茶叶名称	鲜叶嫩度
芽型黄茶	单芽、一芽一叶初展
芽叶型黄茶	一芽一叶、一芽二叶初展
多叶型	一芽三至四叶和对夹叶

（二）能力训练

1. 操作条件

操作条件如表5-3所示。

表5-3　操作条件

用途类别	设备、器具、材料	单位	数量
区分鲜叶等级	小簸箕	个	4
	单芽茶树鲜叶	kg	0.5
	一芽一叶茶树鲜叶	kg	0.5
	一芽二叶茶树鲜叶	kg	0.5
	一芽三至四叶茶树鲜叶 带少量对夹叶、单片叶	kg	0.5

2. 安全注意事项

（1）操作前要穿好工作服。

（2）收拢小簸箕上的茶叶时，不要用手赶，以免有小篾刺扎伤手。

3. 操作过程

操作过程如表5-4所示。

表5-4　操作过程

步骤	操作方法及说明	质量标准及记录
判断鲜叶等级	将盛装不同等级的鲜叶容器贴上等级标签	正确区分单芽原料 □是　□否 正确区分一芽一叶原料 □是　□否 正确区分一芽二叶乃至一芽三四叶原料 □是　□否 正确区分对夹叶和单片叶原料 □是　□否
正确摊放定级后的鲜叶	将定级后的鲜叶进行摊放处理	摊放厚度不超12cm □是　□否 摊放时厚薄均匀 □是　□否

（三）问题情境

鲜叶中发现非茶类夹杂物如何处理？

鲜叶中非茶类夹杂物包括毛发、虫类尸体、金属碎片、动物粪便、烟头、玻璃碎片、塑料片、沙子、石块、煤块等。这些夹杂物不仅会影响茶叶的感官品质，还可能对消费者的健康造成威胁。非茶类夹杂物的来源主要有以下几个方面：①鲜叶在采摘过程中可能混入杂草或泥土等，导致非茶类夹杂物的产生；②加工场所的卫生状况不良或卫生设施失控，如毛茶加工中摊凉、萎凋过程中混入沙石、泥尘等；③设备的维护和使用不当，或设备卫生状况不良，导致加工过程中混入异物或污染；④操作人员的违规或操作不当，如混入打火机、手表、烟头等，或在某些工序中因操作不当而混入煤渣、石块等。为了减少非茶类夹杂物，可以采取以下防控措施：①加强原料管理，确保鲜叶采摘过程中的清洁，避免杂草和泥土的混入；②改善加工场所卫生，保持加工场所的清洁，防止杂质异物的混入；③设备维护和管理，定期维护设备，确保设备的卫生状况良好，避免异物混入；④人员培训。

（四）知识拓展

导致鲜叶变质的主要因素有高温、时间和机械损伤三个方面。

1. 高温和时间

高温是致使鲜叶红变的主要因素之一，若叶温超过35℃，36h则全部红变。红变的同时，伴随着内含成分的氧化，影响茶叶品质。叶温低，可以延长鲜叶的摊放时间，薄摊可以降低叶温，延长摊放时间。

2. 机械损伤

损伤的叶片，因叶细胞组织受到破坏，茶汁溢出，不仅加速叶片水分向空气中扩散，易出现萎蔫现象，而且机械损伤的叶子呼吸强度比正常的叶子要大得多。受损叶片的正常呼吸受到破坏，原生质的性质发生变化，叶内物质暴露于空气中，酶的活性加强，有机质的分解加剧，特别是茶叶多酚类的氧化缩合，致使叶片极易发热红变和遭到微生物的感染，耐贮藏力下降，制出的成品茶品质降低。因此，鲜叶进厂要求做好鲜叶摊放工作。

（五）学习评价

学习评价如表5-5所示。

表5-5 学习评价

项目	内容	配分	得分	批注
工作准备（10%）	能正确理解工作任务的内容	5		
	能查阅资料，确认相关技术标准	5		
工作过程（90%）	能在小组内开展有序的分工	10		
	能穿好工作服	5		
	能戴好工作帽	5		
	能准备必需的器具	10		
	能正确区分鲜叶原料的等级	20		
	能正确摊放鲜叶原料	20		
	能区分中大叶种原料与小叶种原料	20		

任务二　黄茶杀青

职业能力｜能准确进行黄茶的鲜叶杀青工作和正确掌握杀青程度。

核心概念｜杀青目的是彻底破坏鲜叶中酶的活性，制止多酚类化合物的酶促氧化，防止红梗、红叶的产生。黄茶的品质要求是黄叶黄汤，因此杀青的温度与技术就有其特殊之处。既要彻底破坏酶活性，又要防止产生红梗、红叶和烟焦味。要杀透、杀匀，红叶红汤不符合黄茶的质量要求。与同等嫩度的绿茶相比较，某些黄茶杀青投叶量偏多，锅温较绿茶锅温低，时间偏长，这就要求杀青时适当地少抛多闷，以迅速提高叶温，彻底破坏酶的活性。杀青过程中，由于叶子处于湿热条件下时间较长，叶色略黄。

学习目标｜正确掌握杀青操作原则；正确判断杀青程度；了解黄茶杀青时合理运用杀青原则的重要性。

（一）基础知识

1. 手工杀青

手工杀青时取鲜叶500g，投入倾斜的杀青锅里，锅温要掌握先高后低，一般锅温在200～220℃，以手背平锅口感到灼手时即可。炒青时要炒得快，翻得均匀，抖得散，捞得透，做到高温快炒，多闷少抛。炒3min左右，叶子水分已大量散发时，应降低锅温，再炒1min左右；待叶子失去原有的鲜绿色泽，叶色带暗绿，叶片叶梗柔软，有黏手的感觉，青草气消失，清香产生，即为杀青适度。

2. 机械杀青

杀青机械分为锅式杀青机、滚筒式杀青机、槽式连续杀青机。机械杀青生产量较手工杀青更大，杀青程度应根据投叶量、机器转速、杀青温度来控制，原理与手工杀青一样。

3. 黄茶杀青适度的标准

生产中鉴定杀青程度的方法通常是通过感官来判定的。杀青适度标准：叶质柔软，略带黏性，手握成团，松手不易弹散，粗梗折而不脆断，细梗折而不断；叶色由鲜绿变为暗色，表面光泽消失，嗅无青草气，略有清香。过度的特征：叶边焦枯，叶质硬脆，叶片上呈现焦斑并产生焦屑。杀青不足的特征：叶色似鲜绿深浅不一，梗子易折断，叶片欠萎软，青草气重。鉴定杀青程度时，应同时注意有无红梗、红叶、焦边、焦叶、干湿不匀，以及生熟不匀等现象。杀青叶特征：叶色似鲜绿深浅不一，梗子易折断，叶片欠萎软，青草气重。鉴定杀青程度时，应同时注意有无红梗、红叶、焦边、焦叶、干湿不匀和生熟不匀等现象。

（二）能力训练

1. 操作条件

操作条件如表5-6所示。

表5-6 操作条件

用途类别	设备、器具、材料	单位	数量
手工杀青准备	小簸箕	个	4
	竹匾	个	1
	小扫帚	个	1
	手工电炒锅	个	1
	单芽茶树鲜叶	kg	0.5
	一芽一叶茶树鲜叶	kg	0.5
	一芽二叶茶树鲜叶	kg	0.5
	一芽三至四叶茶树鲜叶，带少量对夹叶、单片叶	kg	0.5

2. 安全注意事项

（1）操作前要穿好工作服。

（2）按照安全操作规范使用电炒锅，避免发生漏电、着火等安全事故。

（3）在杀青过程中注意保护手，避免出现烫伤等安全事故。

3. 操作过程

操作过程如表5-7所示。

表5-7 操作过程

步骤	操作方法及说明	质量标准及记录
正确掌握杀青方法	按照教师教授的杀青方法，进行杀青操作	正确区分杀青原料的嫩度 □是 □否 正确使用高温杀青 □是 □否 正确掌握抛闷结合的杀青方法 □是 □否
判断杀青程度	根据杀青叶的手感、颜色、香气等综合判断杀青程度	叶质柔软，略带黏性，手握成团，松手不易弹散，粗梗折而不脆断，细梗折而不断 □是 □否 叶色由鲜绿变为暗色，表面光泽消失 □是 □否 嗅无青草气，略有清香 □是 □否

（三）问题情境

1. 问题情境一：杀青时发现鲜叶摊放程度不同，应如何处理？

杀青是黄茶外形与内质形成的关键，同时也有研究表明在黄茶鲜叶杀青前期进行适度摊放是影响黄茶品质形成的重要因素之一。发现不经过摊放处理的鲜叶，闷黄后黄茶黄变不充分，且香气低沉，滋味略带苦涩；相比之下，经过适当摊放处理的黄茶则表现出较好的色泽、香气和滋味。为保证黄茶的杀青程度一致，做到杀匀杀透，应该将摊放程度不同的鲜叶分开处理，根据摊放叶含水量选择合适的杀青方式。在生产实践中，茶鲜叶的摊放程度一般以水分散失量作为物理变化程度的指标，黄茶一般摊放至含水量70%左右为适度，除了掌握摊青叶的含水量，还要把握摊放的时间，控制好温湿度、通风条件等一系列关键技术。

2. 问题情境二：杀青出锅后，叶梗发红是什么原因？

杀青叶叶梗发红常常是由于杀青未适度，对于黄茶的杀青，需要掌握以下技巧。在杀青时应在炒法上采用“多闷少抖”的技法，即相较于同等嫩度原料制得的绿茶，黄茶在杀青时投茶量应偏多，锅温应偏低，且杀青时间应偏长。杀青过程中，温度、湿度都较高，在高温和湿热作用下，茶鲜叶中多酚类化合物会发生自动氧化和结构异化，蛋白质水解为氨基酸类化合物、淀粉和果胶类水解为单糖和双糖等可溶性糖，为黄茶色泽和浓醇滋味的形成奠定重要基础。

（四）知识拓展

杀青是黄茶品质形成的基础，黄茶加工首先要利用高温杀青，彻底破坏酶活性。在此基础上再促进内含物质的转化，形成黄茶特有的色、香、味。若杀青叶出现红变现象，对黄茶品质不利。为了促进黄茶品质的形成，杀青时的锅温比绿茶杀青时低，杀青采用多闷少抛的方法，形成高温湿热条件，使叶绿素受到较多破坏，多酚类化合物在湿热条件下发生自动氧化和异构化，淀粉水解为单糖、蛋白质水解为氨基酸等，这些都为形成黄茶醇厚的滋味及黄叶黄汤的品质特征创造了条件。

（五）学习评价

学习评价如表5-8所示。

表5-8 学习评价

项目	内容	配分	得分	批注
工作准备（10%）	能正确理解工作任务的内容	5		
	能查阅资料，确认相关技术标准	5		
工作过程（90%）	能在小组内开展有序的分工	10		
	能穿好工作服	5		
	能戴好工作帽	5		
	能准备必需的器具	10		
	能正确区分鲜叶原料的等级	20		
	能正确使用杀青方法	20		
	能判断杀青是否适度	20		

任务三 闷黄

职业能力｜能准确掌握闷黄技术原则，进行黄茶的闷黄操作。

核心概念｜闷黄是黄茶类制茶工艺特有的、形成黄叶黄汤品质特征的关键工序。从杀青开始至干燥结束，都可以为茶叶的黄变创造适当的湿热工艺条件。有的在杀青后闷黄，如沩山白毛尖；有的在揉捻后闷黄，如鹿苑毛尖；有的则在毛火后闷黄，如霍山黄芽；还有的闷炒交替进行，如蒙顶黄芽的三闷三炒；有的则是烘闷结合，如君山银针的二烘二闷；而温州黄汤的第二次闷黄，则采用了边烘边闷，故称为“闷烘”。

学习目标｜正确理解闷黄的实质，正确把握闷黄叶含水量与叶温；正确把握闷黄时间；掌握湿坯闷黄和干坯闷黄的方法；了解黄茶焖黄过程中闷黄叶含水量与叶温、闷黄时间的重要性。

（一）基础知识

1. 闷黄的技术原则

（1）闷黄的实质　形成黄茶品质的主导因素是热化作用。热化作用有两种：一是在水分较多的情况下，以一定的温度进行作用，称之为湿热作用；二是在水分较少的情况下，以一定的温度进行作用，称之为干热作用。在黄茶加工过程中，这两种热化作用都有，从而形成黄茶独特的品质。湿热作用引起叶内成分一系列氧化变化、水解变化，这是形成黄叶黄汤、滋味醇厚的主导因素；而干热作用则以发展黄茶的香气为主。

（2）闷黄叶含水量与叶温把握　影响闷黄的因素主要有茶叶的含水量和叶

温。含水量越多、叶温越高，则湿热条件下的黄变进程也越快。闷黄时理化变化速度较缓慢，不及黑茶渥堆剧烈，时间也较短，故叶温不会有明显上升。制茶车间的气温、闷黄的初始叶温、闷黄叶的保温条件等对叶温影响较大。为了控制黄变进程，通常要采取趁热闷黄，有时还要用烘、炒来提高叶温，必要时也可通过翻堆散热来降低叶温。闷黄过程要控制叶子含水量的变化，防止水分的大量散失，尤其是湿坯闷黄时要注意环境的相对湿度和通风状况，必要时应盖上湿布以提高局部湿度。

（3）闷黄时间把握　闷黄时间的长短与黄变要求、含水量、叶温密切相关。在湿坯闷黄的黄茶中，温州黄汤的闷黄时间最长（2～3d），最后还要进行闷烘，黄变程度较充分。北港毛尖的闷黄时间最短（30～40min），黄变程度不够重，因而常被误认为是绿茶，导致“黄（茶）绿（茶）不分”。伪山毛尖、鹿苑毛尖、广东大叶青则介于上述两者之间，闷黄时间5～6h。海马宫茶、君山银针、蒙顶黄芽的闷黄和烘炒交替进行，不仅制作工艺精细且闷黄是在不同含水量条件下分阶段进行的，前期黄变快，后期黄变慢，历时2～3d，属于典型的黄茶。霍山黄芽在初烘后摊放1～2d，黄变不明显，被误认为是绿茶。近年来，新创制了霍山翠芽，成为名优茶中的一个新产品。这样黄芽、绿芽同出霍山，但品质各异，可能就不会出现“黄绿不分”的情况了。黄大茶堆闷时间2d以上，有的长达7d之久。但由于堆闷时水分含量低（已达九成干），故黄变十分缓慢，其深黄显凋的色泽主要是在高温拉老火的过程中形成的。

2. 闷黄操作方法

黄茶焖黄工艺的主要做法是将杀青或揉捻后的茶叶用纸包好，或堆积后用湿布盖上，时间几十分钟至几个小时甚至几天。有的只闷一次，有的则要闷两次，方法不一。根据闷黄先后的不同，各种黄茶的闷黄分为湿坯闷黄和干坯闷黄。

（1）湿坯闷黄　是在杀青后或热揉后堆闷使之变黄，由于叶子含水量高，生化变化快，黄变时间较短。海马宫茶杀青后趁热紧捏成小团，经24h左右可以变黄；伪山毛尖为杀青后热堆，经6～8h即可变黄；平阳黄汤杀青后，趋热快揉，重揉堆闷于竹篓内1～2h 就变黄；北港毛尖炒揉后，覆盖厚棉布0.5h，俗称“拍汗”，促其变黄；贞丰坡柳茶在揉捻后捏成毛笔状，在低温下24h左右才能变黄，新工艺采用高温，在高温、高湿环境下0.5h左右即可变黄。

（2）干坯闷黄　又分为散堆和纸包的闷黄，初烘干后再行装篮堆积闷黄。初烘叶含水量较低，生化变化速度缓慢，黄变时间较长。例如君山银针，初烘至六七成干，初闷40～48h后，复烘至八成干，复闷24h，达到黄变要求；黄大茶初烘七八成干，趁热装入高、深而口小的篾篮内闷堆，置于烘房5～7d，促其黄变；霍山黄芽烘至七成干，堆闷1～2d才能变黄。黄茶经过闷黄工序形成了特有的金黄色泽和鲜醇滋味，具体数据变化见表5-9、表5-10。

表5-9　酶活性酚率变化　　单位：%

项目	鲜叶	杀青叶	闷黄2h	闷黄4h	闷黄6h
多酚氧化酶	100	0	0.8	2.2	3.1
过氧化物酶	100	0	2.7	1.6	0.9
过氧化氢酶	100	0	0.51	1.7	3.4

表5-10　水浸出物茶多酚氨基酸在闷黄中的变化　　单位：%

项目	杀青叶	闷黄2h	闷黄4h	闷黄6h
水浸出物	39.53	38.12	36.88	35.04
茶多酚	29.79	27.56	25.67	23.12
氨基酸	1.03	0.96	0.92	0.86

3. 黄茶的加工工艺流程

不同类型的黄茶产品的加工工艺流程不同，芽型黄茶、芽叶型黄茶、多叶型黄茶、紧压型黄茶的加工工艺流程如图5-1、图5-2、图5-3、图5-4所示。

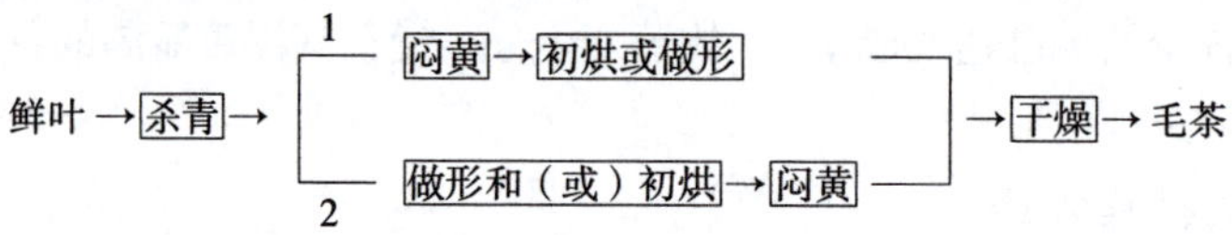

1—湿坯闷黄型；2—干坯闷黄型。

图5-1　芽型黄茶加工工艺流程

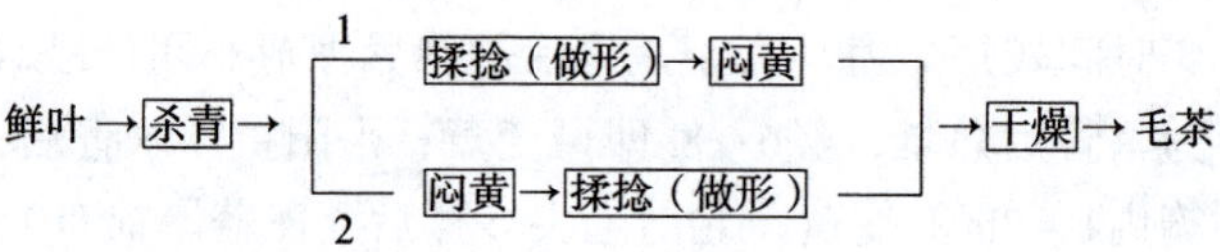

1—先揉后闷型；2—先闷后揉型。

图5-2　芽叶型黄茶加工工艺流程

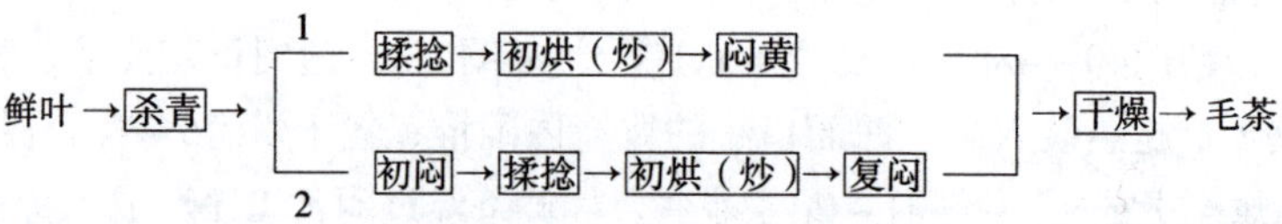

1—先揉后闷型；2—先闷后揉型。

图5-3　多叶型黄茶加工工艺流程

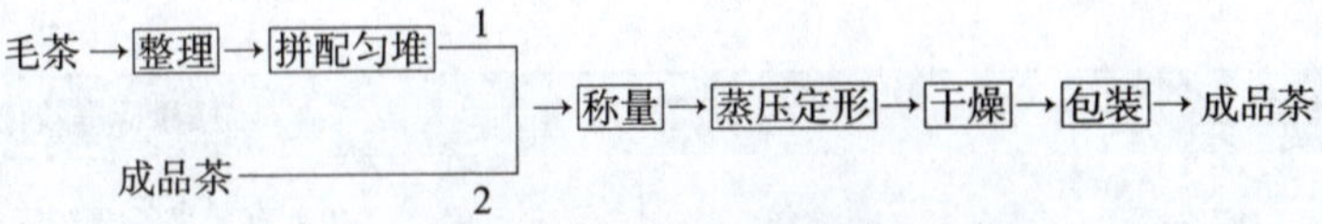

1—以毛茶为原料；2—以精制后的成品茶为原料。

图5-4　紧压型黄茶加工工艺流程

（二）能力训练

1. 操作条件

操作条件如表5-11所示。

表5-11　操作条件

用途类别	设备、器具、材料	单位	数量
闷黄操作准备	杀青叶	kg	1
	篾篮	个	4
	竹篓	个	2
	烘笼	个	1
	包茶纸	份	10
	棉布	张	4
	温度计	个	2
	湿度计	个	2

2. 安全注意事项

（1）操作前要穿好工作服。

（2）在操作过程中注意按照操作规范使用机械，避免出现安全事故。

3. 操作过程

操作过程如表5-12所示。

表5-12　操作过程

步骤	操作方法及说明	质量标准及记录
掌握闷黄技术原则	利用温度计和湿度计测量闷黄叶含水量与叶温，利用计时器记录闷黄时间	测量杀青叶的湿度和叶温 □是　□否 测量闷叶的湿度和叶温 □是　□否 观察闷黄叶的状态 □是　□否 记录闷黄所用的时间 □是　□否

续表

步骤	操作方法及说明	质量标准及记录
正确进行闷黄操作	对同一批杀青叶分别进行湿坯闷黄和干坯闷黄操作，观察其闷黄的结果	在杀青后进行湿坯闷黄 □是 □否 在初烘后进行干坯闷黄 □是 □否

（三）问题情境

1. 问题情境一：当闷黄叶温度不再提高时应如何处理？

闷黄是利用湿热条件使在制叶内含成分发生热化学变化，保障湿热作用充分进行的决定因素之一是环境温度。传统上的黄茶加工工艺，闷黄的环境温度一般控制在35~40℃，茶坯温度与环境温度呈正相关，温度的上升导致湿热作用加强，化学反应速度加快。但温度过高，会造成多酚类、氨基酸类、可溶性糖类及有机酸类等呈味物质消耗过度而含量锐减，对黄茶品质的形成造成负面影响，降低黄茶品质。综上所述，当闷黄叶温度不再提高时需要通过适当提高环境温度或者茶坯温度的操作来保证闷黄适度。

2. 问题情境二：在闷黄过程中发现空气湿度较低应如何解决？

闷黄的机制主要是湿热作用，故其效果受叶片的含水量的影响。闷黄时，茶坯温度和叶片含水量越高，叶片的黄变速度就越快。闷黄是利用湿热条件使在制叶内含成分发生热化学变化，若叶片含水量过低，则叶温较低，致使湿热作用不充分，黄变无法进行；若叶片含水量过高，则导致黄变时间过短，造成内含成分转化不充分，致使滋味醇度及鲜爽度欠佳。综上所述，在闷黄过程中发现空气湿度较低应通过提高空气湿度或者茶坯湿度来保证闷黄适度。

（四）知识拓展

如何鉴别绿茶与黄茶？闷黄是形成黄茶品质的关键工序，我国各茶区陆续创制和恢复不少名茶，有些也称为黄芽，如浙江省德清县的莫干黄芽、安徽省休宁县的白岳黄芽等，但它们与黄茶的黄芽品质特征有明显区别，白岳黄芽叶色翠绿泛黄，莫干黄芽色泽则是绿中显出嫩黄，而且没有闷黄工序。因此，不属于黄茶，仍属于绿茶。

（五）学习评价

学习评价如表5-13所示。

表5-13 学习评价

项目	内容	配分/分	得分/分	批注
工作准备（10%）	能正确理解工作任务的内容	5		
	能查阅资料，确认相关技术标准	5		
工作过程（90%）	能在小组内开展有序的分工	10		
	能穿好工作服	5		
	能戴好工作帽	5		
	能准备必需的器具	10		
	能正确掌握闷黄原则	20		
	能正确进行湿坯闷黄操作	20		
	能正确进行干坯闷黄操作	20		

任务四 干燥

职业能力｜能准确把握干燥技术的因素，正确掌握干燥程度，进行黄茶的干燥操作。

核心概念｜干燥是将揉捻好的茶坯，采用高温烘焙，迅速蒸发水分达到保质干度的过程，一般采用分次干燥；干燥方法有烘干和炒干两种。干燥的好坏也将直接影响毛茶品质。

学习目标｜正确掌握黄茶干燥的技术，能根据干燥温度适时翻动茶叶，正确掌握手工干燥和机械干燥的方法；掌握黄茶干燥程度，了解黄茶干燥过程中水分的变化，理解黄茶干燥对于黄茶品质的重要性。

（一）基础知识

1. 干燥技术因素

（1）温度　黄茶干燥的温度因干燥方法的不同，相差很大。温度高的150～160℃，温度低的40～50℃。干燥中供应的热量使叶温上升，因此干燥温度的高低与在制茶品质有很大的关系。干燥温度过高，使叶子外层先干，形成“硬壳”，妨碍叶子内部水分继续向外扩散蒸发。这种“外干内湿”的叶子，内部凝结着水蒸气，所发生的化学反应使香味劣变，叶色干枯；在贮藏中，由于实际含水量较高，容易产生陈化及霉变。干燥温度过低，叶温也太低，不仅水分蒸发慢，严重的是产生不利品质的热化学反应，使茶叶香味低淡、不爽快。干燥温度“先低后高”，是形成黄茶香味的重要因素。堆积变黄的叶子，干燥时温度掌握较其他茶类偏低，且有“先低后高”的趋势。这实际上是使水分散失速度和多酚类化合物的自动氧化减慢，叶绿素及其他物质在湿热作用下进行缓慢转化，促进黄叶黄汤品质特征的进一步形成，然后用较高的温度烘炒，固定已经形成的黄茶品质，同时在干热作用下，使酯型儿茶素裂解为简单儿茶素和没食子酸，增加黄茶的醇和味感。糖转化为焦糖后，氨基酸受热转化为挥发性醛类物质，形成黄茶香气的重要组分。低沸点芳香物质在较高温度下一部分挥发，部分青叶醇发生异构化，转为清香；高沸点芳香物质由于高温作用显露出来。

（2）叶温与翻动　叶量的多少主要根据制茶技术对叶温和水分蒸发速度的要求来确定。干燥初期，叶子含水量较多，不仅要提高干燥温度，还要叶量少。随着干燥过程的进展，叶子含水量降低，叶量可以相对地增多。干燥初期，叶子的翻动容易使叶子形状发生改变。

2. 干燥操作方法

（1）手工干燥　手工制作黄茶又分锅炒和烘焙两种，锅炒二青的投叶量为2.5～3kg（即2～3锅杀青叶合并一锅炒），下锅温度120～140℃，炒时茶叶发出轻微的爆声，炒5min左右，温度逐步下降，直到茶叶不太烫手时为适度。温度太高易产生泡点，温度太低叶子易闷黄，叶底也暗。炒二青的方法是手心向下，手掌贴着茶叶沿着锅壁向上推起翻炒，轻抖轻炒，用力不可太大，否则易压成扁条；还要注意随炒随解散团块，随着水分逐步散失，茶条开始由软变硬，用力也逐步加重，以炒紧茶条。炒至六至八成干时，即可出锅摊凉，以便辉锅干燥。

烘二青的方法是用焙笼或土灶炉烘焙，烘炉以烧木炭最好，待烟头全部烧尽后，上盖一层灰，改成中间厚四周薄，使火温从四周上升，焙心受热均匀。烘茶前要把焙心烧热。初烘时焙心温度达到90℃时开始上茶，上茶时焙笼应移到托盘内，摊叶要中间厚四周薄，每笼摊揉捻叶0.75～1kg。烘焙过程中，每隔3～4min翻一次，经过5～7次，达到六至八成干时，即可下焙摊凉。

摊凉的目的是使初干后的茶坯内外干湿一致，有利于复干时干燥程度均匀，摊凉至室温时，即可进行辉锅。

（2）机械干燥　当前，由于各地使用的机具不同，干燥的方法也不同，黄茶干燥方法采用先烘后炒较好，即二青采用烘的方法，这种方法有很多优点。烘二青在生产上用自动烘干机或手拉百叶式烘干机，采取一次干燥法。温度控制在100～110℃，摊叶厚度1.5～2cm。烘至六至八成干时即出烘摊凉散热。辉锅（足干）温度以掌握100℃左右为宜，当茶条回软、内外叶温一致时，也可适当提高叶温。在辉锅过程掌握温度也是由高到低，温度最低60℃左右即可，出锅时锅温以50～60℃为好。辉锅好的茶叶其外形色泽灰润有光泽，茶条完整度好，香气高爽，干茶含水量在5%左右。干燥之后的黄茶理化指标应该满足GB/T 21726—2018《黄茶》，如表5-14所示。

表5-14　黄茶理化指标

项目	指标			
	芽型	芽叶型	多叶型	紧压型
水分（g/100g）	≤6.5		≤7.0	≤9.0
总灰分（g/100g）	≤7.0		≤7.5	
碎茶与粉末（质量分数）/100%	≤2.0	≤3.0	≤6.0	—
水浸出物（质量分数）/100%	≥32			

3. 干燥程度掌控

茶叶干燥过程中，不同阶段对干燥技术的要求也不同。第一阶段，以蒸发叶子水分作用为主；第二阶段，叶子可塑性好，最容易发生变形，也是做形的最好阶段；第三阶段，叶子含水量已降到15%~18%，是形成茶叶香味品质的主要阶段。根据干燥的阶段性，进行分次干燥。有的将干燥过程相应地分为三次干燥，有的则分为二次干燥、四次干燥、五次干燥。

（1）三次干燥　烘二青含水量在50%左右，手捏不粘手，手握成团，松手弹散。三青茶叶含水量在20%左右，手握有触手感觉，手捻则成碎片。足干茶叶含水量在5%以下，手捻则成粉末。

（2）二次干燥　烘二青含水量在20%~25%，手握茶有触手感。辉锅茶叶含水量在5%以下，手捻则成粉末。毛茶起锅后，应立即摊凉散热，即行密闭贮藏，以防止茶叶吸湿回潮，影响茶叶品质。

（二）能力训练

1. 操作条件

操作条件如表5-15所示。

表5-15　操作条件

用途类别	设备、器具、材料	单位	数量
干燥操作准备	闷黄叶	kg	1
	簸箕	个	5
	电炒锅	口	1
	烘笼	个	1
	烘干机	个	1
	温枪	个	2
	绵纸	份	5

2. 安全注意事项

（1）操作前要穿好工作服。

（2）在操作过程中注意按照操作规范使用机械，避免出现安全事故。

（3）在操作过程中按照教师教授的手部动作，在翻茶、做形时避免高温烫伤。

3. 操作过程

操作过程如表5-16所示。

表5-16 操作过程

步骤	操作方法及说明	质量标准及记录
掌握干燥技术	掌握黄茶手工干燥技术和机械干燥技术	利用电炒锅炒干黄茶 □是 □否 利用烘笼烘干黄茶 □是 □否 利用烘干机烘干黄茶 □是 □否 对比三种方法对黄茶品质的影响 □是 □否
正确判断干燥程度	通过黄茶三次干燥的操作，结合黄茶干燥过程中的手感，准确判断黄茶的干燥程度	烘二青 □含水量40% □含水量50% □含水量60% 烘三青 □含水量40% □含水量30% □含水量20% 足干 □含水量20% □含水量10% □含水量5%

（三）问题情境

1. 问题情境一：在黄茶干燥过程中出现鱼眼泡是什么原因？

对于一般黄茶来说，出现鱼眼泡多是因为干燥温度高、干燥时间短造成的，尽管黄茶出现了类似人烫伤时产生的“水泡”，却并不一定代表茶叶干燥到位，因为短时高温的干燥方式常常导致茶叶内湿外干，品质不佳。

2. 问题情境二：在干燥过程中发现做形困难如何解决？

对于有造形要求的黄茶来说，揉捻是造形的第一步，干燥过程中的做形环节是造形的第二步，假如在第一步造形时没有做好导致条形松散，那么在第二步造形时往往难以做出想要的形状。当第一步造形完成后，决定第二步造形是否成功的诀窍就是掌握干燥过程中茶条的温湿度，一般来说，锅温90～130℃、茶条湿度35%～55%是造形的好时机。

（四）知识拓展

闷黄后的叶子，在较低温度下烘炒，以便水分缓慢蒸发，干燥均匀，并使多酚类自动氧化，叶绿素以及其他物质在热化学作用下缓慢地转化，促进黄叶黄汤品质特征的进一步形成。然后用较高温度烘炒，固定已经形成的黄茶品质，同时在干热作用下，酯型儿茶素受热分解，糖转化为焦糖香，氨基酸转化为醛类物质，低沸点的青叶醇大量挥发，残余部分发生异构化，转化为清香物质，同时高沸点的芳香物质香气显露，形成黄茶浓郁的香气和浓醇的滋味。研究发现，扁形茶中氨基酸和可溶性糖的含量高于其他名茶，低温做形有利于蛋白质水解成氨基酸，高温做形则茶多酚含量高。同时，实验也表明，随着增香温度的升高和时间的延长，叶绿素呈下降趋势。

（五）学习评价

学习评价如表5-17所示。

表5-17　学习评价

项目	内容	配分	得分	批注
工作准备（10%）	能正确理解工作任务的内容	5		
	能查阅资料，确认相关技术标准	5		
工作过程（90%）	能在小组内开展有序的分工	10		
	能穿好工作服	5		
	能戴好工作帽	5		
	能准备必需的器具	10		
	能正确掌握黄茶干燥原则	20		
	能正确进行黄茶手工干燥操作	20		
	能正确进行黄茶机械干燥操作	20		

课后练习题

（一）选择题

1. 大方海马宫茶属于（　）。

A. 黄茶　B. 红茶　C. 白茶　D. 黑茶

2. 黄茶的关键加工工序是（　）。

A. 杀青　B. 做形　C. 闷黄　D. 干燥

3. 下列各组茶叶中，属黄茶类的是（　）。

A. 君山银针　B. 白毫银针　C. 蒙顶甘露　D. 都不是

4. 根据鲜叶性状表现，选出最适制黄茶的品种（　）。

A. 叶片小、叶张厚、叶质柔软、细嫩、色泽显绿、茸毛多的品种

B. 叶肉厚，芽叶大、茸毛多、叶色黄绿的品种

C. 芽叶纤细、叶色黄绿或浅绿、茸毛少或中偏少的品种

D. 叶片大、节间长、芽头肥壮、芽叶黄绿色、茸毛多、叶面隆起、叶质软、叶张薄的品种

5. 在黄茶杀青的过程中，常常使用（　）的手法。

A. 抛闷结合，少抛多闷　　B. 抛闷结合，多抛多闷

C. 抛闷结合，多抛少闷　　D. 都不是

（二）判断题

1. 形成黄茶品质最关键的工序是干燥。（　）

2. 一般而言，在茶叶加工中，成品绿茶黄烷醇类物质含量大于黄茶。（　）

3. 形成黄茶的“黄汤黄叶”品质特征，主要是酶促氧化作用的结果。（　）

4. 黄茶“黄汤黄叶”的品质特征，主要是叶绿素的湿热破坏、多酚类化合物自动氧化的结果。（　）

5. 干坯闷黄和湿坯闷黄的区别：干坯闷黄是初烘干后再行堆闷，湿坯闷黄是在杀青后或热揉后堆闷。（　）

（三）简答题

1. 请简述黄茶杀青适度的标准。

2. 请简述黄茶的闷黄的实质。

思政小课堂

课程思政5：茶人精神——
科技兴农 张跃华

拓展阅读

（一）典型案例一：蒙顶黄芽加工技术

蒙顶黄芽是以四川省雅安市蒙顶山种植的茶树品种，采摘肥壮芽头、一芽一叶初展鲜叶为原料，按以下加工工艺制成的黄茶。

1. 原料（鲜叶）要求

春季时茶园有10%左右的芽头鳞片展开，即可开园采摘肥壮芽头，作为特级黄芽的原料；随着时间推移，茶芽长大，可采一芽一叶初展，俗称“鸦雀嘴”的芽头作为一级黄芽茶的原料，但不能采摘真叶已开展的芽头（俗称“空心芽”）。做到五不采，即不采紫色芽、瘦弱芽、病虫芽、雨水芽、露水芽、空心芽。采回后及时摊放。

2. 加工工艺技术要求

加工工艺流程：摊青→杀青→初包→复锅二炒→复包→三炒→摊放→四炒→烘焙干燥

（1）摊青　采回的鲜叶应立即摊放在篾簸上，摊青厚度1~2cm，4~6h后便可加工。

（2）杀青　锅温达120~130℃，开始杀青，每锅投入嫩芽120~150g，杀青手法采用先闷后抖，压、抓、撒手法相结合，历时4~5min，当叶色转暗，茶香显露，芽叶含水量减少到55%~60%，即可出锅。

（3）初包　初包是蒙顶黄芽的重要工序。杀青叶在湿热作用下，茶多酚类物质产生非酶性自动氧化，叶绿素降解，促进叶色变黄、汤色黄亮、滋味醇甜。初包黄变的适宜条件是茶坯含水量55%~60%、叶温35~55℃，初包60~80min，放置30min时开包翻拌一次，使黄变均匀一致，待叶色由暗绿变微黄时，可进行复锅二炒。

（4）复锅二炒　复锅二炒继续散发水分和挥发初包中产生的水闷气，促进茶叶理化变化，发展甜醇滋味。锅温为70~80℃，超过100℃时茶叶易生爆点，同时外干内湿，不能满足内部变化的条件；锅温过低，操作时间延长，茶叶显黑。二炒时间以3~4min，投叶量100g左右为宜。采用抖闷结合的手法，重点是拉直，初步形成黄芽的品质特征，炒至含水量45%左右时即可复包。

（5）复包　为了促使在制品进一步黄变，形成黄叶黄汤的品质特征，按初包方法，将50℃的复炒叶进行包置，经50~60min的保温放置，叶色变为黄绿色时再进行三炒。

（6）三炒　三炒的目的是继续蒸发水分、固定外形。操作方法与二炒相同，锅温70℃时，投叶量100g左右，炒3~4min，含水量降至30%~35%时为适度。

（7）摊放　摊放的目的是促进叶内水分均匀分布及多酚类化合物进一步自动氧化，达到黄叶黄汤的要求。将三炒叶趁热撒在细篾簸箕上，摊放厚度5~7cm，盖上草纸，要求茶坯保温在30~40℃，时间24~36h为佳。

（8）四炒　四炒的目的是进一步散发水分、发展茶叶香气，同时整理形状，做到茶叶扁直、光滑。锅温60~70℃，每锅投叶量100g左右，历时3~4min。操作以拉直、压扁茶芽手法为主；提毫时将锅温提高，手握茶芽，在锅中翻滚，提高芽温，待芽毫显露、形状固定、茶香浓郁时，即可出锅。若黄变不够，可在室温下再堆积摊放10～48h，直到黄变适度再行烘焙。

（9）烘焙干燥　烘焙干燥的目的是增进香气、散发水分，且有利于贮存。使用烘笼烘焙，每笼烘叶250g，至茶叶含水量5%左右下烘，趁热包装入库。

（二）典型案例二：贞丰嬢嬢茶加工技术

贞丰嬢嬢茶是以贵州省贞丰县龙场镇坡柳村古茶树的一芽一二叶的鲜叶为原料，按以下加工工艺制成的黄茶。

1. 原料（鲜叶）要求

每年清明节后开采，一般采摘长4～5cm的一芽一二叶的鲜叶。采回后及时摊青。

2. 加工工艺技术要求

加工工艺流程：摊青→杀青→摊凉→揉捻做形→固定形状→多次干燥→包装贮藏

（1）摊青　将茶鲜叶放置于摊青槽中摊放，避免机械损伤，摊叶厚度为4～8cm，时间为12～18h。

（2）杀青　将摊青叶进行杀青处理，采用滚筒杀青机进行杀青，杀青温度控制在230～260℃，时间13～20min。杀青要适度，过老则干茶色枯，香气、滋味较淡；过嫩则干茶色暗，香气不爽。

（3）摊凉　将杀青叶置于摊青槽中摊凉回潮，摊叶厚度为5～12cm，时间为0.5～2.0h。

（4）揉捻做形　将杀青叶摊凉后进行揉捻，揉捻后人工进行分拣，选择芽型、叶片相对较为完整、长度差异较小的茶叶，按照茶尖方向进行摆放，理直、理顺、双手边旋转边捏紧，直到将散乱的茶叶塑成毛笔头形状（数量约100芽为一支，重量约100g为一枚），嬢嬢茶的外形基本成型。

（5）固定形状　将毛笔头形状的半成品的嬢嬢茶用专门的不锈钢模具夹住或者用线从头到尖进行捆紧成形，并将成形的嬢嬢茶按照头尾相对、便于取放的顺序摆满烘盘待烘。同时，挑拣出不合规范（松散、断短者）的半成品，加工成散装茶，然后装入烘盘待烘。

（6）多次干燥　选择烘盘待烘的茶叶放进烘箱进行干燥，第一步设置烘箱温度70～90℃，将摆满的嬢嬢茶进行干燥1.5～2.0h，失水70%～80%后取出观察并摊凉10～30min；第二步设置烘箱温度85～90℃，再次将摆满的嬢嬢茶进行干燥10～30min，烘干失水剩10%左右，取出摊凉5～10min，第二步方法重复2～3次；第三步设置烘箱温度105～110℃进行提香，时间3～9min，然后取出摊凉，充分冷却后，经质检员检验合格后包装。

（7）包装贮藏　选择贞丰皮纸作为贞丰嬢嬢茶的包装用纸，选择一般红线作为包装线；准备皮纸按照长10cm、宽8cm裁剪待用，然后将优质贞丰嬢嬢茶放于纸上包装，并用红线进行捆绑，检验合格后，放入包装袋中低温贮藏。

项目六　青茶初制技术

青茶也称为乌龙茶，属半发酵茶，是中国的六大主要茶类之一。福建省是乌龙茶的发源地，乌龙茶主要产于福建、广东、台湾三省，其中以福建乌龙茶量多质优。乌龙茶采摘标准为新梢对夹三四叶，其初加工综合了红茶、绿茶初制的工艺特点，形成了兼具绿茶的清香和红茶的甜醇，香气馥郁、滋味醇厚，“绿叶红镶边”的独特风格。乌龙茶创制于1725年（清雍正年间）前后。据《安溪县志》记载：“安溪人于清雍正三年首先发明乌龙茶做法，以后传入闽北和台湾。”另据史料考证，1862年福州即设有经营乌龙茶的茶栈，1866年台湾乌龙茶开始外销。现在乌龙茶除了内销广东、福建等省外，主要出口日本、东南亚地区国家和我国港澳地区。乌龙茶加工的基本工艺流程：鲜叶 →晒青→做青→炒青→揉捻→干燥。其中做青是乌龙茶品质形成的关键工序。

视频20　青茶品质特征

视频21　青茶的加工原理及加工技术特点

乌龙茶做青的基本原理：做青是在鲜叶轻度失水（晒青）的基础上，通过摇青与静置交替进行的“走水”过程，从而形成乌龙茶品质。摇青时，芽叶受振动、摩擦、碰撞作用，叶缘细胞逐步受损，叶内水分与内含物质由梗与叶脉向叶片运输转移。摇青后的静置前期，梗与叶脉内的水分和内含物质仍继续向叶肉细胞渗透、转移，叶态渐趋于“复活”，叶面光泽恢复，青气显露，俗称“还阳”。而后随着静置时间的延长，水分运输转移逐步减弱，叶片水分的蒸发大于补充，这时做青叶又趋于萎软状态，叶面光泽消退，青气消失，清香显露，俗称“退青”。乌龙茶做青过程的“退青与还阳”现象反复多次交替出现，这就是做青叶的“走水”。

乌龙茶做青过程“退青”“还阳”现象，是通过“摇青与静置”的多次交替，人为有序控制地逐步进行。做青时，摇青由轻到重；静置时，时间由短渐长；同时在这一过程中，随着叶细胞逐步受损，茶多酚的酶促氧化也在有控制地逐步进行，其氧化产物及其他内含成分的转化产物，随着做青的进程不断在叶内积累，直至做青叶红边显现，花香浓郁，乌龙茶品质得以形成。本项目以武夷岩茶为例学习乌龙茶的加工。

任务一　鲜叶的分级和摊放

职业能力｜能准确进行乌龙茶的鲜叶原料分级工作和正确摊放鲜叶原料。

核心概念｜武夷岩茶采摘，要求开面采三四叶。新梢芽叶全部开展形成驻芽，俗称“开面”。当新梢顶部第一叶与第二叶的比例小于1/3时即称为小开面，介于1/3至2/3时称为中开面，达2/3以上时称为大开面。茶树新梢伸育两叶即开面者称为对夹叶。武夷岩茶要求的最佳采摘标准为中开面，中开面采摘，产量与质量均有保证；大开面采摘，则叶片粗老，制成茶叶条索粗松，梗、片多且制率低；小开面采摘，叶幼嫩，水分含量高，成茶香气不高，加工中易发生红变。原料太嫩，萎凋、做青过程容易形成“死红”，成茶香低味苦涩。

学习目标｜正确识别单芽、一芽一叶初展及开展、一芽二叶初展及开展、驻芽、单片叶等原料；正确判断原料的等级；了解加工茶叶时原料均匀的重要性。

（一）基础知识

1. 不同鲜叶原料的特点

（1）福建省的鲜叶原料　福建省的乌龙茶主产地主要有以下三个：福建省泉州市安溪县，主要树种为铁观音；福建省南平市，主要树种为武夷菜茶；福建省龙岩市漳平市，主要树种为武夷水仙。

（2）其他省份的鲜叶原料　广东、台湾主要用大叶种、中叶种、小叶种作为鲜叶原料。

福建乌龙茶代表性茶树品种及其特征见表6-1。

表6-1　福建乌龙茶代表性茶树品种及其特征

品种名称	基本性状	特征
武夷菜茶	有性系、灌木型、中叶类、中生种	茸毛较少，一芽三叶百芽重50g
武夷水仙	无性系、小乔木型、大叶种、晚生种	茸毛较多，一芽三叶百芽重112g
铁观音	无性系、灌木型、中叶类、晚生种	茸毛较少，一芽三叶百芽重60.5g
单丛	无性系、小乔木型、中叶类、中生种	茸毛特多，一芽三叶百芽重157.7g
金萱	有性系、小乔木型、大叶类、中生种	茸毛特多，一芽三叶百芽重99g
金茗早	无性系、小乔木型、中叶类、早生种	茸毛特多，一芽三叶百芽重50g
黄金桂	无性系、小乔木型、中叶类、早生种	茸毛较少，一芽三叶百芽重59g
黄观音	无性系、小乔木型、中叶类、早生种	茸毛较少，一芽三叶百芽重58g
瑞香	无性系、灌木型、中叶类、中生种	茸毛较少，一芽三叶百芽重94g
金观音	无性系、灌木型、中叶类、早生种	茸毛较少，一芽三叶百芽重50g
金牡丹	无性系、灌木型、中叶类、早生种	茸毛较少，一芽三叶百芽重70g

续表

品种名称	基本性状	特征
肉桂	无性系、灌木型、中叶类、晚生种	茸毛较少，一芽三叶百芽重53g
大红袍	无性系、灌木型、中叶类、晚生种	茸毛尚多，一芽三叶百芽重41g
台茶12号	无性系、灌木型、中叶类、中生种	茸毛尚多，一芽三叶百芽重44g

2. 鲜叶等级

不同地区的乌龙茶分级标准和方法有不同，但总体来说均是依据鲜叶的嫩度分级。乌龙茶产品也根据原料等级的不同而有不同的名字，茶区之间也有差异。由于品种差异，武夷山茶人为了追求最佳采摘标准，又将中开面分为中小开面（新梢顶部第一叶与第二叶的比例在1/3 ~ 1/2时）、中大开面（新梢顶部第一叶与第二叶的比例在1/2 ~ 2/3时），如肉桂中小开面采最佳，水仙则以中大开面采最佳。

（二）能力训练

1. 操作条件

操作条件如表6-2所示。

表6-2　操作条件

用途类别	设备、器具、材料	单位	数量
区分鲜叶等级	小簸箕	个	4
	单芽茶树鲜叶	kg	0.5
	一芽一叶茶树鲜叶	kg	0.5
	一芽二叶茶树鲜叶	kg	0.5
	一芽三叶茶树鲜叶带少量对夹叶、单片叶	kg	0.5
武夷岩茶	开面采	kg	0.5

2. 安全注意事项

（1）操作前要穿好工作服。

（2）收拢小簸箕上的茶叶时，不要用手赶，以免有小篾刺扎伤手。

3. 操作过程

操作过程如表6-3所示。

表6-3 操作过程

步骤	操作方法及说明	质量标准及记录
准备	选择适宜的采摘时间和地点，准备采摘工具和设备	记录采摘时间和地点，确保工具和设备完好 □是 □否
观察	观察茶树生长状况，选择健康、饱满的青叶	记录青叶的生长状况，确保选择健康、饱满的青叶 □是 □否
采摘	使用正确的采摘手法，将青叶从茶树上摘下	记录采摘手法和青叶数量，确保采摘完整且不损坏青叶 □是 □否
整理	对采摘的青叶进行筛选、分类和整理	记录筛选、分类和整理的过程，确保青叶质量一致 □是 □否
运输	将整理好的青叶安全、迅速地运输到加工厂	记录运输方式和时间，确保青叶新鲜度和质量 □是 □否
贮存	将运输到加工厂的青叶妥善贮存，避免受潮、变质	记录贮存方式和时间，确保青叶贮存安全且质量稳定 □是 □否

（三）问题情境

制作乌龙茶的原料偏嫩应如何处理？

对于偏嫩的青叶，萎凋时应特别注意控制时间和程度，避免过度失水导致茶叶品质下降。凉青时间可适当延长，以帮助其更好地恢复弹性和准备后续的做青工序。摇青时应采用较轻的力度和较短的次数，避免过度损伤叶缘。做手（碰青）时也要轻柔，以促进茶叶的自然发酵和内含物质的转化。杀青时应适当提高温度并缩短时间，以避免过度杀青导致茶叶苦涩。揉捻时应采用较轻的力度和较慢的速度，以避免茶叶破损。烘焙时也应适当降低温度并延长时间，以确保茶叶的干燥度和香气。

（四）知识拓展

武夷岩茶开面采摘的原因：首先，要适应做青作业的要求，鲜叶太嫩则叶片纤维素少，角质层未成熟，在相互碰撞中容易折断，叶内细胞容易损伤，甚至全部变红，香低味苦有青涩气味，达不到武夷岩茶品质要求，太老的鲜叶做青也难以达到质量要求；其次，开面叶的有效成分增多，随着叶片的成熟，糖类、类胡萝卜素、黄酮醇类物质含量增加，苦涩的酯型儿茶素减少，非酯型儿茶素有所增加；最后，嫩梗中含有较多的氨基酸、糖类物质和香气物质，在做青过程中可转移到叶片中，为形成武夷岩茶高香、醇味、耐冲泡等品质特征准备物质基础。

（五）学习评价

学习评价如表6-4所示。

表6-4 学习评价

项目	内容	配分	得分	批注
工作准备（10%）	能正确理解工作任务的内容	5		
	能查阅资料，确认相关技术标准	5		
工作过程（90%）	能在小组内开展有序的分工	10		
	能穿好工作服	5		
	能戴好工作帽	5		
	能准备必需的器具	10		
	能正确区分鲜叶原料的等级	20		
	能正确判断大开面、中开面、小开面	20		
	能正确区分是否有损伤青叶	20		

任务二 鲜叶的萎凋

职业能力｜能开展鲜叶的萎凋工作。

核心概念｜萎凋是指茶青失水、叶质变软的过程。

学习目标｜掌握萎凋的作用、日光萎凋方法、加温萎凋方法的知识；能正确摊叶；能灵活应用日光萎凋和加温萎凋。

（一）基础知识

萎凋的作用主要有蒸发一部分水分提高叶子韧性，便于后续工序的进行；散发青草气，有利于香气透露；促进酶的活化和叶内成分的化学反应，随着萎凋过程的进行，酶活性渐趋增强，特别是水解酶活性有较为显著的增强，能促进叶内大分子不可溶性的物质降解转化，同时也有一定的氧化作用，致使青叶在萎凋阶段的可溶物有不同程度增多。萎凋可以为做青创造条件，乌龙茶的萎凋方法分日光萎凋和加温萎凋。

1. 日光萎凋

将鲜叶均匀摊放于水筛或晒青布上，每筛摊鲜叶0.4kg左右（每平方米摊叶0.5kg），以叶片不相叠为宜。一般至叶态萎软、伏贴，鲜叶失去光泽，叶色转暗绿，叶背色泽特征明显突出，似“鱼肚白”，顶叶下垂，梗弯而不断，手握有弹性感为适度。晒青要求避免强光暴晒，一般不宜在中午强日照下暴晒，以免灼伤茶青。若茶青数量多，必须争取时间晒青，因此在强日照下收晒动作须十分快速、敏捷，稍加照晒即可，摊叶可稍厚。日光萎凋历时短，节省能源，且萎凋叶经过一系列光化学反应，质量最佳。

2. 加温萎凋

阴雨天多用综合做青机萎凋和萎凋槽萎凋两种形式。综合做青机萎凋时，按做青机容量装入茶青，青叶装至综合做青机容量的4/5为宜。雨水叶应先吹冷风，待叶表水分蒸发后，再吹热风萎凋，每隔10～15min翻转几次以翻动萎凋叶，无水叶历时1.5～2.5h，雨水叶历时3～4h。一般摊叶7～8kg/m^2，每30min翻拌一次，总历时4～6h。加温萎凋历时长，萎凋叶质量不及日光萎凋叶。

（二）能力训练

1. 操作条件

（1）日光萎凋　竹席或水筛用于将鲜叶均匀摊放，以便进行萎凋。

（2）萎凋槽　专门用于茶叶萎凋的设备，一般由不锈钢或木材制成。茶叶在萎凋槽中进行自然萎凋，通过空气流通和温度控制，使茶叶失水、变软。

（3）萎凋架　用于支撑萎凋槽，方便茶叶在萎凋过程中通风透气，促进茶叶内部物质转化。

（4）计时器　用于记录萎凋时间，以便控制茶叶的发酵程度。

（5）温度计和湿度计　用于监测萎凋过程中的温度和湿度变化，以便及时调整环境条件。

2. 安全注意事项

（1）操作前要穿好工作服。

（2）正确使用晒青布。

3. 操作过程

操作过程如表6-5所示。

表6-5　操作过程

步骤	操作方式及说明	质量标准及记录
日光萎凋	将鲜叶均匀摊放于水筛或晒青布上，每筛摊鲜叶0.4kg左右（每平方米摊叶0.5kg），以叶片不相叠为宜	摊叶手法是否轻 □是　□否 摊叶是否均匀 □是　□否 摊叶厚度是否合适 □是　□否

（三）问题情境

在武夷岩茶的制作过程中，萎凋不足该如何处理？

①重新萎凋。对于萎凋不足的茶叶，如果条件允许，可以重新进行萎凋。这可以通过调整萎凋环境（如温度、湿度）和萎凋时间来实现。重新萎凋的目的是让茶叶继续失水，软化叶片，同时促进茶叶内部酶的活性，为后续的制作步骤创造有利条件。②调整后续制作工艺。如果重新萎凋不可行或效果不佳，可以考

虑调整后续的制作工艺来弥补萎凋不足的影响。具体做法：一是延长做青时间。做青是武夷岩茶制作中的一个重要环节，涉及摇青、静置等步骤。通过延长做青时间，可以促进茶叶的进一步发酵和氧化，从而在一定程度上弥补萎凋不足的问题。但需要注意的是，做青时间的延长应适度，以避免茶叶过度发酵导致品质下降。二是调整炒青温度和时间。通过调整炒青的温度和时间，可以进一步控制茶叶的发酵程度。对于萎凋不足的茶叶，可以适当提高炒青温度或延长炒青时间，以破坏茶叶中的酶活性，防止茶叶继续发酵。但同样需要注意避免过度炒制导致茶叶焦煳。

（四）知识拓展

燕子窠生态茶园坐落在武夷山风景名胜区附近，南傍九曲溪，东倚三仰峰，地势奇特，山场地形丰富。这里采用"有机肥+绿肥"的种植模式，通过套种大豆、油菜等绿色作物，改良土壤结构，提高土壤肥力，同时减少化肥和农药的使用，保障了茶叶的绿色和健康。

燕子窠生态茶园积极探索生态种植模式，构建了"夏种大豆、冬种油菜"的间作绿色栽培模式。这种模式不仅提高了茶叶的产量和品质，还推动了绿色生态发展。据茶园工作人员介绍，每年冬天种下油菜花，4月开始采摘春茶，5月种植大豆，8月豆子熟了便就地将其埋入土壤。种植大豆可以通过大豆根瘤菌固定空气中的分子态氮元素，转变为可被茶树吸收和利用的氮肥，油菜开花后就地回田，可以补给土壤磷和钾。

（五）学习评价

学习评价如表6-6所示。

表6-6 学习评价

项目	内容	配分	得分	批注
工作准备（10%）	能正确理解工作任务的内容	5		
	能查阅资料，确认相关技术标准	5		
工作过程（90%）	能在小组内开展有序的分工	10		
	能穿好工作服	5		
	能戴好工作帽	5		
	能准备必需的器具	10		
	能正确区分鲜叶原料的等级	20		
	能正确判断萎凋叶是否适度	20		
	能区分鲜叶质量，是否有红变	20		

任务三　做青

职业能力｜能开展青茶的做青工作。

核心概念｜做青工艺是摇青、静置多次反复交替的工艺过程，是形成岩茶“绿叶红镶边”、浓郁花果香等特有品质风格的关键程序。

学习目标｜掌握“走水”的原理，能开展做青工作，能正确判断做青程度。

（一）基础知识

做青是指通过摇青使青叶内部组织结构受到一定的破坏，叶缘部分组织发生损伤。在静置过程中，水分继续缓慢蒸发，各种物质转化的速度逐渐加快，青气散失，香气形成。摇青、静置相间交替进行，做青叶一系列的理化变化呈波浪起伏的变化态势。伴随发生“走水”作用，使梗脉中的内含物流向叶组织中。叶子在筛、转等机械力作用下，叶缘摩擦而破坏细胞，使茶汁外溢，促进多酚类化合物的酶促氧化，形成“绿叶红镶边”的特征。同时，水分的蒸发和运转有利于香气、滋味的发展。

做青的方法分手工做青、综合做青机做青、半手工做青。手工做青即用手将茶叶逐片拍打，使茶叶水分散发，叶子柔软，呈黄绿色。综合做青机做青是将茶叶放入综合做青机中，通过机器搅拌、振动等方式促进茶叶水分散发和发酵。半手工做青是将茶叶放入综合做青机中搅拌一定时间后，取出茶叶进行手工拍打，促进发酵。

（二）能力训练

1. 操作条件

武夷岩茶的综合做青机，可使用110型摇青机。

2. 安全注意事项

（1）操作前要穿好工作服。

（2）正确使用室内机器设备操作。

3. 操作过程

操作过程如表6-7所示。

表6-7　操作过程

步骤	操作方式及说明	质量标准及记录
综合做青机做青	做青机的清洁；做青机运行状态测试	是否对机器进行清洁 □是　□否 是否在工作前检测运行状态 □是　□否

续表

步骤	操作方式及说明	质量标准及记录
综合做青机做青	将萎凋叶放入综合做青机中	是否适量 □是　□否
	启动综合做青机，并按照设定的程序进行操作。综合做青机通常会按照吹风、摇动、静置的程序进行自动操作。操作人员只需按下启动按钮，机器即可开始工作	机器的操作有无错误 □是　□否 参数调整是否符合要求 □符合　□部分符合　□不符合
	在做青过程中，要密切关注茶叶的状态和机器的运行情况。根据需要对机器进行调整，如调整吹风强度、摇动时间和静置时间等，以确保茶叶的发酵和转化效果	做青是否适度 □是　□否
	在做青完成后，关闭综合做青机，并对机器进行清洁和维护	及时清理茶叶残渣和机器内部的杂物 □是　□否

（三）问题情境

在什么情况下，适合手工摇青?

武夷岩茶适合手工摇青的情况主要包括以下几种。①传统工艺传承。手工摇青作为武夷岩茶传统制作技艺的关键工序之一，承载着丰富的历史文化内涵。通过手工摇青，可以传承和弘扬这一传统工艺，保留其独特的韵味和风格。②特殊气候条件。第一，雨水青叶处理。在雨水较多的季节，鲜叶容易吸收过多的水分而变得较为柔软。此时，手工摇青可以更加灵活地调整摇青的力度和频率，以适应不同湿度和含水量的鲜叶，确保做青效果。第二，高温高湿天气。在高温高湿的天气条件下，鲜叶容易发酵过度或产生不良气味。手工摇青可以通过控制摇青的时间和次数，以及调整晾青的时间和环境，来减缓发酵速度并去除不良气味，从而制作出品质更佳的茶叶。③小规模生产需求。第一，小规模生产。对于小规模生产的茶农或制茶师来说，手工摇青是一种更加灵活和便捷的操作方式。它可以根据实际情况随时调整摇青的参数，以适应不同批次和品质的鲜叶。第二，个性化定制。手工摇青还可以根据客户的个性化需求进行定制。例如，可以根据客户的口味偏好调整摇青的力度和频率，以制作出符合客户需求的茶叶。

（四）知识拓展

1. “看青做青”

“看青做青”是指针对青叶的物理性征和化学特性而采取与之相适应的一种做青技术。

（1）看原料含水量做青　含水量高的雨露水青和萎凋程度轻的茶青，宜薄摊多晾；反之，则宜厚摊少晾。

（2）看采摘嫩度做青　嫩叶的水分含量相对偏高，叶组织柔嫩，宜轻摇、薄摊、多晾，以防止过度损伤和适当促进失水；老叶的纤维化、角质化程度高，水分含量相对较低，宜重摇、厚摊、少晾，以提高叶温，促进发酵和防止水分散失过多。

（3）看品种做青　对于水仙、梅占等梗粗壮、节间长、含水量偏高、容易发酵的品种，做青时宜轻摇、薄摊多晾，即各次摇青历时短、程度轻，静置薄摊，静置时间较长，以利于失水；对于奇兰等叶张薄、梗细小、含水量偏低的品种，静置时可适当厚摊短晾，以防止失水过速。

2. “看天做青”

“看天做青”是指根据各季节不同的气候、不同的温湿度、空气流通度（风速），灵活掌握做青技术。

（1）春茶季节　多具有温度偏低、湿度偏大的气候特点，青叶不容易失水和发酵，做青前期宜轻播，并适当增加摇次，结合薄摊多晾，促进走水；做青后期，宜适当重播结合厚摊，促进发酵。

（2）秋冬季节　茶青含水量一般偏低，叶张偏薄，宜厚摊短晾，防止失水过快。

（五）学习评价

学习评价如表6-8所示。

表6-8　学习评价

项目	内容	配分	得分	批注
工作准备（10%）	能正确理解工作任务的内容	5		
	能查阅资料，确认相关技术标准	5		
工作过程（90%）	能在小组内开展有序的分工	10		
	能穿好工作服	5		
	能戴好工作帽	5		
	能准备必需的器具	10		
	能正确使用综合做青机	20		
	能正确判断做青是否适度	20		
	能正确使用摇青水筛	20		

任务四　杀青

职业能力｜能开展乌龙茶的杀青工作。

核心概念｜做青结束后进入杀青工艺，杀青是固定做青叶已形成的品质特征的程序。

学习目标｜掌握杀青的方法知识；能灵活选择杀青方式，能开展杀青工作。

（一）基础知识

杀青利用高温破坏酶的活性，抑制多酚类化合物氧化；进一步挥发青气，发展香气；蒸发水分，使叶质变软，便于揉捻。

杀青的方式分机械杀青和手工杀青两种，目前以机械杀青为主。手工杀青一般是在倾斜的灶台上放置直径 60～90cm 的铁锅，用柴火加温，投叶量0.75～1kg，历时 5min 左右。手工杀青分两次进行，初炒锅温一般控制在 200～230℃，复炒锅温控制在 160～180℃，初炒和复炒均采用手工翻动。大规模生产采用110型滚筒杀青机，锅温一般控制在280～320℃，投叶量35～45kg，时间 8～10min。

（二）能力训练

1. 操作条件

武夷岩茶的杀青可使用110型滚筒杀青机。

2. 安全注意事项

（1）操作前要穿好工作服。

（2）正确使用室内机器设备操作。

3. 操作过程

启动机器前，先检查滚筒、鼓风机等设备是否完好，如有破损或松动应及时更换或紧固。将待杀青的茶叶均匀撒入滚筒内，注意不要过多或过少，以免影响杀青效果。调整机器的进料速度和温度，使茶叶在滚筒内充分受热，同时控制好杀青时间，避免过长或过短。杀青完成后，将茶叶从滚筒中倒出，先解块并放置在揉捻机设备中进行揉捻。

需要注意的是，在使用110型滚筒杀青机时，要保持设备的清洁和卫生，及时清理茶叶残渣和杂物，以延长设备的使用寿命和提高加工品质。同时，操作人员应具备一定的茶叶加工经验和技能，能够根据实际情况进行调整和操作。操作过程如表6-9所示。

表6-9　操作过程

操作方式及说明	质量标准及记录
启动机器前，先检查滚筒、鼓风机等设备是否完好，如有破损或松动应及时更换或紧固	是否进行使用前机器的检查 □是　□否
先启动滚筒，再启动加热	启动机器是否规范操作 □是　□否 记录温度

续表

操作方式及说明	质量标准及记录
锅温一般控制在280～320℃，投叶量35～45kg，时间8～10min	投叶量是否合适 □是 □否 记录投叶量
杀青结束时倒出杀青叶，先停止加热，待滚筒温度下降再停止转动，并及时清洁机械	是否待滚筒降温再停止转动 □是 □否 是否及时清理机器 □是 □否 记录杀青用时（填写具体时间）

（三）问题情境

如何控制杀青过程中的温度和时间？

①温度控制。预热阶段：在开始杀青之前，需要先将杀青锅或杀青机预热到适当的温度。通常，手工炒青的锅温会控制在220～280℃，而滚筒杀青机的筒温则会稍高一些，以确保能够迅速破坏茶叶中的酶活性。杀青温度：杀青时的温度需要保持在高温范围，一般在180～280℃。具体的温度会根据茶叶的品种、含水量以及制茶师的经验来调整。需要注意的是，如果温度过高，可能会导致茶叶炒焦，产生不良气味；而温度过低，则可能无法有效破坏酶活性，影响茶叶的品质。温度监测：为了确保杀青温度的稳定性和准确性，可以使用温度计进行实时监测。同时，制茶师也可以通过手背感受杀青锅或杀青机的温度，以判断是否需要调整。②时间控制。杀青时间：杀青时间的长短取决于茶叶的含水量、温度以及制茶师的经验。一般来说，手工炒青的杀青时间在2min左右，而滚筒杀青机的杀青时间则会稍长一些。在杀青过程中，需要不断翻动茶叶，以确保茶叶受热均匀。同时，也需要根据茶叶的变化情况来调整杀青时间。

（四）知识拓展

杀青工艺是茶叶制作过程中的重要环节，不仅影响茶叶的品质，还影响茶叶的香气和口感。不同的杀青方式对茶叶品质的影响也不同，因此需要根据具体情况选择合适的杀青方式。杀青工艺需要掌握一定的操作技巧和经验，因此需要不断学习和实践。

（五）学习评价

学习评价如表6-10所示。

表6-10 学习评价

项目	内容	配分	得分	批注
工作准备（10%）	能正确理解工作任务的内容	5		
	能查阅资料，确认相关技术标准	5		
工作过程（90%）	能在小组内开展有序的分工	10		
	能穿好工作服	5		
	能戴好工作帽	5		
	能准备必需的器具	10		
	能正确使用手工杀青机	20		
	能正确使用滚筒式杀青机	20		
	能够掌握炒青的温度与时间	20		

任务五 揉捻

职业能力｜能开展揉捻工作。

核心概念｜揉捻是形成武夷岩茶干茶外形和提高茶叶制率的重要工艺。

学习目标｜掌握揉捻的作用和方式知识，能进行手工揉捻和机械揉捻。

（一）基础知识

揉捻的作用是在做青的基础上进一步破坏叶细胞，使茶汁外渗，黏附于叶表，有利于冲泡时内含物质的浸出，并将叶片揉捻成条，从而形成岩茶的壮结外形。

揉捻的方式分为手工揉捻和机械揉捻。手工揉捻是将杀青叶放置在篾制揉匾上，用人工揉至茶条紧卷，茶汁溢出为适度。一般分两次进行，手工杀青初炒后进行初揉，复炒后进行复揉。在大批量生产时，一般采用机械揉捻的方式。常用的揉捻机有45型、50型、55型等乌龙茶专用揉茶机，其棱骨比绿茶揉捻机更高。机械揉捻省工、省时，揉捻效果好，茶叶成条率高，茶汤碎末较人工揉捻减少很多，更有利于成茶品质。揉捻须热揉，装茶量须达揉捻机盛茶桶高1/2以上至满桶。揉捻过程中掌握先轻压后逐渐加重压的原则，中途须减压1~2次，以利于茶叶翻拌和整形。

（二）能力训练

1. 操作条件

武夷岩茶的揉捻可使用CR55（Ⅱ）型茶叶揉捻机。

2. 安全注意事项

（1）操作前要穿好工作服。

（2）正确使用室内机器设备操作。

3. 操作过程

操作过程如表6-11所示。

表6-11 操作过程

步骤	操作方式及说明	质量标准及记录
加料	关闭出茶门；摇动压盖手轮，使压盖最下点高出揉桶上口；扳动手柄，松开插销，推出弯架到90°左右；加叶至满桶后，将弯架回转至工作位置，锁紧后启动机器	投叶量是否加至揉筒容量的1/2以上 □是 □否
加压	摇动弯架杠杆旁的手轮，使压盖上升或下降，调整压力大小；加压办法为先轻后重，分步加压，轻重交替，最后不加压	揉捻叶茶汁流出，叶片卷成条索 □成条80%以上 □成条60%以上
出茶	根据工艺确定揉捻时间，揉捻成条后茶： 将压盖迅速升至揉桶顶口；控制茶门把手，迅速将茶门打开，使揉捻叶下滑到振动槽；茶叶出净后，关闭出茶门；及时清理揉捻机	是否及时清理揉捻机 □是 □否

（三）问题情境

揉捻过程中需要注意哪些操作要点？

①快速趁热揉捻。杀青后的茶叶需快速进入揉捻阶段，利用茶叶的余温进行揉捻，以达到最佳效果。②揉捻方式与力度。揉捻方式包括手工揉捻和机械揉捻。手工揉捻时，需用手力将茶叶压于揉茶枥中，左手压叶，右手用力将茶叶揉捻并向前推动，使茶叶不停翻转，然后用手将茶叶拉回，如此反复直至达到标准。机械揉捻时，需调整揉捻机上的压力指示器，掌握先轻压后逐渐加重压的原则，根据不同茶叶的状态灵活调整。揉捻过程中，应掌握“轻—重—轻—重”的压力交替原则，中途需减压1～2次，以利于茶叶的自动翻拌和解块整形。③揉捻时间与装茶量。揉捻时间一般需控制在5～8min，具体时间根据茶叶的实际情况和揉捻机的型号而定。装茶量需达揉捻机盛茶桶高度的1/2以上至满桶，以确保揉捻效果。

（四）知识拓展

了解不同型号的乌龙茶专用揉茶机的特点和适用范围，学习其他茶叶制作过程中的揉捻技术及其应用。

（五）学习评价

学习评价如表6-12所示。

表6-12 学习评价

项目	内容	配分	得分	批注
工作准备（10%）	能正确理解工作任务的内容	5		
	能查阅资料，确认相关技术标准	5		
工作过程（90%）	能在小组内开展有序的分工	10		
	能穿好工作服	5		
	能戴好工作帽	5		
	能准备必需的器具	10		
	能正确使用揉捻机器	20		
	能正确判断揉捻是否适度	20		
	能正确使用手工揉捻筛	20		

任务六 干燥

职业能力｜能开展乌龙茶加工的干燥工序。

核心概念｜干燥是利用高温使茶叶快速失去水分的过程。

学习目标｜会操作链板式烘干机，能准确判断毛火和足火的程度。

（一）基础知识

干燥过程中水分不断蒸发，紧结外形；固定烘焙之前形成的色、香、味、形等各项品质特点；在干热的作用下，使叶中的有效成分进行转化，提高岩茶滋味的甘醇度，增进汤色，发展茶香。

干燥分毛火和复烘两个环节，毛火温度130～150℃，摊叶厚度2～3cm，历时8～12min高温、快速烘干，烘至茶叶微带刺手感，不加簸拣。经过4～8h摊凉后复烘，复烘温度120～140℃，摊叶厚度2～3cm，历时15～18min，至茶叶色泽青褐油润、含水量控制在6%～7%。

（二）能力训练

1. 操作条件

武夷岩茶的干燥可使用6CH3-20型链板式烘干机。

2. 安全注意事项

（1）操作前要穿好工作服。

（2）正确使用室内机器设备操作。

3. 操作过程

操作过程如表6-13所示。

表6-13 操作过程

步骤	操作方法及说明	质量标准及记录
启动机器	点火后即启动引烟机，5 ~ 7 min以后必须启动主风机；开动变速装置，使烘板转动，对烘干机加温	是否先启动机器转动再加热 □是 □否
投叶	当机内温度升到符合制茶温度时即可投叶；观察烘后在制茶的含水量情况，及时调整以下内容：调节调速旋钮，调节投叶量和下叶均匀情况调节热风炉的送风量和温度	能否准确判断毛坯的含水量 □是 □否 能否及时节热风炉的送风量和温度以达到毛火的效果 □是 □否
烘干结束后	完成烘干后要及时取出旺煤，降温烘干机和炉体；当机体温度降至50℃以下时方可停机，并将筒体内残留叶清除干净	是否提前减少旺煤 □是 □否 是否当机体温度降至50℃以下时停机 □是 □否 烘干工作结束后是否清洁机器和场地 □是 □否

（三）问题情境

如何根据茶叶的品质特征调整烘干工艺，以达到最佳的口感和香气？

烘干的温度和时间对茶叶的品质产生影响，通常武夷岩茶的商品茶需要经过多道烘焙工序，以发展良好的茶香和茶味。

（四）知识拓展

烘干的主要作用是稳定茶叶品质，补充杀青不足，使茶叶达到较长时间的贮存而不变质。梗叶粗大、肥厚、含水量高的品种，烘温可稍高；节间短、叶质薄、含水量低的品种，烘温可适当降低，烘时可适当缩短。另外，毛茶烘干后不可长久摊放，一般冷却接近室温时即装袋进库。

（五）学习评价

学习评价如表6-14所示。

表6-14　学习评价

项目	内容	配分	得分	批注
工作准备（10%）	能正确理解工作任务的内容	5		
	能查阅资料，确认相关技术标准	5		
工作过程（90%）	能在小组内开展有序的分工	10		
	能穿好工作服	5		
	能戴好工作帽	5		
	能准备必需的器具	10		
	能正确使用链板式自动烘干机设备	20		
	能初步判断茶叶的干燥程度是否达标	20		
	能正确使用小型电烤箱烘干机	20		

课后练习题

（一）选择题

1. 武夷岩茶在唐朝被孙樵称为（　）。

A. 甘香侯　B. 晚甘侯　C. 香醇侯　D. 茶中仙

2. 下列哪一项不是武夷岩茶制作技艺被列入人类非物质文化遗产代表作名录的意义？（　）

A. 传承和弘扬茶文化　B. 保持茶叶独特品质和风味

C. 提升茶叶产量　D. 增强文化自信

3. 武夷岩茶制作过程中的第一道工序是（　）。

A. 做青　B. 揉捻　C. 萎凋　D. 炒青

4. 晒青过程中，茶叶需要均匀地平铺在水筛上，厚度一般在（　）。

A. 0.1～0.5kg/m^2　B. 0.5～1.0kg/m^2

C. 1.0～1.5kg/m^2　D. 1.5～2.0kg/m^2

5. 做青过程中，相对湿度控制（　）为宜。

A. 60%～70%　B. 70%～80%

C. 75%～80%　D. 80%～90%

6. 下列关于做青时“看青做青”的描述，哪一项是错误的？（　）

A. 蜡质层厚的品种耐摇　B. 气孔数目多的品种要注意保水

C. 做青与天气无关　D. 粗老茶青做青时要注意保水

7. 炒青时，锅温达到（　）时，手伸至锅口上方有一定烫热感但又可承受。

A. 180～200℃　B. 200～220 ℃　C. 220～250 ℃　D. 250～280 ℃

8. 揉捻的主要目的是（　）。

A. 散发茶叶水分　B. 破坏酶活性　C. 塑形　D. 提香

9. 毛火烘焙时，焙筛距离火面（　）。

A. 10～15cm　B. 15～20cm　C. 20～25cm　D. 22～23cm

10. 武夷岩茶传统制作技艺中，（　）是武夷岩茶最重要的工序。

A. 做青　B. 炒青　C. 揉捻　D. 干燥

（二）简答题

1. 请简述武夷岩茶萎凋过程中的主要步骤及其作用。

2. 请概述武夷岩茶做青工序中的“看青做青”原则及考虑因素。

思政小课堂

课程思政6：茶人精神——在坚守传统中创新 王文礼

拓展阅读

（一）典型案例一：大红袍加工技术

视频22 闽北乌龙茶的初制技术

大红袍是以福建省自主选育的白鸡冠、水仙、肉桂等高香型茶树品种的鲜叶为原料，按以下加工工艺加工而成的乌龙茶。

1. 原料（鲜叶）要求

鲜叶采摘标准为新梢芽叶生育较成熟（采开面三四叶），无叶面水、无破损、新鲜、均匀一致。

2. 加工工艺技术要求

加工工艺流程：萎凋→做青→炒青→揉捻→烘干

（1）萎凋　采用日光萎凋和加温萎凋两种方法。

①日光萎凋：要求将茶青置于谷席、布垫或水筛等萎凋用具上进行，特别是中午强光照时不可直接置于水泥坪上萎凋，因为极易烫伤茶青。摊叶厚度为1～2cm（1～2kg/m^2），太阳光强烈时宜厚些，光弱时宜薄些，萎凋全过程应翻拌2～3次，时间30～60min，以达到萎凋标准为止。

②加温萎凋：一般使用综合做青机萎凋。综合做青机萎凋选用90—100型长机慢挡进行萎凋效果更佳（120型短机不利于萎凋），热风温度在30～32℃为宜（手感为手触机心热而不烫），温度过高易烧伤茶青，温度过低萎凋效果差，时间会加长。每隔10～15min翻动几转，无水茶青总历时为1.5～2.5h，雨水茶青为3～4h。萎凋槽热风温度为28～30℃，每隔30min左右翻动一次，摊叶厚度为10～15cm，越厚越慢越不均匀。

（2）做青　叶片较厚和大叶类的品种，宜轻摇，延长走水期，多停少动，加长静置时间，加重发酵。叶薄和小叶种需少停多动，加重摇青，到后期需注意发酵到位。茶青较嫩时，做青前期走水期需拉长，总历时也更长，注意轻摇，多吹风，防止出现“返青”现象（即做青叶到后期出现涨水，叶片和茶梗含水状态均接近新鲜茶青状，梗叶一折即断，无花果香，为做青失败现象）。茶青较老时，做青总历时缩短，前期走水期缩短，需重摇、重发酵，少吹风。萎凋过重时，宜轻摇重发酵，做青时间短，注意防止香气过早出现和做过头现象。萎凋偏青时，用综合做青机做青可用加温补充萎凋，并注意多吹风、多走水，重摇、轻发酵，并延长做青时间，调整好温湿度，需高温低湿，否则易出现“返青”现象。温度偏低时，应注意少吹风，提早开始保温发酵。湿度偏大时有条件者可使用去湿机，并注意通风排湿，适度加温。总之做青过程需时刻观察青叶变化，以看、嗅、摸综合观察来判断青叶是否在正常的变化，一旦出现异常现象即需分析原因，并及时调整，使做青叶发挥出其最佳的品质状态。

（3）炒青　每次进青量：110型为40～50kg，90型为25～30kg。杀青时间为7～10min。成熟标准为叶态干软，叶张边缘起白泡状，手揉紧后无水溢出且呈黏手感，青气去尽呈清香味即可。出青时需快速出尽，特别是最后出锅的尾量需快速，否则易过火变焦，使毛茶茶汤出现浑浊和焦粒，俗称“拉锅现象”。杀青火候掌握前中期旺火高温，后期低火低温出锅。

（4）揉捻　趁热揉捻，方能达到最佳效果；装茶量进机需达揉捻机盛茶桶高1/2以上至满桶；揉捻过程掌握先轻压后逐渐加重压的原则，中途需减压1～2次，以利于桶内茶叶的自动翻拌和整形，压力轻重可观察揉捻机上的指示器；全程需5～8min。35型、40型等小型机揉捻程度更重，应注意加压和揉捻时间不可过度，以免造成碎末和底盘偏多，50型、55型等大型揉捻机揉茶力度更轻，特别是青叶过老时，需注意加重压，以防出现条索过松、茶片偏多及“揉不倒”现象。

（5）烘干　揉捻叶一般要求在30～40min烘完一道，手触茶叶需带刺手感，而后可静置2～4h，再烘二次，一般烘2～3次即可全干。烘干机第一道烘干温度视机型面积、走速风量等实际情况而定，一般为130～150℃，要求温度稳定。第二道烘干温度比第一道略低些，约低10℃，直至烘干为止。焙笼烘干要求第一道明火“抢水焙”至茶叶有刺手感后，下笼摊凉2～4h后稳火再焙干。毛茶烘焙干后不可摊放长久，一般冷却至近室温时即装袋进库。

（二）典型案例二：铁观音加工技术

铁观音是以福建的铁观音、黄旦、本山、毛蟹、梅占、大叶乌龙等茶树品种的鲜叶为原料，按以下加工工艺加工而成的乌龙茶。

1. 原料（鲜叶）要求

待新梢长到3～5叶快要成熟，而顶叶六七成开面时采下2～4叶叶梢，俗称“开面采”。即待顶叶展开，出现驻芽，采摘一芽二三叶；采摘后，及时收青，轻采轻放。竹篓盛装、竹筐贮运。置于阴凉干净处，保持新鲜度。

2. 加工工艺技术要求

加工工艺流程：萎凋→摇青→炒青→揉捻→毛火→包揉（做形）→复焙→复包揉→足火

（1）萎凋　萎凋过程分为晾青和晒青，关键工艺又是晒青。摊青是鲜叶贮存保鲜的一种方式，按不同品种、老嫩和采摘时间分别摊放于水筛中，每筛鲜叶1.5～2kg，轻翻2～3次，使水分均匀蒸发。中午或下午采回的鲜叶，含水量少，可摊厚些；露水叶或雨水叶含水量多的鲜叶，可摊薄些，每筛鲜叶0.5～1kg，待叶面水分晾干后，再合并成每筛2～3kg。上午采摘的鲜叶一直摊青到下午，与下午采摘的鲜叶一起晒青。晚青每筛0.5kg，放在通风处摊放，摇青要多摇1～2次。摊青的目的主要是保持鲜叶的新鲜度和控制水分的蒸发速度，确保含水量相对一致。

晒青和晾青的主要目的是蒸发部分水分，使叶质变软，提高叶温，加快化学变化，使得青气散失，香气显露等。晒青一般在采摘鲜叶当天的16：00—17：00，因为这段时间光照弱，气温在20～25℃，时间25～30min，将鲜叶薄摊在水筛上，放在阳光充足、空气流动的地方，每筛鲜叶0.75～1kg，中间翻动一次，使晒青均匀。判断晒青适度的标准：叶子呈现轻萎凋状态，叶质柔软，叶面光泽消失，叶色变为暗绿，手持嫩梢基部，顶端1～2叶下垂，失重率达5%～10%。经过晒青的叶子，两筛合并成一筛，轻轻翻动几次，散失热气，晾青1h左右开始摇青。晒青对制茶品质影响很大，晒青时间和晒青程度，必须依据季节、气候、品种、鲜叶含水量等灵活掌握。

（2）摇青　摇青时间要根据气温、品种、晒青程度而定，要灵活掌握。气温低，湿度小，叶内化学变化慢，宜重摇；气温高，湿度大，宜多次轻摇，摇青次数一般4～6次，每次间隔时间由短到长，转数由少增多，摊叶厚度由薄到厚。做青室温20℃左右，相对湿度80%为宜。第一次摇青一般摇2～3min，静置1.5～2h，叶片呈光泽，叶尖呈“还阳”状态。待叶尖回软、叶色转暗、光泽消失，即可进行下一次摇青和静置。判断摇青适度的标准：叶子青气消失，花香浓郁，梗带饱水青绿，叶面黄绿有红点，叶缘呈朱红色，叶片凸起呈汤匙状即可进行炒青。

（3）炒青　利用高温迅速钝化酶的活性，使叶质柔软便于揉捻，有利于香气物质的发展。一般采取高温短时、多闷少透的炒制方法，要求炒匀，不生不焦。掌握原则："看青炒青"，鲜叶较嫩，含水量高，则炒制时间稍长，多透少闷。判断炒青适度的标准：叶子气味清纯，叶色由青绿转为暗绿，叶张皱卷，手捏柔软，带有黏性，减重率约为30%。

（4）揉捻　一般要掌握趁热、少量、逐渐加压、快速短时的原则。将炒青叶趁热装入揉捻桶内，适当加压揉捻1.5min后，在桶内解块，再加压揉捻1.5min，进行解块上烘，不能放置过久。如果不能及时上烘，必须薄摊散热，防止劣变。

（5）毛火　打毛火的温度控制在100～120℃，烘至六成干，达到不粘手即可下烘笼进行包揉做形。

（6）包揉（做形）　手工包揉是用75cm见方的白布巾，将初烘叶趁热包揉，每包叶量约0.5kg，一手抓住布巾包口，另一只手压紧茶包向前团团滚动推揉，揉时用力"先轻后重"，要使茶叶在布巾内翻动，轻揉1min后，解散茶团，重揉至适度，使条形紧结，历时3～4min，初包揉后解去布巾，将茶团解散，以免闷热发黄。包揉（做形）有利于氨基酸、水浸出物、香气成分的增加。

（7）复焙　火温80～85℃，每个焙笼摊叶量0.5～0.8kg，焙时10min左右，其中翻拌2～3次，焙至茶条松散，有刺手感即可起焙。茶条太干，会增加碎茶；太湿，则茶条扁平。

（8）复包揉　一般手工包揉2min左右，揉至条形卷曲呈螺状。在复包揉中进行筛分，把松散的茶条和叶片进行第三次复焙和包揉。包揉后捆紧布巾，定形1h左右以利于条索紧结。

（9）足火　采取"低温慢烤"，温度70℃左右，烘量每次约1kg，焙至八九成干，下焙摊凉，使叶内水分重新分布。再进行第二道足火，60℃左右，焙至手折茶梗断脆，气味清纯即可下烘，稍经摊放后，装入茶缸或茶箱妥善保存。

（三）典型案例三：凤凰单丛加工技术

凤凰单丛是以宋种1号、宋种八仙、宋种东方红、宋种芝兰香、宋种蜜香单丛等单丛品种的鲜叶为原料，按以下加工工艺加工而成的青茶。

1. 原料（鲜叶）要求

鲜叶采摘标准为对夹二三叶，一般在新梢形成"小开面"后采适宜成熟度的嫩梢。凤凰单丛茶的加工考究，需采树龄在三年以上的茶树鲜叶，待对夹叶形成3～5d，采摘2～4叶新梢。

2. 加工工艺技术要求

加工工艺流程：萎凋→晾青→做青→炒青（炒茶）→揉捻→烘焙

（1）萎凋　茶青进厂后，先将其摊凉于室内竹帘或竹筛上，摊叶厚度约10cm，待叶温降低后再进行晒青或加温萎凋。晒青一般在晴天的15：00—

17：00进行。鲜叶均匀摊放，摊叶厚度小于3cm，气温22～28℃时，晒20～30min；28～33℃时，晒10min左右，晒青过程中翻拌2～3次。晒青时间长短应根据季节、气温、鲜叶含水量、阳光强弱等因素而定。均匀薄摊，以茶青不重叠为宜，气温22～28℃，晒15～20min，气温高于28℃不宜晒青。晒青适度时，叶色转暗绿、无光泽，叶质萎软，手摸柔滑，略有香气产生；嫩梢竖直，顶二叶下垂，鲜叶减重7%～15%。晒青不足时，成茶青条多，味苦涩，品质不佳。晒青过度时，叶子紧贴筛面，部分嫩叶泛红起皱，青叶不能“还阳”，成茶的色、香、味均较差。

（2）晾青　萎凋适度后，将2～3筛青叶并作1筛，摊叶厚约10cm，然后将水筛移到室内晾青架上。晾青的适宜温度为22～28℃，相对湿度为75%～85%，晾青时间1～2h。当气温超过30℃，需辅以空调降温至26℃，相对湿度80%，晾青1.5h。晾青摊叶厚度为3cm左右，晾青1.5～2.5h。晾青过程中不宜翻动青叶，也不宜在高温或当风处晾青。待青叶“还阳”即恢复紧张状态时为晾青适度，此时2筛并1筛，轻翻动后，堆成浅“凹”形，移入青间，准备做青。

（3）做青　做青是形成香高、味浓品质的关键性工序。

①做青方式：摇青有手工碰青、水筛摇青和机械摇青三种方式。手工碰青用双手对筛上的青叶进行上下抖动，使茶青相互碰撞摩擦，损伤叶缘细胞产生发酵作用；水筛摇青（简称筛摇）是采用竹篾制成的直径130cm、深28cm、网眼边长0.5cm的摇筛，手持筛沿前后摇动（两人面对面或一人操作），青叶呈波浪式滚动，使其相互碰撞以破损叶缘细胞；机械摇青（简称机摇）是用竹篾编制的长筒形摇笼摇青，摇笼规格为长200cm、直径75cm、网眼边长0.6cm。

②做青要求：做青间要求室温稳定，温度以24～28℃为宜，低于17℃或高于30℃要通过空调等设备调温，以利于做青。做青过程先碰后摇，碰青与摇青次数先少后多，用力由轻渐重，静置时间由短到长，摊叶厚度由薄到厚，一般为15～20cm。碰青要求手势要轻，手心向上，五指分开，勿贴筛底，轻捧叶片抖动翻滚。做青技术依晒青程度、天气状况和鲜叶原料等因素灵活掌握。晒青不足，做青时间长，需重摇；晒青过度，青叶红变快，做青需短时、轻摇；室温偏高，每次摇青时间或转数适当减少，轻摇，静置摊叶厚度宜薄，反之，则重摇、厚摊。与低山茶相比，高山茶要轻摇，摇青次数较少，一般凤凰单丛做青为5～6次。

③做青技术：做青是由碰青、摇青和静置3个过程往返交替数次进行，次数不低于4次，一般为5～7次。首先对晾青叶进行3次碰青，而后第4～6次为筛摇，每筛摊叶3～5kg；第7次为机摇，投叶量25～35kg。第3～6次静置时将叶子摊成“凹”状，使之均匀透气，叶片间温湿度基本一致，第7次机摇后将青叶收拢摊厚。做青过程中，青叶香气发生着一系列的变化：第1～3次，青叶以水青气为主；第4～5次，以青辣气为主，后期出现微花香甜味；第6～7次青气减少，花果甜香显露。

做青一般采用2次碰青、3次筛摇，技术参数及青叶变化见表6-15。大量生产时多摇笼做青，第一次摇1min，16～18r/min，摇青后将笼内青叶松翻，静置1.5～2h，摇青与静置交替进行5次，从第二次起每次摇青时间比前一次增加1min。各次摇青作用有所不同，第一次和第二次主要是促进青叶"还阳"，第三次和第四次主要是促使青叶"起红"（加速内含物质的生化反应），后几次摇青主要是促进香气的形成。做青适度叶呈汤匙状，清甜花蜜香显露，红边占叶面积的20%～30%。凤凰单丛的做青程度要求"二分红八分绿"，花香浓郁带甜香。

表16-15　凤凰单丛的做青技术参数及青叶变化

摇青次数	摇青方法	静置时间/h	气味变化	叶色变化
第1次	手碰，往返翻动3min，青叶平摊	1.5～2	稍显青臭气	变化不明显
第2次	手碰，轻动3～5min，青叶收拢	1.5～2	微显青臭气	叶齿尖微红
第3次	筛摇，摇15～20次，收拢青叶，中间呈凹状	2	微显香气	叶齿灼红一半
第4次	筛摇，重摇20～25次，收拢青叶，中间呈凹状	2～2.5	香气稍浓	叶齿全红
第5次	筛摇，看青叶变化轻摇或重摇、少摇或多摇	2.5～3	香气清甜	叶缘宽约1.5mm，红褐色

（4）炒青　炒青有手工和机械炒青两种方式。手工炒青锅口径65～70cm，炒青温度130～160℃，投叶量1.5～2.5kg；锅式杀青机口72cm，转速35r/min，投叶量4～5kg；90型滚筒式杀青机和110型滚筒式杀青机投叶量分别为15kg和20kg。锅式杀青机和滚筒式杀青机温度掌握在200～220℃。

炒青按"高温、快速、多闷、少扬"的原则进行，炒青时间根据茶树品种、季节、鲜叶嫩度和锅温等而定，一般为8～15min。凤凰单丛高档茶手工炒青，锅温130～150℃，先扬炒、再闷炒、后扬炒，历时10～15min。对于偏粗老、叶质较硬和韧性较强的鲜叶，可将炒青与揉捻交替进行，即两炒两揉。炒至叶张皱卷，叶色绿明，梗折不断，清香显露即可。

（5）揉捻　采用"温揉"，即炒青叶摊凉至30℃左右时进行揉捻。一般采用30型机、35型机和40型机，适宜投叶量分别为4kg、6kg和8kg；揉捻时掌握"轻—重—轻—重—轻"的原则，先轻后重，最后减压匀条，下机解块，及时烘焙。揉捻时间为8～15min，嫩青揉时较短，老青反之。揉捻适宜程度：条索紧结，茶汁溢出，细胞组织破损率为20%～40%。

按"轻—重—轻"的原则揉捻3～5min，下机解块理条，用双手捧青叶，甩成较直的条索。

（6）烘焙　烘焙机具有竹质焙笼、热风焙茶厨、手拉百叶板式烘干机和自动烘干机。烘焙分初焙、二焙和复焙。初焙和二焙应及时进行，以免青叶积压产生酸馊味，待烘叶也应摊放，以免产生闷味。烘焙时青叶需薄摊勤翻，使干度均匀。

初焙时，焙笼和焙厨温度为90～110℃，中间翻拌1～2次；烘干机风温120～130℃（快挡），烘至青叶手捏不黏，稍有刺手感即可摊凉进行二焙。二焙时，焙笼和焙厨温度为80～100℃，烘干机风温90～100℃（慢挡），青叶烘至八成干，摊凉1h后复焙。复焙采用焙笼或焙厨，温度60～90℃，其中花香型乌龙茶60～70℃、蜜香型80～90℃，中间翻拌2次。

烘焙时多采用炭炉多次烘焙法。初焙温度为95℃，每焙笼投叶量0.2～0.3kg，烘至五六成干后摊凉。二焙烘温80～90℃，投叶量0.4～0.6kg，烘至八成干后摊凉。复焙温度为60～70℃，投叶量为0.8～1.2kg，烘至九成干后摊凉。足火温度50～60℃，投叶量2～3kg，烘至足干。烘焙适宜程度：清香显露，梗折即断，茶叶手手捻呈粉末状，含水量4%～7%。

项目七　黑茶初制技术

黑茶一词，始见于明嘉靖三年（1524年），距今已有500余年历史。黑茶制品，有紧压茶和散装茶两种，紧压茶有黑砖、花砖、茯砖、青砖、康砖、金尖、方包等，散装茶有天尖、贡尖、生尖、六堡茶等。

视频23　黑茶品质特征

视频24　黑茶初加工技术

目前中国年产黑茶10万t，以湖南、四川、湖北、云南、广西、贵州等省（自治区）为主要产区，其中湖南产量最多，约占总产一半。因黑茶主要销往边区，习惯上又称为“边销茶”，是我国边疆少数民族人民的日常生活必需品，满足边区人民的需要，“宁可三日无食，不可一日无茶”便反映了茶对边疆少数民族人民的重要性。黑茶又常加工成砖形成品，因此也称为“紧压茶”“砖茶”。

黑茶的品质好坏，决定于鲜叶质量和制茶技术。黑毛茶因产地不同，种类也繁多，鲜叶品种和制茶方法的不同，形成了品质不一、形状多样的黑茶成品，但均具备以下共同特点。第一，鲜叶原料粗老，多为新梢形成驻芽制成，外形粗大，叶老梗大。例如湖南黑毛茶要求鲜叶一级以一芽二三叶为主，二级以一芽三四叶初展为主，三级以一芽四叶为主；老青茶鲜叶要求为当年新生的新梢；四川边茶鲜叶要求为当年新梢和老叶，而鲜叶多为采割的方法。第二，都有渥堆变色过程，有的是干坯渥堆变色，如湖北的老青砖和四川的茯砖等；有的采用湿坯渥堆变色，如湖南的黑茶和广西的六堡茶。第三，黑茶都需经过蒸压和缓慢干燥过程，反映在品质上，即干茶色呈褐色，汤色呈橙黄或橙红（带橙色），香味纯而不涩，叶底黄褐粗大。

任务一　鲜叶的分级和摊放

职业能力｜能准确进行黑茶的鲜叶原料分级工作和正确摊放鲜叶原料。

核心概念｜不同产地、等级黑茶所需鲜叶嫩度有不同。摊放是对进厂的原料及时摊开处理，避免由于堆放不合理，导致鲜叶失水过快或红变，影响黑茶品质特征的形成。

学习目标｜正确识别一芽一叶、一芽二叶、一芽三叶、一芽四叶、一芽五叶及对夹叶、茎梗基部带红梗和白梗新梢、红梗新梢、当年生红梗新梢等原料；正确判断原料的等级；理解鲜叶原料对茶叶品质的重要性。

（一）基础知识

不同地区的黑茶分级标准和方法有不同，但总体来说均是依据鲜叶的嫩度分级，不同产地、等级及其所需鲜叶要求如表7-1所示。

表7-1　不同产地、等级黑茶及其所需鲜叶要求

产地	等级	鲜叶要求
湖南	特级	一芽一叶或二叶
	一级	一芽二三叶
	二级	一芽三四叶初展
	三级	一芽四叶或同等嫩度的对夹叶
	四级	一芽五叶或同等嫩度的对夹叶
	五级	对夹五六叶
	六级	对夹叶驻梢或带红梗的成熟新梢
湖北	一级	嫩茎基部呈红色
	二级	红梗为主
	三级	当年生红梗
广西	特级	一芽一叶60%以上，其他同等嫩度鲜叶40%以下
	一级	一芽一二叶60%以上，其他同等嫩度鲜叶40%以下
	二级	一芽二三叶50%以上，其他同等嫩度鲜叶50%以下
	三级	一芽三四叶50%以上，其他同等嫩度鲜叶50%以下
云南	特级	一芽一叶70%以上，一芽二叶30%以下
	一级	一芽二叶70%以上，其他同等嫩度芽叶30%以下
	二级	一芽二三叶60%以上，其他同等嫩度芽叶40%以下
	三级	一芽二三叶50%以上，其他同等嫩度芽叶50%以下
	四级	一芽三四叶70%以上，其他同等嫩度芽叶30%以下
	五级	一芽三四叶50%以上，其他同等嫩度芽叶50%以下

（二）能力训练

1. 操作条件

操作条件如表7-2所示。

表7-2 操作条件

用途类别	设备、器具、材料	单位	数量
区分鲜叶等级	小簸箕	个	4
	单芽茶树鲜叶	kg	0.5
	一芽一叶茶树鲜叶	kg	0.5
	一芽二叶茶树鲜叶	kg	0.5
	一芽三叶茶树鲜叶带少量对夹叶、单片叶	kg	0.5

2. 安全注意事项

（1）操作前要穿好工作服。

（2）收拢小簸箕上的茶叶时，不要用手赶，以免有小篾刺扎伤手。

3. 操作过程

操作过程如表7-3所示。

表7-3 操作过程

步骤	操作方法及说明	质量标准及记录
判断鲜叶等级	将盛装不同等级的鲜叶容器贴上等级标签	正确区分单芽原料 □是 □否 正确区分一芽一叶原料 □是 □否 正确区分一芽二叶原料 □是 □否 正确区分对夹叶和单片叶原料 □是 □否
正确摊放定级后的鲜叶	将定级后的鲜叶进行摊放处理	摊放厚度不超12cm □是 □否 摊放时厚薄均匀 □是 □否

（三）问题情境

不同嫩度级别的原料进厂后如何贮放？

分级贮放，分开付制。

（四）学习评价

学习评价如表7-4所示。

表7-4 学习评价

项目	内容	配分	得分	批注
工作准备（10%）	能正确理解工作任务的内容	5		
	能查阅资料，确认相关技术标准	5		
工作过程（90%）	能在小组内开展有序的分工	10		
	能穿好工作服	5		
	能戴好工作帽	5		
	能准备必需的器具	15		
	能正确区分鲜叶原料的等级	20		
	能正确摊放鲜叶原料	20		
	能区分中大叶种原料与小叶种原料	15		

任务二 杀青

职业能力｜能正确进行黑茶鲜叶杀青工作和准确判别杀青程度。

核心概念｜黑茶杀青的目的与绿茶相同，均是利用高温制止酶的催化作用。不同类型、不同地区的黑茶原料，因鲜叶老嫩程度、品种等因素的影响，各类型、地区的黑茶杀青方式及参数略有差异。

学习目标｜能根据原料老嫩程度、产品等级不同，调节相应参数以及适当的揉捻程度；理解揉捻对茶叶品质的重要性。

（一）基础知识

1. 杀青原理

杀青原理是利用高温破坏酶的活性，以制止多酚类物质的酶性氧化。

2. 杀青方式及其参数

（1）由于新梢较老，水分含量低，不易杀匀杀透，所以在杀青前应先洒水（俗称“灌浆”），以增加杀青时水蒸气的穿透力、钝化内源酶的活性。

（2）一般每100kg鲜叶约洒水10kg，即茶与水比例大致为10：1。

（3）洒水灌浆时应边翻动、边洒水，尽量做到均匀一致，以便杀青能均匀杀透。露水叶、雨水叶和较嫩的原料，可以不洒水。

不同黑茶杀青方式及参数见表7-5。

表7-5　不同黑茶杀青方式及参数

杀青方式	设备	操作流程	适度判别
手工杀青	①大口径锅（口径80～90cm），炒锅斜嵌入灶中呈30°左右的倾斜面，灶高70～100cm； ②草把和油桐树枝丫制成的三叉状炒茶叉，三叉各长16～24 cm，柄长约50cm	①控温控量，锅温280～320℃，每锅投叶量4～5kg； ②鲜叶下锅后，立即以双手匀翻快炒，至烫手时改用炒茶叉抖抄，称为“亮叉”。当出现水蒸气时，则以右手持叉，左手握草把，将炒叶转滚闷炒，称为“握叉”。亮叉与渥叉反复交替进行2～3次，每次8～10叉，历时4～5min左右	待嫩叶缠叉，茶叶软绵且带黏性，色转暗绿，无光泽，青草气消除，香气显出，折粗梗不易断，且均匀一致，即为杀青适度
机械杀青	滚筒杀青机	温度达到杀青要求，即投鲜叶，操作方法与大宗绿茶杀青基本相同，但杀青温度要高于绿茶，杀青过程中不必开启排风扇，以增加闷炒的作用	杀青程度以叶色由青绿变为暗绿，青气基本消失，发出特殊清香，茎梗折而不断，叶片柔软，稍有黏性为适度。待杀青适度即可出机

（二）能力训练

1. 操作条件

操作条件如表7-6所示。

表7-6　操作条件

用途类别	设备、器具、材料	单位	数量
杀青	杀青机	台	1

2. 安全注意事项

（1）操作前要穿好工作服。

（2）手工杀青时切勿将手直接触碰锅壁感知温度，以免锅温过高烫伤。

（3）机械杀青时切勿将手直接伸入桶内感知温度，切勿直接在出口处头部伸入内查看杀青情况，以免锅温过高烫伤。

3. 操作过程

操作过程如表7-7所示。

表7-7　操作过程

步骤	操作方法及说明	质量标准及记录
杀青	摊放后的鲜叶进行杀青处理	杀青是否及时 □是　□否 杀青操作是否正确 □是　□否

续表

步骤	操作方法及说明	质量标准及记录
杀青	摊放后的鲜叶进行杀青处理	摊放叶是否达到杀青标准要求 □是 □否 杀青是否杀透杀均匀 □是 □否 杀青叶是否符合标准要求 □是 □否

（三）问题情境

黑茶的杀青什么时候要洒水灌浆？

由于黑茶鲜叶原料较粗老，鲜叶含水量较低，在杀青时不易杀透杀匀，洒水灌浆目的是利用高温产生水蒸气，利用水蒸气强穿透力，快速提高叶温，使杀青叶杀透杀匀。

（四）知识拓展

各种黑茶制法，都是在高温高湿的外因条件下，内含物质才能发生显著的变化，形成其品质特征。黑茶杀青的目的是高温破坏酶的活性，蒸发一部分水分，使叶质变软便于揉捻，但由于鲜叶较粗老，纤维素和半纤维素含量高，水分含量低。

杀青方法：一是“洒水灌浆”，利用水分产生高温蒸汽来提高叶温，使其杀匀、杀透；二是高温短时，由于高温短时内破坏酶的活性，制止了多酚类化合物的酶促氧化，保留了较多的有效成分。同时，黑茶鲜叶较老，鲜叶的纤维素和半纤维素含量高，在高温作用下可以软化或水解。所以，影响杀青的因素，以温度为最重要，其他因素则居于次要地位。

（五）学习评价

学习评价如表7-8所示。

表7-8 学习评价

项目	内容	配分	得分	批注
工作准备（10%）	能正确理解工作任务的内容	5		
	能查阅资料，确认相关技术标准	5		

续表

项目	内容	配分	得分	批注
工作过程（90%）	能在小组内开展有序的分工	5		
	能穿好工作服	5		
	能戴好工作帽	5		
	能准备必需的器具	10		
	能正确掌握杀青要求	15		
	能根据杀青要求正确设置杀青参数	20		
	能准确熟练操作杀青机进行杀青	10		
	能准确判别杀青程度	20		

任务三　揉捻

职业能力｜能正确进行黑茶鲜叶揉捻工作和准确判别揉捻程度。

核心概念｜黑茶揉捻分初揉和复揉两道工序。初揉使叶片初步成条，茶汁揉出黏附于叶的表面，为渥堆创造条件。复揉是把渥堆后回松的茶条卷紧。

学习目标｜能根据原料老嫩程度、产品等级不同，调节相应参数以及适当的揉捻程度；理解揉捻对茶叶品质的重要性。

（一）基础知识

不同产地黑茶揉捻方式及其参数见表7-9。

表7-9　不同产地黑茶揉捻方式及其参数

产地	揉捻方式	机型	投叶量	时间及转速	原则	适度判别
湖南	初揉	55型揉捻机	每桶20～25kg	时间15 min左右，转速37r/min左右	遵循“轻—重—轻”的原则。以松压和轻压为主，即采用“轻压、短时、慢揉”	以较嫩叶卷成条状，粗老叶大部分褶皱，小部分成“泥鳅”状，茶汁流出，叶色黄绿，不含扁片叶、碎片茶，丝瓜瓤茶和脱皮梗茶少，细胞组织破损率为15%～30%。
	复揉	55型揉捻机	每桶25～30kg	时间6～8min，转速40r/min左右	与初揉相同，但加压更轻、时间更短	一级茶、二级茶揉制条索紧卷，三级茶揉至“泥鳅”状茶增多，四级茶揉至叶片褶皱为适度

续表

产地	揉捻方式	机型	投叶量	时间及转速	原则	适度判别
云南	揉捻	55型揉捻机	每桶20～25kg	一级原料、二级原料轻柔5min，再加压5min，松压轻柔5min左右；三级原料、四级原料10min	遵循“轻—重—轻”的原则。以松压和轻压为主，即采用“轻压、短时、慢揉”	一级茶、二级茶条索紧卷，三级茶紧结，四级茶起皱褶。复揉后的茶坯不宜摊放过久，如不能及时干燥，要经常翻拌透气散热，以免影响茶叶品质
湖北	初揉	40型揉捻机和55型揉捻机	40型揉捻机每桶7～8kg，55型揉捻机每桶20～25kg	时间15min左右，转速37r/min左右	遵循“轻—重—轻”的原则。以松压和轻压为主，即采用“轻压、短时、慢揉”	老青茶必须趁热揉捻，一般由于杀青是闷杀，叶表面附着一些水分，不宜一开始重揉，否则叶子易互相贴紧，中间叶片不能翻动卷成条形。揉捻加压时要由轻到重，逐步加压，揉捻时间8～12min。当茶汁揉出，叶片卷皱，初具条形为适度
	复揉	40型揉捻机和55型揉捻机	40型揉捻机每桶15～20kg，55型揉捻机每桶25～30kg	小型揉捻机2～3min，中型揉捻机4～5min。采取由轻到重的加压方式，重压为主	遵循“轻—重—轻”的原则。以松压和轻压为主，即采用“轻压、短时、慢揉”	一级茶、二级茶条索紧卷，三级茶紧结，四级茶起皱褶。复揉后的茶坯不宜摊放过久，如不能及时干燥，要常翻拌透气散热，以免影响茶叶品质
四川	揉捻	中型揉捻机、大型揉捻机	中型揉捻机每桶15～20kg，大型揉捻机每桶25～30kg	分3次进行，第1次不加压揉捻3min，第2次、第3次加压5～6min	遵循“轻—重—轻”的原则。以松压和轻压为主，即采用“轻压、短时、慢揉”	待80%～90%的叶片卷曲成茶条即可。第1次使梗叶分离，第2次、第3次使叶片细胞破损和皱褶茶条
广西	揉捻	55型揉捻机和65型揉捻机	投叶量以加压后占茶机揉桶容积2/3为好	先揉10min左右，进行解块筛分，再上机复揉10～15min	遵循“轻—重—轻”的原则。以松压和轻压为主，即采用“轻压、短时、慢揉”	细胞组织破损不宜充分，以65%左右为宜

（二）能力训练

1. 操作条件

操作条件如表7-10所示。

表7-10 操作条件

用途类别	设备、器具、材料	单位	数量
揉捻	揉捻机	台	1

2. 安全注意事项

（1）操作前要穿好工作服。

（2）切勿靠近正在作业的揉捻机，以揉臂撞伤身体。

（3）机械揉捻时切勿将手直接伸入揉盘内抓茶叶，以免压伤手指。

3. 操作过程

操作过程如表7-11所示。

表7-11　操作过程

步骤	操作方法及说明	质量标准及记录
揉捻	杀青叶进行揉捻处理	揉捻是否及时 □是　□否 揉捻操作是否正确 □是　□否 杀青叶是否达到揉捻标准要求 □是　□否 揉捻叶是否符合标准要求 □是　□否

（三）问题情境

黑茶揉捻为什么趁热揉？

由于黑茶鲜叶粗老，叶片组织比较坚硬，富于黏结性的水溶性果胶物质含量少，加上纤维素含量高，质地粗硬。但当高温加热杀青后，叶片受湿热的综合作用，多糖分解，细胞膨压降低，原果胶物质在水热作用下，部分分解为水溶果胶，并带有一定程度的黏着性。采取趁热揉捻，能塑造出良好的外形。

（四）知识拓展

在揉捻过程中的理化变化，最显著的是茶坯体积缩小，重量略有减轻。揉捻叶在揉捻前后重量变化的测定，初揉一般减重3%左右，复揉减重1.5%左右，水分的散失是微小的，尤其是复揉散失水分更少，主要是在渥堆中采取了保水的措施。但在揉捻过程中，残余酶的活化有所加强，这主要是由于鲜叶梗粗叶老，杀青时间较短且翻炒不匀，没有彻底破坏酶促作用所致。

（五）学习评价

学习评价如表7-12所示。

表7-12 学习评价

项目	内容	配分	得分	批注
工作准备（10%）	能正确理解工作任务的内容	5		
	能查阅资料，确认相关技术标准	5		
工作过程（90%）	能在小组内开展有序的分工	5		
	能穿好工作服	5		
	能戴好工作帽	5		
	能准备必需的器具	10		
	能正确掌握揉捻要求	10		
	能根据揉捻要求正确设置杀青参数	20		
	能准确熟练操作揉捻机进行杀青	15		
	能准确判别揉捻程度	20		

任务四　渥堆

职业能力｜能正确进行黑茶鲜叶渥堆工作和准确判别渥堆程度。

核心概念｜渥堆是黑茶初制中的特有工序，也是黑毛茶品质形成的关键工序。渥堆是将揉捻叶堆积12～24h，在茶叶内湿热和微生物的共同作用下，内含成分发生一系列深刻的氧化作用、分解作用，形成黑茶独特品质的过程。

学习目标｜能根据原料老嫩程度、产品等级不同，调节相应参数以及适当的渥堆程度；理解渥堆对黑茶品质的重要性。

（一）基础知识

1. 渥堆方式

渥堆要选好渥堆场地，应选择背窗洁净的地面，避免阳光直射，室温在25℃以上，相对湿度保持在85%左右的环境下进行。将初揉后的茶坯立即堆积起来，堆高70～100cm，上面加盖湿布等物，以便保温保湿。

2. 渥堆程度的判断

不同产地的黑茶渥堆程度不同。例如湖南黑茶在渥堆完成时，茶坯表面出现水珠，叶子色泽已变成黄褐，青气消除，发出甜酒糟香气，手伸入堆内感觉发热，茶堆表层出现水珠，叶片黏性不大，对光透视呈竹青色而透明，云南黑茶与之相同；湖北黑茶渥堆完成时堆顶满布猪肝色水珠，叶色变为猪肝色，茶梗变红，即为第一次渥堆适度；四川黑茶渥堆完成时叶色由暗绿转化为淡黄为度，待叶色转为深红褐色，堆面出现水珠，即可开堆。

（二）能力训练

1. 操作条件

操作条件如表7-13所示。

表7-13　操作条件

用途类别	设备、器具、材料	单位	数量
渥堆	渥堆室	间	1

2. 操作过程

操作过程如表7-14所示。

表7-14　操作过程

步骤	操作方法及说明	质量标准及记录
渥堆	揉捻后的鲜叶进行渥堆处理	渥堆是否及时 □是　□否 渥堆操作是否正确 □是　□否 揉捻叶是否达到杀青标准要求 □是　□否 渥堆叶是否符合标准要求 □是　□否

（三）知识拓展

影响渥堆的因素有茶堆松紧、茶坯含水量、叶温高低、环境温度以及供氧条件等，对黑茶品质的形成有密切关系。渥堆开始是在湿热作用下进行的，因此，适宜的渥堆条件：相对湿度85%左右，室温一般应在25℃以上，茶坯水分含量保持在65%左右，水分过多容易沤烂；水分过少，则渥堆进行缓慢，并且化学转化不均匀。同时，还要一定的空气流通，以保持渥堆过程中茶叶内含成分的适度氧化。

（四）学习评价

学习评价如表7-15所示。

表7-15 学习评价

项目	内容	配分	得分	批注
工作准备（10%）	能正确理解工作任务的内容	5		
	能查阅资料，确认相关技术标准	5		
工作过程（90%）	能在小组内开展有序的分工	5		
	能穿好工作服	5		
	能戴好工作帽	5		
	能准备必需的器具	10		
	能正确掌握渥堆要求	15		
	能根据渥堆要求正确设置杀青参数	20		
	能准确熟练操作渥堆工作	10		
	能准确判别渥堆程度	20		

任务五 干燥

职业能力｜能正确进行黑茶干燥工作和准确判别各品类黑茶干燥程度。

核心概念｜黑茶的干燥与其他茶类目的相同，主要是散失水分，巩固已形成的品质特征。同时，在干燥过程中，进一步发展和形成黑茶特有的品质风格。但黑茶干燥方式因产地不同、风格各异。

学习目标｜能根据黑茶品类不同，采取适当干燥方式以及适当的干燥程度；理解干燥对黑茶品质的重要性。

（一）基础知识

干燥方式及其参数如下。

（1）传统干燥　黑茶传统的干燥方法有别于其他茶类，在专用的“七星灶”上采用松柴明火烘焙，分层累加湿坯和长时间一次干燥法，使黑茶形成油黑色并带松烟香，俗称“松茶”。

七星灶由灶身、火门、七星孔、匀温坡和焙床5个部分组成。烘焙时，先将焙帘和匀温坡打扫干净，然后生火。将松柴（不可用其他燃料）以堆架方式摆在灶口处，然后点火燃烧，保持均匀火力，借风力使火温透入七星孔内，沿着匀温坡使火均匀地扩散到焙床上的焙帘上。当焙帘温度升到70℃以上时，开始撒上第一层湿坯，厚度2～3cm，注意要撒得匀不留空隙，待第一层茶坯烘到六七成干稍有刺手感时再加第二层茶坯，撒叶厚度较第一层稍薄，照这样一层一层地加到5～7层，总的厚度不超过焙篚的高度，约18～20cm，不超过焙篚高度。待最上面一层茶坯达到七八成干时，进行退火翻焙。翻焙用特制铁叉，将已干的底层翻到上面，将尚未干的上层翻至下面去。继续升火烘焙，待上、中、下各层茶叶干燥到适度，即行下焙。茶梗易折断，手捏叶可成粉末，干茶色泽油黑，松烟香气扑鼻时，即为适度。干毛茶下焙后，置于晒簟上摊凉至与室温相同后，及时装袋入库。

（2）日光晒干　当茶叶含水量在10%左右时，就可以通过较长时间的保存，且有利于向普洱茶品质特征发展。晒青茶加工厂应有足够的专用晒场。晒场可用水泥、地砖、竹木等材料建成，应光洁无污垢，并配备冲洗设施，使用前后要及时冲洗干净。晒青茶干燥也可用清洁的摊笆，将揉捻叶薄摊在摊笆上，在强烈日光下晒30～40min，移至阴凉处摊放10～15min，再晒1～2次至足干。为使茶条紧结，中途可复揉1次。

（3）自然干燥　普洱茶的干燥宜用室内发酵堆开沟通风法进行干燥。当茶叶含水量在20%以上时，必须每天开一次沟；茶叶含水量在14%～20%时，每隔3～5d开一次沟。第一阶段按每隔50～80cm顺序开沟，顺序开沟结束后按反方向进行交叉开沟，如此循环往复至含水量达14%以下，即可起堆进行筛分。

（二）能力训练

1. 操作条件

操作条件如表7-16所示。

表7-16　操作条件

用途类别	设备、器具、材料	单位	数量
干燥	干燥机	台	1
	干燥设备或干燥房	台或间	1

2. 操作过程

操作过程如表7-17所示。

表7-17　操作过程

步骤	操作方法及说明	质量标准及记录
干燥	渥堆后的鲜叶进行干燥处理	干燥是否及时 □是　□否 干燥操作是否正确 □是　□否 渥堆叶是否达到干燥标准要求 □是　□否 干燥是否符合标准要求 □是　□否

课后练习题

（一）选择题

1. 鲜叶保鲜技术的关键主要是控制两个条件，一是保持低温，二是（　）。

A. 适当空气流通　B. 适当降低鲜叶含水率

C. 适当薄摊　D. 适当摊放

2. 鲜叶有一定的成熟度，一般多在顶芽形成驻芽时采摘是（　）的鲜叶原料要求。

A. 黑茶　B. 黄茶　C. 白茶　D. 绿茶

3. 黑茶的鲜叶原料一般要比其他茶类鲜叶（　）。

A. 老　B. 嫩　C. 相同　D. 没法比

4. 杀青过程中，较少的散失水分称为（　）。

A. 老杀　B. 嫩杀　C. 干杀　D. 湿杀

5.（　）茶杀青前需要洒水灌浆。

A. 绿茶　B. 乌龙茶　C. 红茶　D. 黑茶

6. 黑茶洒水灌浆的茶水比例为（　）。

A. 10∶1　B. 1∶50　C. 5∶1　D. 20∶5

7. 闷杀是为了（　）叶温，迅速破坏酶的活性，达到杀匀、杀透、杀快的目的。

A. 提高　B. 降低　C. 保持　D. 快速提升

8. 滚筒杀青机作业时，刚开始筒体温度较高，可先投入（　）鲜叶。

A. 极少量　B. 少量　C. 多一些　D. 正常量

9. 关于杀青时间以下说法正确的是（　）。

A. 嫩叶长　B. 老叶长　C. 嫩叶短　D. 一样

10. 揉捻叶碎度大主要是揉捻（　）。

A. 加压不足　B. 加压过重　C. 揉捻时间短　D. 空压过长

11. 下列属于热揉优点的是（　）。

A. 叶色易变黄，并有水闷气功　B. 能保持良好的香气

C. 能保持良好的色泽　D. 揉捻容易成条

12. 热揉的缺点是（　）。

A. 有利于淀粉水解　B. 有利于纤维素软化

C. 容易成条　D. 叶色易变黄，并有水闷气

13. 揉捻投叶量一般为揉桶容积的（　）。

A. 60%～65%　B. 70%～75%　C. 85%～90%　D. 95%～100%

14. 茯砖茶加工需通过特定环境控制和培养一种被称为（　）的黄色菌落。

A. 黑曲霉　B. 冠突散囊菌　C. 假丝酵母菌　D. 青霉

15. 传统的泾阳茯茶的“发花”，采用自然堆码升温保湿，发花又称为（ ）。

A. 桑花垒花 B. 金花 C. 冠突散囊菌 D. 丝瓜瓤

16. 云南普洱茶中晒青毛茶渥堆发必须（ ）。

A. 蒸茶 B. 压模 C. 筛分切 D. 看茶潮水

17. 六堡茶渥堆发酵中起主要作用的微生物是（ ）。

A. 酵母菌 B. 青霉 C. 黑曲霉 D. 冠突散囊菌

18. 黑茶渥堆温度需（ ）。

A. 25℃以上，45℃以下 B. 20℃以下，10℃以上

C. 25℃以上，30℃以下 D. 35度以上，40℃以下

19.（多选）黑茶干燥方法主要有以下几种（ ）。

A. 晒干 B. 明火烘干 C. 机械干燥 D. 烘青

（二）判断题

1. 用于制作黑茶鲜叶原料越嫩茶叶品质越好。（ ）

2. 制作黑茶鲜叶在采摘过程中无需注重清洁，鲜叶表面附着的微生物越多越有利于渥堆微生物生成。（ ）

3. 滚筒杀青机的工作原理：鲜叶连续不断送入加热旋转的滚筒一边前进，一边吸收热量，蒸发水分；在筒壁热量和水分蒸发所保持的热量作用下，鲜叶中酶的活性迅速终止，达到杀青的目的。（ ）

4. 嫩杀指杀青程度轻些，鲜叶减重率少些；老杀指杀青程度重些，鲜叶减重率多些。（ ）

5. 所谓热揉就是杀青叶不经摊凉而趁热揉捻。（ ）

6. 所谓冷揉就是杀青叶出锅后摊放一段时间，使杀青叶叶温下降到一定程度后再揉捻。（ ）

7. 黑茶揉捻需趁热揉捻。（ ）

8. 热揉是指杀青叶未经过摊放趁热揉捻，获得的茶叶色绿、香高。（ ）

9. 影响渥堆的因素主要是水分、温度和氧气。（ ）

10. 普洱茶渥堆时，嫩茶量宜少，堆宜高，老茶量多堆大，堆宜低。（ ）

11. 普洱茶渥堆的高度控制在70～100cm。（ ）

12. 再干燥的主要作用除蒸发水分外，还可以提高茶叶的色、香、味、形。（ ）

13. 干燥的主要作用是除去茶叶多余水分，紧结外形，提高茶叶的色、香、味，是关系到精茶质量和制率的重要作业。（ ）

14. 影响干燥效果的主要因素是含水量、干燥时间和火温。（ ）

（三）简答题

1. 安化黑茶与普洱茶在原料上有何区别?

2. 加工安化黑毛茶的鲜叶原料嫩度要求分别是什么？
3. 黑茶杀青洒水灌浆的目的是什么？
4. 湖南黑茶与云南黑茶杀青有何异同点？
5. 影响黑茶揉捻质量的因素有哪些？
6. 黑茶揉捻为什么趁热揉？
7. 黑茶加工过程中渥堆的目的是什么？
8. 普洱熟茶渥堆前期潮水的目的是什么？
9. 简述影响传统黑茶干燥的因素。
10. 简述干燥对黑茶品质的影响。

思政小课堂

课程思政7：茶人精神——匠心育人 甘玉祥

拓展阅读

（一）典型案例一：安化黑毛茶加工技术

安化黑毛茶是以湖南省益阳市内的安化、桃江、赫山、资阳4个区（县）内部分乡镇的无公害茶园内种植的安化云台山大叶种、槠叶齐、安化群体种等适制安化黑茶的茶树品种的鲜叶为原料，按以下加工工艺加工而成的黑茶。

1. 原料（鲜叶）要求

安化黑毛茶分为特级、一级、二级、三级、四级、五级、六级，共7个等级。

（1）加工安化黑毛茶的鲜叶原料嫩度要求　特级黑毛茶以谷雨前后的一芽一叶或一芽二叶鲜叶为主；一级黑毛茶以谷雨后或4月下旬一芽二三叶的鲜叶为主；二级黑毛茶以立夏前后或5月上旬一芽三叶和一芽四叶初展鲜叶为主；三级黑毛茶以5月中旬前后一芽四叶或同等嫩度的对夹叶为主；四级黑毛茶以小满前后一芽五叶和同等嫩度的对夹叶为主，稍带嫩梗；五级黑毛茶以春茶末以后的对夹五六叶及部分嫩梢为主；六级黑毛茶以芒种后采下的对夹叶驻梢及带红梗的成熟新梢为主。加工安化黑毛茶的鲜叶原料须严格按验收标准收购，杜绝用品质劣变的鲜叶加工安化黑毛茶。

（2）黑毛茶品质要求　干茶色泽黑褐油润，香气纯正或略带松烟香，汤色橙黄明亮，滋味醇和微涩，叶底绿褐或黄褐调匀。

2. 加工工艺技术要求

加工工艺流程：摊青→杀青→初揉→渥堆→复揉→干燥

（1）摊青　鲜叶采收后应合理贮青，贮青场地应洁净，保证鲜叶不与地面直接接触。贮青时鲜叶摊放厚度一般不超过30cm，摊青时间为2～6h。加工四级以下的黑毛茶或者立夏以后加工黑毛茶时，鲜叶可不经摊青即进行杀青。

（2）杀青　安化黑毛茶的鲜叶原料大多成熟度较高，叶质较粗硬，含水量低，杀青时不容易杀透杀匀，通常需要在杀青前对鲜叶原料进行洒水加湿处理，俗称"洒水灌浆"（也叫"打浆"或"灌浆"）。洒水量一般为鲜叶重量的10%左右，实际操作时应根据鲜叶的老嫩程度、采茶季节和天气情况灵活掌握，按照"嫩叶少洒，老叶多洒；春茶少洒，夏茶、秋茶多洒；细嫩芽叶、雨水叶、露水叶不洒"的原则进行。注意要边洒水，边翻拌鲜叶，使洒水均匀一致，叶面、叶背都要有水附着，以水不往下滴为度。

传统杀青方法为手工杀青。手工杀青时一般采用大铁锅进行，锅口径80～90cm，灶台高70cm左右，铁锅按斜度30°左右安装固定。备好杀青用的草把和特制的三叉状的炒茶叉。杀青锅温为280℃左右，叶量为4～5kg。鲜叶下锅后，先用双手均匀快炒，炒至烫手时改用炒茶叉抖炒，俗称"亮叉"。当蒸汽大量出现时，则以右手持叉，左手握草把，将炒叶转滚闷炒，俗称"握叉"。"亮叉"以散发水分，防止产生水闷气；"握叉"使叶温升高，达到杀青匀透。如此反复进行。当炒至茶叶嫩叶缠叉，叶片柔软带黏性，茶梗折而不断，叶色由青绿转为暗绿，青草气消除，并散发出一定的清香时即为杀青适度。迅速用草把将茶叶从锅中扫出，装入竹筐或簸箕内，趁热进入揉捻工序。杀青时间约4min，若叶色青绿，茶梗还易折断，则为杀青不足；若叶色发黄或焦灼，清香消失，则为杀青过度。

目前采用机械杀青，常用CS-80型滚筒杀青机或CS-90型滚筒杀青机，当滚筒内壁温度达到280℃时开始投叶，依据鲜叶的老嫩、含水量多少，调节投叶速度，以保证杀青适度。

（3）初揉　黑茶揉捻分初揉和复揉两次进行。初揉是在杀青后进行，杀青叶出锅后，不经摊凉即装入揉桶趁热进行揉捻，目的是使叶片初步卷紧成条，破损叶细胞，使茶汁附于叶子的表面，为进行后续渥堆工序创造有利条件。加工特级黑毛茶、一级黑毛茶时，初揉采用55型揉捻机或60型揉捻机，投叶量为揉桶的3/4；加工二级以下黑毛茶时，应适当加大投叶量。采用较大型的揉捻机有利于增加投叶量，叶温也不会下降太快，如此成条效果好，工作效率高。揉捻要掌握"轻压、短时、慢揉"的原则，按照"轻—重—轻"的原则加压，初揉掌握10～15min即可。实践中，揉捻时间的长短和加压的轻重还应根据鲜叶原料的老嫩和揉捻机型号等而酌情变化。一般特级茶、一级茶、二级茶初揉时先轻揉4min，再加中压5min，然后松压轻揉4min左右为适度；三级茶以下，原料成熟度高，叶质较粗老，整个揉捻时间可缩短到10min左右。初揉达到嫩叶成条，老叶大部分呈皱状，小部分呈“泥鳅条”状即可，细胞破损率约20%。

（4）渥堆　渥堆是黑茶加工中的特有工序，也是形成安化黑茶特有品质的关键性工序。渥堆过程中，在水分、温度和氧气的综合作用下，叶内所含物质发生深刻的理化变化，叶色变为黄褐，青涩味减轻，形成黑毛茶特有的色、香、味。渥堆应在背窗、洁净的地面上铺篾垫进行，避免阳光直射，室温要求25℃以上，空气湿度85%左右。特级茶、一级茶加工时，初揉后解散团块，堆在篾垫上，厚度为15～25cm，适当筑紧，上面加盖湿布等覆盖物，以保温保湿。渥堆过程中，视堆温变化情况，适时进行1～2次翻堆。二级茶以下初揉后，茶坯不经解块立即堆积起来，适度压紧，茶坯堆高60cm～1m，上面加盖湿布等覆盖物，以保温保湿。一般要求茶坯含水量在65%左右，如果揉捻叶过干，可在堆面上洒些清水。渥堆的适宜堆温以30～40℃，不超过45℃为宜。若堆温超过45℃则需翻堆，防止茶坯渥坏。渥堆时间春季16～24h，夏秋季8～16h。当茶堆表面出现水珠，叶色由暗绿转为黄褐，叶片对光透视时呈透明的竹青色，带有酒糟气或刺鼻酸辣气味，手伸入茶堆感觉发热，茶团黏性变小，一打即散，即为渥堆适度。若闻到馊酸、沤闷、杂异等不愉快气味，手摸渥堆叶有泥滑感，用手搓揉叶子时叶肉叶脉分离，形成丝瓜瓤状，叶色变得乌暗，则表明渥堆过度；若茶坯叶色花杂或尚呈黄绿色，有粗青气味，手握茶坯黏性大，茶团不易解散，则表明渥堆还不足，须继续渥堆至适度。

（5）复揉　因渥堆后的茶条有回松现象，需经复揉使茶条卷紧。渥堆适度的茶坯经解块后进行复揉，压力较初揉稍小，时间更短，特级茶、一级茶更须轻揉，复揉时间只需6～10min。二级茶以上黑毛茶，要求达到条索基本卷紧成条，二级茶以下以呈“泥鳅条”状或呈折叠状为适度。经复揉的茶叶细胞破损率应达到30%以上。复揉后的茶坯不宜摊放过久，如不能及时干燥，则要注意及时多次翻拌茶坯，透气散热，以免沤坏。

（6）干燥　安化黑毛茶干燥有日光晒干、七星灶烘焙、自动烘干机烘干、焙笼烘干等方式。安化黑毛茶干燥传统工艺采用七星灶分层累加湿坯、一次干燥，耗时较长。七星灶由灶身、火门、七星孔、匀温坡、焙床等部分组成。烘茶前要先将焙帘和匀温坡等打扫干净，再开始生火烘茶。烘焙时在灶口处燃烧松柴，保持火力均匀，借助风力使火力均匀透入七星孔内（不能透入明火），借助匀温坡，使灶面焙帘上各处温度均匀一致。当焙帘上部温度达到70℃以上时，开始撒上第一层湿茶坯，厚度2～3cm，注意茶坯要洒得均匀，不留空隙。待第一层茶坯烘至约六七成干稍有刺手感时，再加第二层湿坯。洒叶厚度较第一层稍薄，如此一层一层地加到5～7层，总厚度不超过焙筐的高度，为18～20cm，待最上面一层茶坯达到七八成干时，把柴火向灶后退出一点，进行翻焙，即把上层茶翻到底层，将底层茶翻到上层，翻焙用特制的铁叉，右手持叉斜插至底层，左手压住铁叉上面的茶坯，将已干的第一层茶翻至上层，尚未干的第六层、第七层翻至下层，继续升火烘焙，待上、中、下各层茶叶均达到足干后下焙。下焙时毛茶水分含量在8%左右，烘焙时间约4h。干燥适度的标志为叶色油黑调匀，梗易折断，捏叶成粉末，干嗅有锐鼻的松烟香。如果干茶色泽尚带墨绿而不油黑，则是由于渥堆不足，可喷洒少量清水，使之回潮后再上七星灶烘焙。干毛茶下焙后，置于篾席上摊凉至室温后，装袋入库。

目前，多数企业已经改用烘干机干燥方式加工安化黑毛茶，采用自动烘干机分两次烘干，初烘温度130～140℃，复烘温度110～130℃，烘至茶梗易折断，手捏叶片可成粉末为适度。用细嫩鲜叶原料加工特级黑毛茶时，也有采用木炭火焙笼烘干的。

有条件的茶厂通常采用日晒的方式干燥黑毛茶，可节省大量能源。日晒黑毛茶的场地要求水泥地，且铺上篾制晒席，以保证茶坯卫生。铺叶和翻晒方式基本与七星灶干燥方式类似，以分层叠加湿坯，一次性晒干品质较好。也有晒至八九成干后，采用七星灶复干，可使茶坯色泽更加黑润调匀，并带有松烟香。

（二）典型案例二：贵州茯砖茶加工技术

贵州黑茶是以贵州省的茶树鲜叶为原料经摊青、杀青、揉捻、渥堆、发花干燥等加工工艺制作而成的黑茶产品。

1. 原料（鲜叶）要求

春末夏初鲜叶，以一芽二三叶为主，含少量一芽三四叶，新鲜无异杂物。

2. 初制加工工艺技术要求

初制加工工艺流程：摊青→杀青→揉捻→解块→渥堆→干燥

（1）摊青　将茶青摊放于清洁卫生摊青槽，厚度20cm左右，若室温较高、摊青叶应适当增厚，或在茶青表面适度洒水以保持茶青活性，摊放时间6～12h，至鲜叶失去光泽，叶梗柔软，无青草气、清香显露。

（2）杀青　杀青的杀青机滚筒温度控制在320～380℃，若摊青叶水分少，可按10%左右比例洒水，利用蒸汽的穿透力达到较好的杀青效果。

（3）揉捻　选用55型揉捻机、65型揉捻机，茶青趁热揉捻，投叶量以适度压紧装满筒体为宜，揉捻时间50～60min，揉捻时以“轻—重—轻”为加压原则，85%以上成条、有少量茶汁揉出为适度标志。

（4）解块　使用解块机解块。

（5）渥堆　将成条后的茶叶装入渥堆仓中，渥堆时间24～36h，中间需翻堆一次，以保证里外均匀，茶条色泽变黄绿、手捏湿滑不粘手、略微有酒糟味散发为渥堆适度标志，及时开堆散热并干燥。渥堆宜轻不宜重，过重则出现酸味，渥堆期间可用棉布覆盖保温，禁用塑料布等不透气材料。

（6）干燥　用链板烘干机连续三次进行烘干，第一次温度125℃左右，时间15min；第二次温度105℃左右，时间15min；第三次温度90℃左右，时间10～20min。

3. 精制发花工艺技术要求

精制发花工艺流程：精制→拼配→加水渥堆→称量→汽蒸→压制→发花干燥

（1）精制

①筛分：圆筛，茶叶按长短分为不同规格等级。

②齿切：平圆筛头茶较粗大，利用齿切机将其切短成合适长度，再次过筛，形成合适的规格。

③色选：梗及黄片等被分离出来，色泽黑褐均匀。

（2）拼配　根据市场定位，按比例拼配。

（3）加水渥堆　渥堆前对拼配好的茶叶加入适量清水，一般茶水比约为100∶20，要反复翻堆，确保均匀。渥堆厚度50～120cm（嫩度高，厚度薄），温度（40±2）℃、时间2～5d。

冬天室温较低时应适当延长渥堆时间以保证渥堆效果，夏天室温较高则应及时翻堆散热以防茶叶高温碳化导致品质降低。

（4）称量　对该批渥堆叶含水量进行检测，计算出一片干燥后净含量固定的茶砖在汽蒸前应称取的重量，按要求准确称取。

（5）汽蒸　高温蒸汽汽蒸称量好的渥堆叶，时间20～30min。

（6）压制　汽蒸后的茶叶趁热快速灌入模具，压制成砖片形状，茶砖经1～2h的冷却，定形。

（7）发花干燥　冷却定形完成的茶砖送入烘房，茶砖互相间距1～2cm，定期翻动，烘房温度恒定在（28±1）℃，湿度控制70%左右，时间10～15d。发花完成的茶砖及时升温干燥，每天增加1～2℃，逐步升温直到40℃，保持温度直至茶砖干燥，含水量≤13%时，可出烘入库，包装。

项目八　花茶加工技术

视频25 茉莉花茶传统窨制工艺

花茶又名香片，即将植物的花或叶或其果实泡制而成的茶，是中国特有的一类再加工茶。花茶起源于中国，但是花茶最早的起源是从茶加香开始，并不是一开始就被称为花茶。宋代蔡襄《茶录》中记载："茶有真香而入贡者微以龙脑和膏，欲助其香。……"宋代谢维新的《古今合璧事类备要别集》中写道："茉莉花开时在夏秋间，六七月始盛。今人多采之以熏茶，或蒸取其液以代蔷薇，或捣而为末以和面药，其香可宝。"可见宋代开始，中国人就已经采用茉莉花等香花窨制花茶。此后，元代倪瓒的《云林堂饮食制度集》、明代朱权的《茶谱》等史籍中也记载了茉莉花茶及其制作方法。茉莉花茶真正大量生产，畅销全国各地是始于清咸丰年间（1851—1861年），由福州开始。

以茉莉花熏茶，福州方言谓"窨"。据庄晚芳先生在书中记载，先将单瓣茉莉花处理，促进开放，筛去未开的花蕊，留下含蕊初放的花。窨制一般在夜间进行，先以花分层间于茶中，微火熏之，使茶收花的香气，每百斤茶需要2.5～15kg的花，最后一次称为提花，用3.5～4kg的花。窨时一层花一层茶，堆积6～7层，经过4～5h方倾出，通风、混合后再堆积数小时，然后筛出花渣，再行烘焙，凡经三窨，方为上品。茉莉花须在上午之前采摘，15：00前须运达茶厂，因茉莉花在傍晚怒放，香气挥发，以之熏茶有效。

目前，全国茉莉花茶总产量约11.41万t，其中广西横州市产量8万t以上，位列四大产区第一；福建福州市产量约1.79万t，位列第二；四川犍为县、云南元江哈尼族彝族傣族自治县分别位列第三和第四。在内销市场，广西横州茉莉花茶长期位于市场主流，占市场销量的70%左右。

根据提供的绿茶品种不同，故窨制的茉莉花茶也分不同品种，如茉莉雀舌、双烘香片、茉莉雨前、茉莉毛尖、茉莉银毫、茉莉明前等十多个品种。100多年来，选作窨茶的香花除茉莉花外，还有玉兰花、珠兰花、树兰花、桂花、玫瑰花、柚花和栀子花等。用玉兰花窨茶称玉兰花茶，多用中级茉莉花茶打底，使香更浓郁。

任务一　茶坯的处理

职业能力｜能准确进行花茶茶坯处理，确保茶坯符合花茶加工的技术要求。

核心概念｜花茶加工所用到的茶坯一般为精制后的毛茶，茶坯处理主要是茶坯的复火干燥和摊凉，实现对起窨茶坯的水分控制和温度控制，最大限度激活茶坯的吸附能力。

学习目标｜能正确对茶坯进行干燥处理，准确判断茶坯水分含量和温度；能正确判断付窨时机，掌握茶坯处理适度方法的标准知识。

（一）基础知识

茶叶的吸附特性主要包括物理吸附和化学吸附两种类型。

（1）物理吸附　是利用分子之间的相互作用力实现的，其特点是吸附速度快，能很快达到平衡，同时也可以通过降低压力，使吸附物质解吸。物理吸附没有选择性，只要条件合适，任何固体都能吸附气体。

①表面吸附作用：固体的表面吸附能力与其表面积成正比。茶叶的比表面积大，因此具有较强的吸附能力。不同级别茶坯的比表面积不同，对物质的吸附量也不同。一般来说，细嫩茶坯吸附能力较强，配花量要多，但是吸附作用慢，需要较长的窨制时间；粗老茶坯吸附能力较弱，配花量要少，但是吸附作用快，需要采用较短的窨制时间。

②毛细管凝结作用：所谓毛细管凝结，是当蒸汽或气体在多孔物体表面被吸附时，由于在较小的孔道内弯曲液面上的蒸汽压较小，使得气体比在平面液体上更容易凝聚的现象。茶叶具有很高的孔隙率，是一种多孔性固体饮料，在干燥状态下，内部有大量毛细管存在，因此可以吸附大量芳香物质。一般来说，叶质嫩的孔隙多而小，吸附能力强；叶质老的孔隙少而大，吸附能力弱。

（2）化学吸附　涉及茶坯中的化学成分与花香成分之间的结合，这种结合相对更为稳定。例如，茶叶中的茶氨酸、多酚类化合物、咖啡因等物质可以与花香成分形成氢键，从而实现化学吸附。化学吸附与化学反应类似，需要一定的能量才能实现，所以吸附速度较慢。同时，固体表面与吸附质之间需要形成化学键，所以化学吸附总是单分子层的，具有较高的化学转移性，并且吸附不可逆，难以解吸附。

（3）茶坯处理的方法　复火时，一般采用烘干机，风口温度一般为100～110℃，摊叶厚度2～3cm，时间约10min。复火后水分控制在3.5%～5%，高档茶一般控制在3.5%～4.5%，中低档茶控制在4%～5%。

复火后的茶坯温度可达到80～90℃，必须进行摊凉散热之后才能窨花。生产上，将复火后的茶坯立即摊凉，待茶坯的温度高于室温1～3℃且较稳定时即可付窨。如果不能及时付窨，应当在茶坯高于室温2～4℃时装袋，袋口敞开，控制茶坯温度达到付窨要求。

（二）能力训练

1. 操作条件

操作条件如表8-1所示。

表8-1　操作条件

用途类别	设备、器具、材料	单位	数量
花茶茶坯处理	大簸箕	个	1
	烘青绿茶茶坯	kg	0.5
	茶叶提香机（烘干机）	台	1
	大布袋	个	1
	线手套	双	1

2. 安全注意事项

（1）操作前要穿好工作服。

（2）收拢大簸箕上的茶叶时，不要用手赶，以免有小篾刺扎伤手。

（3）使用茶叶提香机（烘干机）时防止热气烫伤。

3. 操作过程

操作过程如表8-2所示。

表8-2　操作过程

步骤	操作方法及说明	质量标准及记录
茶坯的复火	打开茶叶提香机（烘干机），将温度设定至100～110℃，待出风口温度达到要求后，将烘青绿茶茶坯放入茶叶提香机（烘干机）托盘内，摊叶厚度2～3cm，设定时间一般为10min左右	出风口温度是否达到要求 □是　□否 摊叶厚度是否达到要求 □是　□否 时间设定是否正确 □是　□否 闻：是否有过强的烘炒香或焦煳味 □是　□否
复火后茶坯的摊凉	将复火后的茶坯进行摊凉	是否能及时付窨 □是　□否 茶坯温度是否达到要求 □是　□否
判断复火适度的标准	闻、捏	闻：香气是否显露 □是　□否 捏：手捻即成粉末 □是　□否

（三）问题情境

1. 问题情境一：复火后发现茶坯湿度较大，应如何处理？

水的比热容较大，含水量高的茶叶温度变化会比干燥的茶叶慢。一旦复火后发现茶坯湿度较大，需要立刻薄摊散热，降低湿热作用对茶叶品质的破坏。如果茶坯湿度较大且难以通过自然方法恢复，可以考虑使用低温烘烤的方法。同时，含水量过高会影响茶叶的吸香能力，应调整复火参数，避免重复出现该问题。

2. 问题情境二：不能及时付窨的茶坯，摊凉时应如何操作？

应选择通风良好、干燥、无异味的环境。避免在潮湿、闷热或阳光直射的地方进行摊凉，以防止茶叶受潮或变质。可以使用透气的工具，如竹箩、布袋等盛装进行短期保存。

（四）知识拓展

花茶烘青坯感官品质要求（DB 35/T 1910—2020《花茶烘青坯加工技术规范》）如表8-3所示。

表8-3 花茶烘青坯感官品质要求

级别	外形				内质			
	条索	整碎	色泽	净度	香气	滋味	汤色	叶底
大白毫	肥壮紧直重实、满披白毫	匀整	银白隐绿、鲜润	洁净	嫩香浓郁	鲜爽醇厚、甘滑	嫩绿、清澈明亮	肥嫩多芽、嫩绿匀亮
毛尖	毫芽细秀紧结、平伏、白毫显露	匀整	银白带绿、鲜润	洁净	嫩香浓郁	鲜爽甘醇	嫩绿、清澈明亮	细嫩显芽、嫩绿匀亮
毛峰	紧结肥壮、锋毫显露	匀整	嫩绿鲜润	洁净	嫩香浓纯	鲜爽浓醇	嫩绿、清澈明亮	肥嫩显芽、嫩绿匀亮
银毫	紧结较肥壮、平伏、毫芽显露	匀整	嫩绿鲜润	洁净	嫩香浓纯	鲜爽醇厚	嫩绿明亮	肥嫩、绿匀亮
春毫	紧结细嫩、平伏、毫芽较显	匀整	嫩绿润	洁净	清香浓郁	鲜爽浓纯	嫩绿明亮	较肥嫩、绿匀亮
香毫	紧结显毫	匀整	绿润	净	清香高长	鲜醇	清绿明亮	嫩绿、明亮

续表

级别	外形				内质			
	条索	整碎	色泽	净度	香气	滋味	汤色	叶底
特级	细紧或肥壮、有锋苗有毫	匀整	较绿润	净	清香持久	鲜醇	清绿明亮	较嫩绿、明亮
一级	紧结有锋苗	匀整	尚绿润	尚净	清香	浓醇	黄绿明亮	尚嫩匀、黄绿明亮
二级	较紧结	尚匀整	黄绿	稍有嫩茎	纯正	醇和	黄绿、尚明亮	尚嫩、黄绿尚明亮
三级	尚紧	尚匀整	黄绿	有嫩茎	平和	平和	黄绿	有单张、黄绿
四级	稍松	尚匀	绿黄	有茎梗	稍粗	稍粗淡	绿黄	单张稍多、绿黄稍暗
五级	稍粗松	尚匀	黄稍枯	有梗朴	粗	粗淡	黄稍暗	较粗老、黄稍暗
六级	粗松轻飘	欠匀	黄稍枯	含梗、多朴片	香粗	粗淡带涩	黄暗	稍黄暗、粗老花杂
碎茶	通过紧门筛（筛网孔径0.8～1.6mm）洁净重实的颗粒茶，香气纯正，滋味尚醇							
片茶	通过紧门筛（筛网孔径 0.8～1.6mm）轻质片状茶，香气平和稍粗，滋味稍粗淡							

（五）学习评价

学习评价如表8-4所示。

表8-4 学习评价

项目	内容	配分	得分	批注
工作准备（10%）	能正确理解工作任务的内容	5		
	能查阅资料，确认相关技术标准	5		
工作过程（90%）	能在小组内开展有序的分工	10		
	能穿好工作服	5		
	能戴好工作帽	5		
	能准备必需的器具	10		
	能正确判断茶坯的复火程度	20		
	能正确摊凉复火茶坯	20		
	能正确掌握茶坯复火的技术要求	20		

任务二　鲜花的处理

职业能力｜能进行鲜花的处理。

核心概念｜鲜花在窨制花茶过程中扮演着重要角色，鲜花处理的主要目的是保持鲜花的生机，确保鲜花能适时吐香，保证鲜花品质。

学习目标｜掌握常用鲜花的基本知识及鲜花处理的技术要求知识；能规范操作摊花、堆花、筛花，做好鲜花的养护工作。

（一）基础知识

1. 鲜花吐香的规律

茶用香花之所以能释放香气，是因为香花内含有芳香物质，并通过花瓣或整个花的器官释放出来。这些芳香物质具有低分子性、级性、低水溶性、高蒸气压的特点。根据鲜花内芳香物质的形成和挥发的速度、浓度等特征的不同，鲜花可以分为气质花和体质花两种。

（1）气质花　气质花的特点是花朵不开不香，微开微香，盛开盛香。花中芳香油的形成与挥发与鲜花的生机密切相关。以茉莉花为例，作为典型的茶用气质花，在花芽阶段，大量挥发性化合物的糖苷前体积累于花芽中。随着鲜花的发育成熟，糖苷酶随之被诱导形成，或由非活性态转化为活性态。这些积累的糖苷前体被特定的糖苷酶水解形成挥发性化合物，产生香气。影响香花香气挥发的关键因素是鲜花的生机，而非温度等外界因素。一旦花的生命终止，酶的作用也停止，糖苷无法水解，挥发性芳香物质就无法形成，吐香也就结束。

（2）体质花　体质花不同于气质花，其特点是芳香物质以游离状态存在于花瓣中，即花朵在未开放时到开放后都能吐露香气。无论花朵是否开放，芳香物质都能挥发，未开已吐香，微开则盛香。影响吐香的关键因素不是鲜花的生机，而是环境温度。

2. 常见茶用香花

（1）茉莉花　木樨科素馨属的植物，花期5—10月，有单瓣茉莉花、双瓣茉莉花和多瓣茉莉花三类。其中单瓣茉莉花香气清爽、鲜灵、纯净，最适用于窨制茉莉花茶。生产上根据季节，一般将其分为春花（5—6月）、伏花（7—8月）、秋花（9—10月），以伏花产量最高，品质最好。茉莉花具有夜间开放的特性，因此宜在午后采摘，以采摘成熟花蕾为佳，要求色泽洁白、含苞待放、外形饱满无瑕。

（2）白兰花　木兰科含笑属的常绿乔木，花期4—10月，夏季盛开，以6—7月产量最高。白兰花宜采摘发育成熟、花瓣肥厚、洁白无瑕、香气浓郁者为佳。白兰花一般在清晨至早晨采摘，通常用于茉莉花茶窨制时打底。

（3）桂花　木樨科木樨属常绿乔木或灌木，原产于中国。主要有金桂、银桂、丹桂和四季桂四类。其中，金桂和银桂的香气最为浓郁，金桂花期为9—10

月，银桂花期为8—10月。丹桂和四季桂香气较低，不适宜窨制花茶。桂花在花蕾期香气成分较少，一般在半开期时，芳香物质逐渐增加，到盛开期为最大，随后逐渐降低。因此采摘时一般在桂花开放度为70%～80%时进行，8：00—11：00采收较为适宜。花朵未成熟或过度成熟，以及雨天等季节会导致桂花品质降低，不宜采摘。

（4）金粟兰　又称珠兰，鸡爪兰，为金粟兰科金粟兰属，花期4—7月，花小黄绿色极芳香。采摘时间一般在清晨，日出前采摘，方能保住其“头香”。

（5）玳玳花　又名回青橙、酸橙花，为芸香科柑橘属，花期5—6月。发育成熟的玳玳花颜色洁白鲜润，当天上午采摘品质较好。花朵未发育成熟、大小不均，雨湿花、隔夜花等质量较差。

3. 鲜花的处理方法

鲜花处理的主要目的是提供良好的外界环境，保持鲜花的生机，促进鲜花成熟，以释放芳香物质。不同的鲜花其生物特性不同，处理方法也存在差异。此处以花茶中产量最高的茉莉花茶为例，介绍茉莉花的处理方法。

由于伏花的品质最好，因此茉莉花茶一般多在夏季制作。午后采摘的茉莉花花蕾，温度很高，为了促进其成熟、开放，需要进行的措施包括摊花、堆花、筛花等工艺。

（1）摊花　指的是将鲜花摊凉，其作用是降低鲜花温度，散发青气与表面水分，同时供应新鲜空气。进厂后，应及时摊放在清洁、通风场所，摊放厚度约10cm。

（2）堆花　指的是将摊开的鲜花堆起来，利用鲜花的呼吸作用产生的热提高温度，以增强花朵内部活性，促进鲜花过渡到成熟阶段，确保均匀开放。一般情况下，当鲜花温度降低至比室温高2～3℃时应收堆，堆高30～40cm，让温度升高，促进鲜花开放。一般收堆0.5h后，堆温达到38～40℃，再把花薄摊降温。一般需要反复摊、堆3～5次，当鲜花开放率在60%以上，花瓣张开50°～60°时即可筛花。在摊花和堆花过程中，动作要轻，避免花蕾的机械损伤，确保鲜花能正常开放。

（3）筛花　目的是剔除青蕾、花蒂。生产上，会使用筛花机进行筛花。筛出的小花继续养护，或直接用来窨制中低档花茶，大花可以用来窨制优质花茶或用于提花。

（4）白兰花处理　白兰花在茉莉花茶窨制时多用于打底。打底，指的是在窨花前，用白兰花窨制一次，使茶坯成为具有香气的“底子”。打底可以与窨花同时进行，也可以单独用白兰花窨制一次，起花去渣后再付窨。一般来说，白兰花进厂后应当立即摊凉，摊放厚度20cm左右。如果天气炎热干燥，应当覆盖湿布保水，维持鲜花生机。

（5）付窨　当净花开放率达到80%以上，花瓣张开90°（呈虎爪形）时即可付窨。

（二）能力训练

1. 操作条件

操作条件如表8-5所示。

表8-5 操作条件

用途类别	设备、器具、材料	单位	数量
鲜花处理	大簸箕	个	1
	竹软席	个	1
	竹筛（12mm、10mm、8mm、6mm孔径各一个）	套	1

2. 安全注意事项

（1）操作前要穿好工作服。

（2）收拢大簸箕上的鲜花时，不要用手赶，以免有小篾刺扎伤手。

3. 操作过程

操作过程如表8-6所示。

表8-6 操作过程

步骤	操作方法及说明	质量标准及记录
摊花与收堆	将采摘的茉莉花摊放在大簸箕上，摊放厚度约10cm，放于清洁、通风的场所；感受鲜花温度，在温度下降到比室温高2～3℃时收堆；堆温达到38～40℃，再把花薄摊降温；注意动作要轻	进厂时鲜花的温度是否较高 □是 □否 场所是否清洁、通风 □是 □否 动作是否轻 □是 □否 机械损伤是否多 □是 □否
筛花	当鲜花开放率在60%以上，花瓣张开50°～60°时即可筛花；使用12mm、10mm、8mm、6mm孔径竹筛，分出净花、青蕾及脱落的花萼和花柄；注意动作要轻	动作是否轻 □是 □否 机械损伤是否多 □是 □否 鲜花开放情况是否达到筛花的技术要求 □是 □否
判断付窨的时机	查看	开放率达到80%以上，花瓣张开90°（呈虎爪形） □是 □否

（三）问题情境

鲜花开放率和开放度不够时进行了筛花，该怎么补救？

将筛出的小花继续养护，或直接用来窨制中低档花茶，大花可以用来窨制优质花茶或用于提花。

（四）知识拓展（福州茉莉花茶传统窨制工艺——鲜花养护）

采摘后的鲜花用通气的箩筐或通气的网状袋装运，进厂后的鲜花应立即进行薄摊、通气散热，当室温低于30℃时必须把花堆高催温，堆高要求在15～20cm；堆温达到38℃时，要把花堆摊开，薄摊降温，鲜花开放率在60%以上时即可筛花，剔除青蕾、花蒂，待开放率在80%以上即可付窨。

（五）学习评价

学习评价如表8-7所示。

表8-7 学习评价

项目	内容	配分	得分	批注
工作准备（10%）	能正确理解工作任务的内容	5		
	能查阅资料，确认相关技术标准	5		
工作过程（90%）	能在小组内开展有序的分工	5		
	能穿好工作服	5		
	能准备必需的器具	5		
	能正确进行鲜花摊放和收堆	25		
	能正确掌握筛花时机，完成筛花	30		
	要正确掌握付窨标准	20		

任务三 花茶窨制

职业能力｜能正确地进行花茶窨制。

核心概念｜花茶的窨制是花茶加工的关键环节，决定了花茶品质的优劣。此处以茉莉花茶的窨制过程为例进行介绍。茉莉花茶的窨制工序包括茶花拌和、通花散热、收堆复窨、起花去渣、复火干燥、转窨、提花、匀堆装箱。

学习目标｜掌握花茶窨制工艺流程、原理和作用知识；能规范操作花茶的窨制过程。

（一）基础知识

1. 茶花拌合

将待窨茶坯与经过处理的鲜花按照一定的比例均匀混合。由于产地、季节等因素影响，鲜花质量不同，窨制技术和窨次、产品要求不同等因素，会导致鲜花量不同。基本原则：高级茶坯用花量多，鲜花质量高；中低级茶坯用花量较少，鲜花质量稍次。随着窨次的增加，各窨次用花量逐渐减少。一般来说，春花和秋花的用花量要比伏花用花量多5%～10%。

2. 通花散热

在窨花的过程中，由于鲜花的呼吸作用，热量会逐渐堆积，使堆温升高。堆温升高，在一定程度上有利于茉莉花的吐香和茶坯的吸香。但是当温度过高时，茉莉花生机受损，甚至萎蔫，导致茶叶品质降低。因此，需要适时通花散热、降低堆温的同时，增加氧气的供应，提高茶叶品质。

3. 收堆复窨

通花散热后，堆温降低到高于室温1～3℃时，需要收堆静止窨花。收堆时，茶坯温度应当在30～38℃，收堆时温度过高或者过低，都会导致花茶香气寡淡，鲜灵度欠佳。

4. 起花去渣

起花去渣是指当窨花达到适度时，将茶坯与花渣分离的过程。通花后一般续窨5～6h，茉莉花的芳香物质大部分已被茶叶吸附。此时鲜花花瓣呈“鸡皮皱”状态，色泽由洁白转为微黄，茶坯因吸水变得绵软，此时就应当要进行起花去渣。否则，茶坯与失去生机的鲜花在一起会导致茶叶产生熟闷味。

5. 复火干燥

起花后的茶坯含水量一般在12%～18%，需要及时进行干燥，否则会产生水闷气，降低茶叶品质。如果未能及时干燥，也应当薄摊散热，尽快复火。

6. 转窨

多窨次花茶在完成一个窨次后，再按照前面的步骤进行多次窨制。窨次的转接叫作转窨。

7. 提花

在花茶窨制的最后阶段（已完成窨花复火的茶坯），用少量的优质茉莉花再窨一次，以增强茉莉花茶的表面香气，提高茶叶鲜灵度。用于提花的茉莉花要求开放度在95°左右。提花后的花茶含水量应控制在8.5%以下，及时匀堆装箱。

8. 匀堆装箱

匀堆是为了保证同批次或不同批次的同级成品花茶品质相对一致。匀堆后抽样进行水分检测和审评，符合要求的产品及时装箱，防止受潮。

（二）能力训练

1. 操作条件

操作条件如表8-8所示。

表8-8　操作条件

用途类别	设备、器具、材料	单位	数量
花茶窨制	大簸箕	个	1
	竹软席	个	2
	竹筛（根据筛花时使用的孔径确定）	个	1
	厚纱布	张	1
	烘干机	台	1

2. 安全注意事项

（1）操作前要穿好工作服。

（2）收拢大簸箕上的茶叶时，不要用手赶，以免有小篾刺扎伤手。

（3）主要干燥过程中的用电安全。

3. 操作过程

操作过程如表8-9所示。

表8-9　操作过程

步骤	操作方法及说明	质量标准及记录
茶花拌合	将茶坯和鲜花分层相间摊放并快速均匀拌和，应在1h之内完成；窨堆高25～40cm，头窨窨堆宜高，二窨、三窨窨堆宜低，气温高时窨堆宜低，气温低时窨堆宜高，窨堆宽120～150cm，最后用预留茶坯盖面	是否在1h之内完成 □是　□否 茶坯和鲜花是否分层摊放 □是　□否 拌合是否均匀，是否用茶坯盖面 □是　□否
通花散热	根据窨次、窨制时间和窨堆温度确定通花工序。一般头窨5～6h，时窨堆温度在45～48℃时进行通花；二窨4.5～5.5h，窨堆温度43～45℃时通花；三窨4～4.5h，窨堆温度40～45℃时通花；四窨及以上窨制时间4～4.5h，窨堆温度38～43℃时进行通花。应及时把堆耙开散热，开纵横沟反复2～3次，摊凉厚度10cm左右，散热时间0.5～1.0h，通花应快速、通透、通匀	通花时是否达到窨制时间或者达到窨堆温度 □是　□否 摊凉厚度是否过厚或者过薄 □是　□否 通花是否过久 □是　□否
收堆复窨	当通花摊凉堆温接近室温（不高于室温3℃）时，即可收拢茶坯继续窨制，堆高20～30cm，续窨时间5～6h	收堆复窨时窨堆温度是否符合要求 □是　□否
起花去渣	茶花拌和后窨制历时10～12h，花已呈萎凋状，色泽由白转微黄，鲜花香气微弱即可起花。起花工序应适时，快速、筛净，在3h之内完成。高档茶先起，中低档茶后起；多窨次茶先起，头窨后起。未能及时起花的，应耙开薄摊散热	起花时鲜花是否已变黄，萎凋 □是　□否 起花是否过久 □是　□否

续表

步骤	操作方法及说明	质量标准及记录
复火干燥	起花后湿坯应及时烘焙。待烘的湿坯应薄摊，不可闷堆。 烘焙工序应快速，以减少花香散失。烘干温度90～110℃，头窨高，逐窨降低；摊叶厚度2～3cm；在烘时间10min左右。水分按转窨、提花或烘装要求掌握：烘后茶叶待转窨的，含水量控制在5%～6%，每次烘后比窨前略高；待提花的，含水量控制在6.5%～7%；烘装的茶叶含水量≤8.5%。 为保持花茶香气鲜灵度，烘干后茶叶应进行摊凉。摊凉后茶叶温度接近室温方可转窨或提花	起花后是否及时烘焙 □是　□否 无法及时烘焙的茶坯是否进行薄摊 □是　□否 烘焙后的茶叶含水量是否达到要求 □是　□否
转窨	按照前面的步骤进行多次窨制	转窨时茶坯状态是否达到要求 □是　□否
提花	选择晴天午后采收、朵大洁白、饱满成熟的优质茉莉鲜花，鲜花的开放度达到95°左右，配花量每100kg茶坯配茉莉鲜花5～10kg，堆高20～30cm，窨制时间6～8h，起花后不需复活干燥，花茶含水量控制在8.5%以下，应及时匀堆装箱	鲜花品质是否优良 □是　□否 提花后含水量是否达标 □是　□否
匀堆装箱	成箱前应抽样试拼小样，对质量进行全面检验，合格后按比例进行匀堆装箱。匀堆要求均匀，品质一致	质量是否达标 □是　□否
判断花茶窨制是否达到要求	看、闻、捏	看：是否有花渣没有去除 □是　□否 闻：香气鲜灵度是否足够，有没有闷气 □是　□否 捏：茶叶是否能捏碎、捏断 □是　□否

（三）问题情境

窨堆发热是什么原因造成的？应该怎么办？

在窨花的过程中，由于鲜花的呼吸作用，热量会逐渐堆积，使堆温升高。堆温升高，在一定程度上有利于茉莉花的吐香和茶坯的吸香。但是当温度过高时，茉莉花生机受损，甚至萎蔫，导致茶叶品质降低。因此，需要适时通花散热，降低堆温的同时，增加氧气的供应，提高茶叶品质。通花应快速、通透、通匀。

（四）知识拓展（茉莉花茶加工窨制流程、各窨次配花量，以及提花配花量计算）

茉莉花茶加工窨制流程、茉莉花茶各窨次配花量、提花配花量计算见图8-1、表8-10、式8-1。

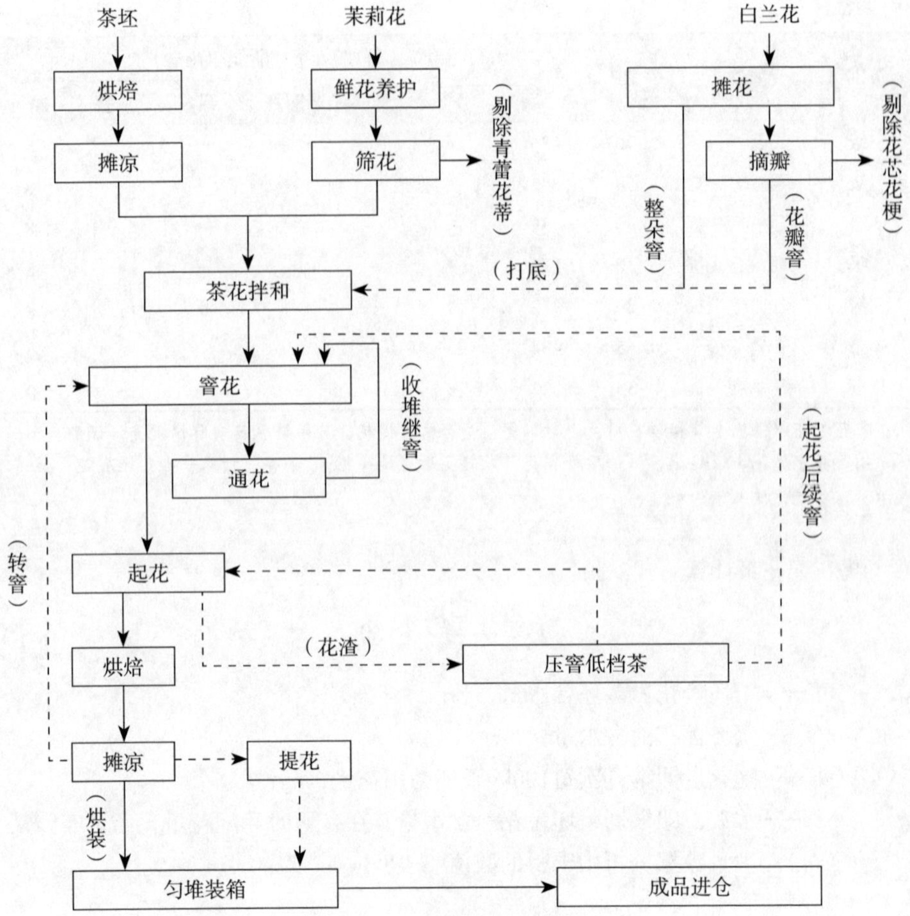

图8-1　茉莉花茶加工窨制流程

表8-10　茉莉花茶各窨次配花量

级别	窨次	茉莉花用量（每100kg茶坯所配净花量）							
		合计	一窨	二窨	三窨	四窨	五窨	六窨	提花
大白毫	六窨一提	270	65	50	45	40	34	30	6
毛尖	六窨一提	240	60	45	38	32	30	29	6
毛峰	六窨一提	220	50	40	36	30	30	28	6
银毫	六窨一提	200	45	40	30	30	25	24	6
春毫	五窨一提	150	40	32	28	24	20	—	6
香毫	四窨一提	130	40	32	28	24	—	—	6
特级	四窨一提	120	38	30	26	20	—	—	6
一级	三窨一提	100	38	30	26	—	—	—	6

续表

级别	窨次	茉莉花用量（每100kg茶坯所配净花量）							
		合计	一窨	二窨	三窨	四窨	五窨	六窨	提花
二级	二窨一提	70	36	26	—	—	—	—	8
三级	一压一窨一提	50	42	—	—	—	—	—	8
四级	一压一窨一提	40	32	—	—	—	—	—	8
五级	一压一窨一提	30	22	—	—	—	—	—	8
六级	一压半窨一提	20	12	—	—	—	—	—	8
碎茶	二窨一提	65	34	25	—	—	—	—	6
片茶	一压一窨一提	30	22	—	—	—	—	—	8

注：配花量可以根据季节和鲜花质量进行调整；是否需要提花，应根据生产实际情况灵活调整；“一压”指茶坯先压花，经起花、烘焙后再窨花，或起花后直接窨花；“半窨”指取一半茶坯窨花；“—”表示不需要进行该工艺。

提花配花量计算（式8-1）：

$$F=\frac{W-W_1}{K}\times 100 \tag{8-1}$$

式中 W——茶坯窨花后湿坯含水量，%；

W_1——茶坯窨花前含水量，%；

F——配花量即本窨次每100kg茶坯的用花量，kg；

K——常数，即根据茶坯窨花前含水量、在窨历时和配花量，经过实践从大量数据分析中求得的数值（表8-11），%。

表8-11　*K*值表

档别	茶坯窨花前含水量（W_1）/%	在窨历时/h	*K*值/%
1	3.5 ~ 3.7	12 ~ 13	37
2	3.8 ~ 4	12 ~ 13	36
3	4.1 ~ 4.3	12 ~ 13	35
4	4.4 ~ 4.6	12 ~ 13	34
5	4.7 ~ 4.9	12 ~ 13	33
6	5 ~ 5.2	11 ~ 12	32
7	5.3 ~ 5.5	11 ~ 12	31
8	5.6 ~ 5.8	11 ~ 12	30
9	5.9 ~ 6.1	10 ~ 11	29
10	6.2 ~ 6.4	10 ~ 11	28
11	6.5 ~ 6.7	10 ~ 11	27
12	6.5 ~ 6.7	6 ~ 8	26
13	6.8 ~ 7	6 ~ 8	25

续表

档别	茶坯窨花前含水量（W_1）/%	在窨历时/h	K值/%
14	7.1 ~ 7.3	6 ~ 8	24
15	7.4 ~ 7.6	6 ~ 8	23

（五）学习评价

学习评价如表8-12所示。

表8-12　学习评价

项目	内容	配分	得分	批注
工作准备（10%）	能正确理解工作任务的内容	5		
	能查阅资料，确认相关技术标准	5		
工作过程（90%）	能在小组内开展有序的分工	5		
	能穿好工作服	5		
	能准备必需的器具	10		
	能正确掌握窨花各项工艺操作	30		
	能正确判断窨花中各项工艺衔接	20		
	正确掌握提花用花量计算	20		

课后练习题

（一）选择题

1. 窨制花茶的原料包括茶坯和（　）。

A. 绿茶　B. 鲜花　C. 红茶　D. 乌龙茶

2. 从茶坯吸附效果看，窨制花茶最好的是（　）。

A. 长炒青绿茶　B. 圆炒青绿茶　C. 扁炒青绿茶　D. 烘青绿茶

3. 茉莉鲜花的质量，通常是（　）质量最好，产量最高。

A. 春花　B. 春花和秋花　C. 秋花　D. 伏花

4. 花茶窨制的基本原理是因为茶叶本身具有的（　）。

A. 吸附作用　B. 易碎特性　C. 易氧化性质　D. 避光要求

5. 属于气质花的是（　）。

A. 茉莉花　B. 白兰茶　C. 桂花　D. 珠兰花

6. 茉莉花通常是在（　）达到生理成熟期。

A. 7：00–11：00　B. 19：00–23：00　C. 14：00–16：00　D. 5：00–7：00

7. 在茉莉花茶窨制过程，茉莉花需要养育即需要采取促进鲜花开放的措施，包括“摊”和“堆”，其中“摊”的作用是（ ），散发闷气，供给新鲜空气。

A. 降低温度　B. 提高温度　C. 增加湿度　D. 保持温度

8. 白兰花在茉莉花茶窨制中，主要是用做（ ）。

A. 混香　B. 打底　C. 调味　D. 拌色

9. 茉莉鲜花的质量，通常是（ ）质量最好，产量最高。

A. 春花　B. 春花和秋花　C. 秋花　D. 伏花

10.（多选）气质花的特点是（ ），影响其香气挥发的主要是鲜花的生机。

A. 花不开不香　B. 微开微香

C. 盛开则盛香　D. 芳香物质游离在花瓣中

11.（多选）根据鲜花内含芳香物质的形成和挥发的速度、浓度等特征不同，鲜花可分为（ ）。

A. 气质花　B. 体质花　C. 单瓣花　D. 双瓣花

12. 在窨制茉莉花茶过程中，茶花拼和应特别注意的两个问题是拼和的均匀度和拼和的（ ）。

A. 温度　B. 湿度　C. 速度　D. 力度

13. 茉莉花茶窨制过程，通花散热要（ ），一般可根据在窨时间和坯温上升的具体情况来掌握。

A. 适量　B. 适度　C. 适时　D. 适应

14. 茉莉花茶窨制过程，通花散热可根据在窨时间和坯温上升的具体情况来掌握，掌握坯温一般是头窨稍高，（ ）。

A. 逐窨升高　B. 逐窨降低　C. 各窨相同　D. 时间相同

15. 在茉莉花茶窨制过程，窨花结束后，将茶坯与花渣分开，称为（ ）。

A. 压花　B. 提花　C. 通花　D. 起花

16. 茉莉花茶窨过程，窨制过程用花量少，不需要通花散热，窨后不需复火，筛去花渣后即可匀堆装箱的工艺是（ ）。

A. 压花　B. 起花　C. 提花　D. 通花

17.（多选）人工茶花拼和操作过程之茶、花分层摊放，其中第一层是茶，第二层和第三层是（ ）。

A. 茉莉花干　B. 白兰花　C. 茉莉花　D. 珠兰花

18.（多选）窨茶用鲜花应具备四个方面的基本条件：一是具有芳香的鲜花，另外三个方面是（ ）。

A. 鲜花的香型必须适合人们习惯上的爱好

B. 对人体无害，符合食品安全

C. 鲜花的形态与茶叶一致

D. 与茶叶品质相协调

（二）判断题

1. 固体的表面吸附能力与其表面积成反比。茶叶的比较面积小，因此具有较强的吸附能力。（　）

2. 物理吸附没有选择性，只要条件合适，任何固体都能吸附气体。（　）

3. 一般来说，细嫩茶坯吸附能力较强，配花量要多，但是吸附作用慢，需要较长窨制时间。（　）

4. 一般来说，叶质嫩的孔隙多而小，吸附能力弱；叶质老的孔隙少而大，吸附能力强。（　）

5. 茶坯复火时要厚摊，避免茶叶过度干燥。（　）

6. 复火后的茶坯温度可达到80～90℃，为了促进花坯释放芳香物质，必须趁热窨花。（　）

7. 用白兰花打底时，只能整朵打底，不能剥瓣打底。（　）

8. 在摊花和堆花过程中，动作要轻，避免花蕾的机械损伤，确保鲜花能正常开放。（　）

9. 茉莉花采摘应在早上进行，这样采摘的花品质较高。（　）

10. 窨花全过程要求茶花均匀混合，充分接触，这样才有利于茶坯多吸香。（　）

11. 在茉莉花茶窨制过程，提花由于下花量少，坯温上升不高，因此不需通花散热。（　）

12. 茉莉花茶窨制过程，如果白兰花用量过多，则易形成香气混浊，出现透素现象。（　）

（三）简答题

1. 茶坯的物理吸附特性有哪些？

2. 茶坯的化学吸附特性有哪些？

3. 简述气质花吐香的规律。

4. 简述茉莉花堆花的处理方法。

5. 简述茉莉花茶加工时，茶花拌合的技术要点。

6. 什么是通花散热？

思政小课堂

课程思政8：茶人精神——
让茶香飘向世界　王秀兰

项目九 茶叶精制技术

毛茶精加工（精制）是指按成品茶品质、规格要求，对毛茶做各种技术工作（如汰除劣异、整饰外形、调剂品质、划分等级）的总称。

毛茶是指鲜叶经过初加工形成的一种半成品茶叶，但还不能算是商品茶。商品茶要求质量规格化，即有统一的标准级别，外销茶要求更高，不仅要求稳定较好的内质，而且要求外形匀整规则。除高档名优茶外，毛茶质量通常难以达到商品茶的要求，尤其是外形混杂，因此需要进行毛茶精加工（也称复制、精加工、再制），整理外形，调和内质，制成“成茶”（也称精茶、熟茶），符合商品茶的要求，满足内外销市场的需要。

任务一 筛分

职业能力｜能够掌握茶叶筛分技术要点，熟练操作筛分设备。

核心概念｜筛分是精制的主要环节，主要有圆筛和抖筛。毛茶经筛分后，将长短、粗细等不同的茶条分开，再分别整理成大小、粗细近一致，符合一定规格要求的各种筛号茶。筛分技术的优劣和筛分效果的好坏，不仅决定精茶的外形，而且直接影响制率的高低。

学习目标｜合理配置筛网和控制筛茶流量，掌握筛分设备的操作技能。

（一）基础知识

筛分是通过筛网的机械运动，使茶叶分清长短、大小、粗细、轻重的工序，包括抖筛、分筛、撩筛、滚筒圆筛和飘筛作业。筛分的目的是整饰茶叶形状，采用不同类型的筛分机具，将外形混杂的毛茶分离（过大的茶头还需切轧改造），再分别整理成长短、大小、粗细近于一致，符合一定规格的各种筛号茶。筛分依据其作用不同，主要分为圆筛和抖筛两大类。

1. 圆筛

圆筛主要是分离茶叶长短或大小，其中对于长形茶是分离茶条的长短，对于圆块形茶则是分离颗粒的大小。过去采用手工圆筛，现在基本使用圆筛机。机器圆筛有滚筒圆筛和平面圆筛两种。

（1）滚筒圆筛　滚筒圆筛机的主要工作部件是能够旋转的滚筒，筒壁装有大小不同筛孔的筛网。随着筛筒的旋转，短的或小的落下相应筛孔，不能通过筛孔的粗大茶留在筒内，顺着倾斜的筛筒从出茶口流出，从而分出了长短或大小。该机只能粗放地筛分，一般仅用于毛茶分段。由于筛分不够精细，现在除了工夫红茶、青茶以及内销茶精加工厂尚在使用外，眉茶和珠茶精加工厂已不再使用，而是广泛采用平面圆筛机筛分。

（2）平面圆筛　平面圆筛机的主要工作部件是筛床，筛床内装有数面筛孔大小不同的筛网。利用筛床作连续平面回转运动，短的或小的茶叶落下筛孔，长的或大的留在筛面，沿倾斜筛面流入出茶口，从而分出长短和大小。平面圆筛按其作用不同，又分为分筛和撩筛。

① 分筛：是把毛茶或长短、大小混杂的茶坯分成各个筛号茶。使同一筛孔茶坯的长短、大小基本一致，使之初步符合各筛孔茶坯的一定规格，为分号加工打好基础。分筛也是各筛孔茶定名的作业工序。

② 撩筛：是弥补分筛不足的工序。经过分筛后的茶坯，同一筛号茶虽然长短、大小趋于一致，但仍然混杂一些过长过大的茶叶，需要进一步分离。因此，撩筛是在分筛的基础上，将某个筛号茶进一步细分，把较长大的茶叶或筋梗撩出，并隔去下段和下脚，故撩筛也称“撩头挫脚”或“捞筛”。

（3）圆筛与取料的关系

① 撩头去脚，分号加工：通过圆筛，分离各个不同的筛号茶，就可以根据各筛号茶的特点区别对待，分号加工，看茶取料。4～5孔茶较匀整，外形粗长，属于面张茶，是重点加工对象。6～8孔是中段茶，各工序的反复虽不及面张茶多，但也要精工细取，严防走料。所谓精加工，主要是指上段茶、中段茶的加工。10～12孔茶外形短小，属下段茶，含梗不多，一般可以不必紧门和拣剔。16孔底是碎茶，红茶可做碎茶花色；对于眉茶来说，已不符合珍眉的规格，只能拼入秀眉和绿片。24孔以下的下脚已属片、末、灰，则做片、末等副茶处理。被分离出的粗大茶头，可通过切轧改小，使外形符合规格。

② 使在制品筛档匀齐，便于风选和拣剔：风选之前必须先筛分，这是因为风选主要分离茶叶轻重，只有在茶叶长短、大小一致的情况下才有效。否则，如果长短、大小混杂，那些粗长的低级茶很可能与短小的高级茶重量相似，风选时它们会落在同一个出口中，从而分不清品质优次。此外，在集中拣剔之前，也必须先筛分，以便分号上拣，使外形较挺直粗长的筋梗易于拣出。圆筛的筛分效果越好，茶叶的长短、大小分得越匀齐，越有利于风选定级和拣剔去杂。

（4）圆筛技术　主要在于合理配置筛网和控制圆筛机的茶叶流量。

分筛机的筛床大体有4～7层筛网。毛茶筛分一般分三步分筛。不同的茶类，成品茶规格要求差异很大，分筛筛网的配置必须根据各类茶规格要求，选配适当的筛网（表9-1）。

表9-1 不同茶类分筛筛网配置

项目	第一步筛网	第二步筛网	第三步筛网
珠茶一级毛茶、二级毛茶	5孔、6孔、7孔、8孔、10孔	58孔、10孔、12孔、16孔、24孔	16孔、24孔、36孔、80孔
英德茶厂细茶	8孔、10孔、12孔、16孔、18孔	9孔、12孔、16孔、24孔、28孔	12孔、16孔、24孔、28孔、60孔
杭州茶厂眉茶加工的毛茶	4孔、5孔、6孔、7孔、8（10）孔	8孔、10孔、12孔、16孔、24孔、34孔	24孔、34孔、80孔、100孔

同一类别的茶，分筛筛网的选配也应根据茶叶物理性状的不同选配。原屯溪茶厂几类茶分筛筛网配置见表9-2。

表9-2 原屯溪茶厂几类茶分筛筛网配置

项目	第一面	第二面	第三面	第四面
圆身茶坯	4	5	7	10
机（电）拣头	4	6	9	12
本身茶坯、长身茶坯	6	7	9	10或12
筋和筋里筋	7	8	10	12

茶坯含水量多，叶质松软，不易通过筛孔，圆筛筛孔宜松。茶叶含水量少，容易通过筛孔，圆筛筛孔宜紧。因此，往往经过复火或补火后的熟坯，其筛分时的筛孔应比生坯收紧些。撩筛机的转速比分筛机快，撩筛筛孔可比所撩的筛号茶放大0.5～1.5孔。要想多出撩头，筛孔宜紧，少出撩头，筛孔宜松。

除了合理配置筛网外，还必须控制好上圆筛机的茶叶流量。要保持茶叶在回转过程中能薄薄地散布于整个筛面，使短的或小的横卧落下筛孔，长的或大的通过筛面从尾口流出。如果下茶量过多，筛面茶层过厚，上层的茶叶就得不到筛分的机会，筛分效果差。下茶量过少，茶叶不够布满整个筛面，茶层边缘的一些粗长茶条就会随着筛床的回转立起斜穿筛孔，与横卧落下的短小茶叶混在一起，导致筛分品质降低。

2. 抖筛

抖筛通过筛网的前后往复振动，进行分离条形茶的粗细和圆形茶的长圆的工序。抖筛是利用抖筛机的筛床做往复抖动，茶叶随筛床抖动在筛面跳动，长形茶或细茶斜穿筛孔，圆的或粗的茶叶留在筛面，分别从不同的出茶口流出，从而分出了茶叶的长圆或粗细。

抖筛机有长、短之分。长抖筛每层安排两面筛网，短抖筛每层安排一面筛网。抖筛机筛床的层数有1～3层不等。

抖筛在眉茶和工夫红茶精加工中要反复使用，根据不同阶段的作用和要求，主要分为抖筛和紧门筛。

（1）抖筛　毛茶加工中第一次抖称为抖筛。毛茶先抖筛，主要是将长形茶与圆块茶及过粗大的茶条分离，然后分路加工，即抖筛分路。毛茶第一次过抖筛，筛网一般配6～7孔，通过抖筛分出两大加工线路，筛下部分归为本身路，筛面上的粗大茶头归为圆身路。抖筛的作用主要是分离长圆，兼有初分粗细的作用。毛茶通过抖筛，要求长条茶中不含头子茶，头子茶中少含长条茶。筛孔茶经过抖筛，使茶条粗细相对一致。

（2）紧门筛　毛茶加工过程中第二次和第三次抖筛统称紧门筛，第二次叫前紧门筛，第三次叫后紧门筛。若只抖两次，则第二次叫紧门筛。紧门筛是在抖筛的基础上，配置不同的筛网，分离茶条的粗细。通过紧门筛的茶坯，粗细均匀一致，符合一定的规格标准，所以紧门筛又称为“规格筛”。

由于各花色外形规格和各级别条索粗细主要靠抖筛分离，因此抖筛筛分效果越好，各花色规格就越分明，各级别茶条索也越匀齐。

（3）抖筛取料技术　抖筛取料技术主要在于合理配置筛网和控制抖筛机的茶叶流量以及清筛。抖筛作业以眉茶最为复杂，现将眉茶精加工中抖筛筛网配置列于表9-3。

表9-3　眉茶精加工抖筛筛网配置

项目	抖筛	切抖	紧门筛	抽筋	筋里抽筋
筛孔	6孔或7孔	7孔或8孔	7～11孔	12孔或14孔	16孔或18孔

由于紧门抖是规格抖，为了保证质量并提高中高档茶制率，必须合理配置紧门筛的筛网。在眉茶精加工中，紧门取料时要掌握“好茶粗取，次茶细取”的原则，即毛茶条索紧、嫩度好、品质优（如一级毛茶、二级毛茶）应采取“粗取”，紧门筛筛孔宜适当放松，防止一些嫩度高但条索粗壮的茶条从筛面走料，以增加高一级茶坯的数量。如果毛茶质量稍次、嫩度低、条索松（如三级毛茶、四级毛茶），为了不致降低高中档精茶的质量，宜采用“细取”，须缩紧紧门筛孔。同一个级别的毛茶，紧门筛孔应随筛号不同适当松紧。5孔、6孔茶紧门筛孔宜松，中低级原料的4孔茶和有些茶厂的7孔茶紧门筛孔宜收紧。对于同一个加工批次中不同筛路的在制品，紧门筛孔也应适当松紧。本身茶条索细紧有锋苗，嫩度好，紧门筛孔宜松，以取足主级。长身茶因经过切轧，条索、嫩度稍次，一般可比本身

茶收紧0.5孔。有些茶厂的圆身茶也取做高中档珍眉，其紧门筛孔更宜收紧，否则质量不能保证。若采取前后两次紧门，则前紧门筛孔宜松，以多取高一级茶坯；后紧门筛孔宜紧，以保证各级眉茶的质量规格。各类在制品紧门筛孔松紧的一般规律列于表9-4，以便“看茶配筛”。

表9-4 各类在制品紧门筛孔松紧的一般规律

项目	在制品原料	在制品路别	在制品筛号	紧门的方式	毛坯身骨
筛孔宜松	高级毛茶	本身茶	5～6孔	前紧门	正口毛坯
筛孔宜紧	中级毛茶、低级毛茶	长身茶、圆身茶	部分4孔、7孔	后紧门	正子口毛坯

抖筛过程必须控制茶叶流量以防止筛孔堵塞。在不影响生产进度的情况下，抖筛机的产量宜少勿多，以便使茶条有充足的机会穿过筛孔。在操作时，还必须经常清筛。要用竹片勤敲轻刮，不断将堵塞孔眼的勾曲粗茶清除。既要保持筛孔畅通，又要尽量避免刮断茶叶锋苗。在制品经过抖筛，要求做到抖头内不含长条，长形茶中不含圆头、扁块及细筋。由于刮筛操作比较麻烦，现已成功研制自动清筛装置，不需要人工刮筛。

（二）能力训练

1. 操作条件

操作条件如表9-5所示。

表9-5 操作条件

用途类别	设备、器具、材料	单位	数量
茶叶筛分实践	6CED-42型长抖筛机	台	1
	6CYS-73型平面圆筛机	台	1
	绿毛茶	kg	若干

2. 安全注意事项

（1）操作前要穿好工作服。

（2）正确使用茶机。

3. 操作过程

操作过程如表9-6所示。

表9-6　操作过程

步骤	操作方法及说明	质量标准及记录
合理配置筛网	根据各类茶规格要求和茶叶物理性状选配适当孔径的筛网	合理配置圆筛筛网 □是　□否 合理配置抖筛筛网 □是　□否 合理配置紧门筛网 □是　□否
控制茶叶流量	将适量的绿毛茶倒入茶机筛面	茶叶能薄薄地散布于整个筛面 □是　□否

（三）问题情境

1. 问题情境一：在筛分过程中，如果遇到筛分效率低下的情况，有哪些可能的原因和解决方法？

①可能原因：原料湿度过高，导致茶叶粘连在筛网上，影响筛分效率。解决方法：调整原料湿度，确保茶叶在筛分前达到适宜的干燥程度。

②可能原因：筛网孔径选择不当，导致筛分效果不理想。解决方法：根据茶叶的颗粒大小和形状，选择合适的筛网孔径进行筛分。

③可能原因：筛分设备振动频率不足，影响筛分效果。解决方法：调整筛分设备的振动频率，确保茶叶能够充分在筛网上跳动，提高筛分效率。

④可能原因：筛分设备内部积尘过多，影响筛网的工作效果。解决方法：定期对筛分设备进行清洁，确保筛网表面干净无积尘。

⑤可能原因：筛分设备老化或损坏，导致筛分效率下降。解决方法：及时更换老化或损坏的筛分设备，确保筛分工作的正常进行。

2. 问题情境二：当筛分设备的清洁和维护周期到来时，应如何进行操作？

①断电与停机：在清洁和维护筛分设备前，必须先断电并停机，确保操作安全。

②拆卸筛网：将筛网从筛分设备上拆卸下来，以便进行彻底的清洁。

③清洁筛网：使用清水或专用的清洁剂对筛网进行清洗，确保筛网表面干净无残留物。

④检查筛网：在清洁过程中，要仔细检查筛网是否有破损或变形的情况，如有需要应及时更换。

⑤润滑部件：对筛分设备的传动部件进行润滑，确保设备运转顺畅。

⑥重新安装筛网：将清洁后的筛网重新安装到筛分设备上，确保筛网安装牢固。

⑦开机试运行：在清洁和维护完成后，开机试运行筛分设备，确保设备运转正常且筛分效果良好。

（四）知识拓展

目前，茶叶筛分机主要研究如何提高筛分效率、降低噪声和茶尘外泄、提高结构稳定性等方面。

在提高筛分效率方面，杨茂成（1994）通过对抖筛机分级效率、生产能力、抖筛机的转速和振幅以及功率的计算，分析了原料、茶叶在筛面的运动状态、筛面长宽比例三者对分级效果的影响，找到圆筛机结构参数的择优范围，解决茶叶抖筛机在分级效果上不理想、生产能力低以及噪声大等问题。李兵等（2009）结合蚁群算法对抖筛机进行关键参数的优化，建立了茶叶抖筛机优化设计数学模型，确定了影响茶叶抖筛机筛分效果的结构参数。这些研究为茶叶筛分机的优化设计提供了理论支持。

在降低噪声和茶尘外泄方面，夏狄刚（1989）研制出一款低噪声平面圆筛机，采用双平衡重块结构、直轴球铰支撑联结机构和在螺栓连接处衬垫橡胶垫块，解决了机器振动大、噪声强等问题，同时通过试验测定机器运转时的噪声得出结论：这些措施可以减少圆筛机的振动以及降低运转过程的噪声。

在提高结构稳定性方面，某公司研制出一种全封闭式符合集中除尘功能的新型抛振式抖筛机，该机解决了抖筛机结构稳定性差、弹片易坏、更换部件不方便、筛网挂茶等问题，采用摇杆式的驱动机构保证设备运行平稳，噪声小。这种新型抖筛机的研制成功，不仅提高了茶叶筛分机的性能，而且改善了生产车间的工作环境。

（五）学习评价

学习评价如表9-7所示。

表9-7　学习评价

项目	内容	配分	得分	批注
工作准备（10%）	能正确理解工作任务的内容	5		
	能查阅资料，确认相关技术标准	5		
工作过程（90%）	能在小组内开展有序的分工	10		
	能穿好工作服	5		
	能戴好工作帽	5		
	能准备必需的器具	10		
	能合理配置筛网	30		
	能正确控制茶叶流量	30		

任务二　切轧

职业能力｜能够掌握茶叶切轧技术要点，熟练操作切轧设备。

核心概念｜切轧作业是毛茶加工中不可缺少的工序。毛茶通过筛分出来的粗大茶坯称作毛茶头，抖筛和紧门分出的粗大茶叶称作头子坯，这些都是不符合规格要求的茶条，必须通过切断或轧细，再加工成符合规格的茶条。

学习目标｜能正确选择切轧机具，控制上切茶的水分含量、流量、净度和调节切刀刀距松紧度；掌握切轧设备的操作技能。

（一）基础知识

1. 切轧目的

切轧的目的是把大的切小、长的切短、粗的切细、勾曲的切成短条或圆块。将粗大的头子茶切轧成符合成品规格的茶。切轧作业不仅与正茶制率密切相关，而且对茶叶质量也有影响。切轧的效果一般以被切茶分筛后，各孔茶的质量及所占的比例来衡量。切轧效果好的标志：一是外形较匀整的合格茶（主要是上段茶、中段茶）要多，二是需要复切的头子茶和碎末茶的含量要少。如果切轧技术不当，把完好的茶条切成碎末，不仅使茶叶外形短秃断碎，有损质量，而且会降低正茶制率，不利于发挥毛茶的最高经济价值。因此，切轧过程应力求获得最好的切轧效果，以保证质量和提高制率。切轧是靠切茶机来完成的。

2. 切轧机具

根据切轧的具体目的和要求不同，需选用不同的切茶机。目前使用的切茶机主要有滚切机、齿切机、圆片机和轧片机等。使用最普遍的是滚切机和齿切机，这两种切茶机多与抖筛机或圆筛机联装，组成切抖或切分机组。切后的茶叶直接落入抖筛机或圆筛机，以减少中间的操作步骤。

（1）滚切机　即滚筒切茶机，多为双滚筒式。一台滚切机通常配有不同规格凹孔的滚筒，根据需要选用。滚筒两边装有与滚筒长度相同的切刀。作业时，一对滚筒反向向外转动，茶叶由进茶斗落入滚筒与切刀之间，粗大的茶叶被切刀切断。切刀与滚筒的距离可以调节。滚切机的破碎率较小，擅长切断，一般用于切断毛茶头和长身茶。

（2）齿切机　又称为齿辊切茶机或锯齿式切茶机，茶叶由进茶斗落入齿辊和齿刀之间，随着齿辊转动，大于齿辊与齿刀距离的茶叶便被切断和切细。齿辊与齿刀的距离可以调节，以掌握松口或紧口切轧。齿切机的破碎率比滚切机大，具有使茶叶撕开切断的作用，能将长茶切短，粗茶切细。

（3）圆切机　即圆片式切茶机。由两盘圆片对合组成，圆片上有三角式齿刀排列，一盘固定，另一盘旋转。茶叶由进茶斗落入切刀箱中，就被切细或切断。刀距（即两盘的距离）可以调节。该机切细作用较好，但破坏性最大，主要用于切轧筋梗茶和轻片。

（4）轧片机　也称为打片机，形如滚筒圆筛机。圆筒的下部为半圆形筛网（一般配2.5～4孔），滚轴上轧刀与圆筒相距1.5cm左右。圆筒固定，滚轴转动，粗老片落入圆筒，被轧刀挤压轧碎，穿过筛网卸出，不能穿过筛网的继续被滚轧。该机破碎率大，一般用于切轧粗老朴片。

3. 切轧技术要点

（1）根据取料要求选用切茶机　滚切机是长改短的横向切断，破碎率较小。因此工夫红茶切轧多采用滚切机。眉茶的切轧较复杂，外形粗大勾曲的毛头茶、毛套头取做贡熙，宜用滚切。紧门头是长形茶坯经紧门工序抖出的粗茶和圆头，宜采用兼有横切作用、纵切作用的齿切机。圆切机有利于断茶保梗，一般用于切机（电）拣头或一些零星朴片。在加工低级毛茶时，外形松大的粗老朴片多采用破碎率大的轧片机切轧。

（2）掌握付切茶的适当干度　一般以含水量4%～5.5%为宜。头子茶含水量超过7.5%，切断就比较困难。含水量过低，茶叶过脆，极易切碎，致使碎末增多，会影响质量和制率。但对于上轧片机的粗老茶片，则不一定要求很干燥，以避免过度破碎。

（3）先去杂再付切　应先去掉混入毛茶中的螺丝、铁钉、石子等杂物后再付切。若硬物进入切茶机，会使刀距松离，影响切轧效果，甚至会损坏刀具。因此，可将毛茶头先上风选机隔石后再切，或者在进入切茶机的输送带上安装磁铁以吸住铁质杂质。

①控制上切茶的流量：上茶量过多，易堵塞刀口，使刀距松离，且碎末会增加。上茶量过少，使一部分茶躲过切刀，达不到切茶的目的。

②先松后紧，逐次筛切：切口松，破碎小，切次增多；切口紧，破碎多，切次少。如果切次过多，碎末茶也未必就少。因此，切茶机的刀距应先松后紧，逐次筛切是较为合理的切轧方法。在生产中，切茶机常与抖筛机（或分筛机）联装。在采用先松后紧切轧的同时，只要不影响产量，还应注意适当增加切次，做到多抖多切或多分多切。每切一次都抖出（或分出）不必付切的茶，并根据切次不同分别处理，一般头几次切出的茶叶，都要取做高档茶，不可轻率降级。

③尽量避免不必要的切茶：头子茶经过切轧，不可避免地会产生部分碎末。付切的数量越多，所产生的碎末也越多。因此，在技术处理时，应尽量减少付切量，避免不必要的切轧。例如一部分高级炒青的抖头，可以先通过筛分、风选取出外形呈颗粒状的贡熙茶后再付切。一部分紧门头稍经轻切整形也可取做贡熙茶或雨茶。拣梗机拣出的机拣头、电拣头，外形较粗长，且梗、茶混杂。可先下锅经炒滚，使茶身收缩或断折后再将粗长筋梗捞出，仅将捞头付切，就可大大减少付切量。对于抖筛作业抽出的细筋，因其含有部分细嫩茶条，所以应反复筛分、风选，将其中的嫩茶基本取净后，再经轻切切短，拼入中低档茶。眉茶可取做特

针（秀眉特级）的面张。

（二）能力训练

1. 操作条件

操作条件如表9-8所示。

表9-8　操作条件

用途类别	设备、器具、材料	单位	数量
茶叶切轧实践	CGQ-20型滚切机	台	1
	6CCQ-50型齿切机	台	1
	绿毛茶	kg	若干

2. 安全注意事项

（1）操作前要穿好工作服。

（2）正确使用茶机。

3. 操作过程

操作过程如表9-9所示。

表9-9　操作过程

步骤	操作方法及说明	质量标准及记录
合理选用切茶机	根据付切茶的外形特点和取料要求合理选用切茶机	合理选用切茶机 □是　□否
控制付切茶含水量	将付切茶进行复火，掌握茶叶适当的含水量	一般含水量以4%～5.5%为宜，生轧其含水量多在7%～9.5% □是　□否
付切茶去除杂物	检查绿毛茶净度，去掉混入绿毛茶中的螺丝、铁钉、石子等杂物	付切茶净度适宜，无石、铁钉等夹杂物 □是　□否
控制上切茶流量	将绿毛茶倒入切茶机	茶叶适量，切轧流畅 □是　□否
调节切刀松紧	根据切茶机的刀距先松后紧，逐次筛切	切茶程度适宜，切后茶符合规格，碎茶少 □是　□否

（三）问题情境

1. 问题情境一：如果遇到茶叶轧制过程中出现大量碎末，导致正茶制率偏低，应该如何调整操作？

①检查茶叶原料：确保投入的茶叶原料符合轧制要求，避免过于干燥的茶叶进入轧制工序。

②调整轧制力度：适当减小轧辊的间隙或调整轧制压力，以减少茶叶在轧制过程中的机械损伤，从而降低碎末的产生。

③优化轧制工艺：通过调整轧制温度、时间等参数，使茶叶在轧制过程中能够更均匀地受力，提高茶叶的完整性。

2. 问题情境二：如果发现轧制过程中设备出现异常噪声或振动，可能是什么原因造成的？又应该如何处理？

①设备故障：检查轧辊、轴承等部件是否磨损或损坏，如有必要及时更换。

②设备松动：检查设备的紧固螺栓是否松动，如有松动需进行紧固。

③润滑不良：确保设备的润滑系统正常运行，及时添加或更换润滑剂。

④轧制压力过大：适当减小轧制压力，以避免设备因过载而产生异常噪声或振动。

⑤停机检查：如无法确定具体原因，应立即停机进行详细检查，防止故障进一步扩大。

3. 问题情境三：如果轧制后的茶叶出现破损或形状不整齐，可能的原因是什么？应该如何进行调整来改善轧制质量？

①轧制力度过大：适当减小轧辊的间隙或调整轧制压力，以避免茶叶在轧制过程中受到过大的压力而破损。

②茶叶湿度不合适：调整茶叶的湿度，确保茶叶在轧制前具有一定的柔韧性，避免因茶叶过于干燥而导致破损。

③轧辊表面磨损：检查轧辊表面是否磨损严重，如有必要进行更换或修复。

④茶叶投入量不均匀：确保茶叶在轧制过程中均匀投入，避免因投入量不均匀而导致轧制质量不一致。

⑤调整轧制工艺：通过调整轧制温度、时间等参数，使茶叶在轧制过程中能够更均匀地受力，从而提高轧制质量。

（四）知识拓展

武夷岩茶切细整形一般使用齿切机（又称为锯齿式切茶机），主要用于切断长条形的面张茶。齿切机整形可将圆筛二号筛的筛面茶倒入投料斗进行切细整形，使茶叶条形粗细匀整。低档龙井茶切轧可采用611型齿辊切茶机，将头子茶通过剪切、挤压、破碎等作用，使其长度减小，通过规定的筛孔。

（五）学习评价

学习评价如表9-10所示。

表9-10　学习评价

项目	内容	配分	得分	批注
工作准备（10%）	能正确理解工作任务的内容	5		
	能查阅资料，确认相关技术标准	5		
工作过程（90%）	能在小组内开展有序的分工	10		
	能穿好工作服	5		
	能戴好工作帽	5		
	能合理选用切茶机	10		
	能控制付切茶干度、净度和流量	30		
	能合理调节切刀松紧，控制切茶程度	30		

任务三　风选

职业能力｜能够掌握茶叶风选技术要点，熟练操作风选设备。

核心概念｜风选是分离茶叶身骨轻重的工序，并通过分轻重来取料定级和剔除次杂。风选机有吹风式和送风式两种，风选过程分为“毛剖”“定级扇”“清风”三种。

学习目标｜合理调节风力的大小、天门的高低和分隔板的角度；掌握风选定级、取料技术。

（一）基础知识

风选是利用风力选别机的风力作用，分离茶叶的轻重，去除黄片、碎片、茶末以及夹杂物。应用风扇分离轻重是分别等级的一个最重要的技术措施。

1. 风选机的选用及其操作技术

风选作业依靠风选机完成，风选机分为吸风式和吹风式两种。

（1）吸风风扇　分为单层和双层，双层风扇可减少复扇次数。吸风风扇有8个出茶口，也有6个出茶口的吸风风扇。风选取料定级作用主要是前面4个口，习惯上依次称为正口、正子口、子口、次子口。后面4个口出茶较少，主要用于配风。最后的平出口称尾口。正口茶身骨重实，品质好；正子口茶稍次，子口茶再次，次子口茶又次于子口茶。后面4个口的茶叶大多是些轻身、朴片及软质次杂，一般做副茶处理，只有五口、六口可取回部分低档茶。一些最轻的碎片毛衣从尾口飞出。由于混在茶叶中的铁钉、螺丝、石子等重质夹杂物，往往都落在一口，因此，一口常用于“隔砂”（或称“关砂”）。

风选操作技术主要是配风、天门和分隔板角度的调节。一般扇高档茶或上段茶进行风选作业时风力要大，进风口宜小，出茶口宜多关闭；扇低档茶或下段茶，风力要小，进风口宜大，出茶门宜多开启。此外，要想使一口、二口出茶多，天门宜低；反之，天门宜高。天门过高，茶叶飘落距离远，容易走料。天门过低，茶叶直落一口、二口，容易造成轻重混杂，分不清等级。分隔板的角度影响前、后两出茶口的数量。要想前口出茶多，后口出茶少（即降低前口茶身骨），分隔板应偏向后出茶口；反之，应偏向前出茶口。偏离的程度根据取料要求，以各口茶身骨轻重来定。总之，在操作时，要合理调节进风口的大小、出茶口的开闭、天门的高低和分隔板的角度，以达到良好的风选效果。

（2）吹风风扇　又名送风风扇，原为手摇式，现在多使用机动风扇。风箱下部有6个出茶口，茶叶分别依据抗风力的大小飘落到各出茶口卸出，分出轻重不同的茶叶。风力的控制主要在于调节无级变风把手。分隔板角度的调节与吸风风扇相同。

2. 风选定级过程

长短、大小、粗细一致的筛号茶，分号进入风选机风选，就可根据各口茶的身骨轻重来定级。眉茶加工中，按风选次数及作用的不同，习惯上将风选过程分为“毛剖”“定级扇”和“清风”三种。

（1）毛剖　对于眉茶来说，毛剖是指在制品在紧门之前过风选，也是第一次风选。毛剖是粗放地分轻重，可分出各口毛坯。毛剖的作用：一是便于紧门时根据各口茶质量的不同，相应掌握筛孔松紧；二是为定级扇打好基础；三是扇出一部分外形匀整的轻身茶，做中低档珍眉的面张，避免不必要的切轧。

（2）定级扇　是在制品经过紧门和撩筛后所进行的风选，也是茶叶定级的主要过程。定级时分剖扇和清扇两步进行。剖扇是将筛号分剖成各级粗坯，并扇去轻片、毛衣等次杂。清扇是将各级粗坯分别再进行净扇，使之基本符合各级成品茶的要求。原屯溪茶厂各口毛坯剖扇分级（粗坯）和几种粗坯清扇定级见表9-11、表9-12。

表9-11　原屯溪茶厂各口毛坯剖扇分级（粗坯）

出茶口	正口毛坯	正子口毛坯	子口毛坯	次子口毛坯
1	特一正口	特一正子口	雨茶或珍二	珍二
2	特一正子口	特二正子口	珍二或珍三	珍三
3	特二子口	特二子口	珍三或珍四	珍四
4	珍一或珍二	珍二	珍四或不列级	珍眉不列级

表9-12　原屯溪茶厂几种粗坯清扇定级

出茶口	特一正口粗坯	特一正子口粗坯	特二子口粗坯	珍二粗坯
1	特一正口	特一正子口	特二子口	珍二
2	特一正子口	特二子口	珍二	珍三
3	特二子口	珍二	珍三或珍四	珍四或不列级
4	珍一或珍一	珍三或珍四	珍四或不列级	珍眉不列级

定级扇是风选取料的主要过程。要求做到合理配风，按质取料，取足主级，兼顾下级，分级清楚，级级合格。

（3）清风　是在制品经过补火后所进行的最后一次风选。清风的目的是弥补定级扇的不足，把经补火后显露出来的轻身茶扇出去，以求得与标准样一致。清风是风选过程的最后一关，在制品经过清风就属于半成品，可交付拼配匀堆。

3. 风选取料技术

（1）根据毛茶不同取料　高级毛茶的在制品，往往条索细紧，内质较好，风选时身骨可扇得稍轻，使各口茶尽量往上提级，正子口、子口茶要取足主级，以提高制率。低级毛茶的在制品，条索粗松缺锋苗，香味、嫩度都欠佳，身骨要扇得重实，正子口、子口茶不宜多取高档，以保证质量。在同级毛茶中，春茶、高山茶因条索壮实，香高味厚，风选时要多取高一级的产品，身骨宜扇得稍轻；夏秋茶及低山平地茶因条索较瘦弱，香味较平和，身骨宜扇得重实。

（2）根据路别不同取料　本身茶坯和从细筋嫩梗中取回的嫩筋叶，条索细紧有锋苗，内质也好，风选时身骨可稍轻，以尽量往上提级，特别是要多提取高档茶。长身茶坯锋苗及内质稍差，身骨应比本身茶扇得重实，高档茶的取料率比本身茶要低。圆身路来的圆头、切轧头，外形较短秃，叶底破断，风选时身骨要扇得重实。轻身茶和从筋梗路来的拣头，须采用轻风剥皮扇将筋梗、朴片扇出，以保证质量。

（3）根据筛号不同取料　下段茶外形碎小，质量较差，而且加工中一般不经拣剔，风选时身骨宜扇得重实，以吹去丝筋、细片。上段茶条索稍松，含筋梗多，而且要作为成品的面张，风选时身骨也宜扇得重实。特别是撩头茶条索粗长欠紧，叶底往往欠嫩，更应注意提高身骨，以保证质量。中段茶条索细紧有锋苗，叶底也较匀嫩，其外形和内质均较上段茶、下段茶好，取料时身骨可扇得稍轻，以多取高档茶，提高制率。

（4）根据剖扇后口别不同取料　在眉茶精加工中，筛号茶经剖扇后，同级粗坯中分出正口、正子口和子口，各口粗坯再分别清扇定级。清扇时，应根据不同口别取料。正口粗坯条索紧实，叶底肥嫩，品质较好，清扇时身骨可扇得稍轻，以取足主级。但由于正口茶含砂石较多，因此风选机的第一口用于隔砂。正子口、子口粗坯条索稍松，身骨欠重实，含轻身及筋梗黄条多，质量次于正口，清扇时需要复扇，即以层层剥皮的扇法扇出轻身茶及部分筋梗黄条，提高身骨和净度。

总之，要根据付选茶坯的不同质量合理取料。质量好，注重提高制率，身骨可扇得稍轻；质量差，则注重提高质量，身骨应扇得重实。即习惯上所说的“好茶软扇，次茶硬扇”。

各类在制品风选取料时对身骨轻重的要求见表9-13。

表9-13 各类在制品风选取料时对身骨轻重的要求

项目	在制品来源	路别	孔别	剖扇后的口别
身骨可稍轻	高级毛茶、春茶、高山茶	本身茶、嫩筋叶	中段茶	正口粗坯
身骨宜重实	低级毛茶、夏秋茶、低山平地茶	长身茶、圆身茶、拣头	面张、下段茶	正子口、子口粗坯

（二）能力训练

1. 操作条件

操作条件如表9-14所示。

表9-14 操作条件

用途类别	设备、器具、材料	单位	数量
茶叶风选实践	6CFX-500型茶叶风选机	台	1
	绿毛茶	kg	若干

2. 安全注意事项

（1）操作前要穿好工作服。

（2）正确使用茶机。

3. 操作过程

操作过程如表9-15所示。

表9-15 操作过程

步骤	操作方法及说明	质量标准及记录
合理配风和调节天门高低、分隔板角度	根据付选茶质量和取料要求调节进风口的大小、出茶口的关闭、调节天门的高低和分隔板角度	出茶口数量适宜，无风口走料 □是 □否

续表

步骤	操作方法及说明	质量标准及记录
正确取料定级、剔除次杂	根据付选茶坯的不同质量合理控制筛孔松紧	分清茶叶身骨轻重，符合各级成品茶要求 □是　□否 质量纯净，无黄片、碎片、茶末以及夹杂物 □是　□否

（三）问题情境

1. 问题情境一：茶叶风选时出现风口走料，可能的原因是什么？

①原料特性：茶叶原料中可能夹杂了过多轻质、易被风吹走的杂质，这些杂质在风选过程中容易被风吹散，从而导致风口走料。

②设备设置：风选设备的风速、风量等参数设置不当，可能导致茶叶或轻质杂质被过度吹散，造成风口走料。具体来说，如果风速过高，茶叶和杂质就更容易被风吹走；如果风量过大，也可能导致茶叶在风选过程中分布不均，部分茶叶被吹走。

③操作不当：在风选过程中，如果操作不当，如投料量过大、投料不均匀等，也可能导致风口走料。

2. 问题情境二：当茶叶风选设备出现堵塞或卡料现象时，如何进行有效处理？

①检查并清理堵塞物：首先停机检查风选设备内部，找出堵塞或卡料的部位，清理掉堵塞物，确保设备畅通无阻。

②调整设备参数：根据茶叶的特性和风选要求，适当调整风选设备的风速、进料量等参数，避免再次发生堵塞或卡料现象。

③加强设备维护：定期对风选设备进行维护保养，检查设备的磨损情况，及时更换磨损严重的部件，确保设备处于良好状态。

3. 问题情境三：如果风选后的茶叶出现轻身朴片，可能的原因是什么？应该如何进行调整以改善风选质量？

①可能原因：一是筛分不彻底。在筛分过程中，如果筛分不彻底，茶叶中的轻质朴片未能有效分离出来，就可能在风选过程中被吹出，形成轻身朴片。二是风选参数不当。风选设备的风速、风量等参数设置不当，可能导致轻质朴片被过度吹散，而较重的茶叶则留在筛网上。

②改善方法：一是优化筛分过程。在筛分过程中，应确保筛分设备正常运行，筛网选择适当，筛分时间充足，以便将茶叶中的轻质朴片有效分离出来。二是调整风选参数。根据茶叶的特性和风选设备的特点，合理调整风选设备的风速、风量等参数。一般来说，可以通过降低风速或减少风量来减少轻质朴片的产

生。同时，也可以尝试调整风选设备的进出口位置或角度，以改善茶叶在风选过程中的分布和流动状态。三是加强设备维护。定期对风选设备进行维护和保养，确保其正常运行和性能稳定。特别是要注意清理风选设备内部的积尘和杂质，避免对风选质量产生不良影响。

（四）知识拓展

不同档次龙井茶精制可选用不同的风选机，高档龙井茶可选用6CFC-40型茶叶风选机，中档龙井茶可选用富阳叶峰EF40型茶叶风选机。目前，茶叶风选机研究主要在提高茶叶风选质量和风选过程中的稳定性、减少茶尘堆积等方面。

（五）学习评价

学习评价如表9-16所示。

表9-16 学习评价

项目	内容	配分	得分	批注
工作准备（10%）	能正确理解工作任务的内容	5		
	能查阅资料，确认相关技术标准	5		
工作过程（90%）	能在小组内开展有序的分工	10		
	能穿好工作服	5		
	能戴好工作帽	5		
	能合理配风和调节天门高低、分隔板角度适宜	20		
	能正确取料定级	30		
	能剔除次杂	20		

任务四 拣剔

职业能力｜能够掌握茶叶拣剔技术要点，熟练操作拣剔设备。

核心概念｜拣剔是拣出或剔除不符合成品茶品质要求的茶梗、筋、朴片、茶籽及非茶类杂物等。拣剔分为手工拣剔和机械拣剔，是茶叶精加工中剔除次杂、纯净质量的作业，是任何茶类精加工的必经工序。

学习目标｜能掌握茶叶手工拣剔、机械拣剔技术，拣净茶叶。

（一）基础知识

拣剔是茶叶精加工中剔除次杂、纯净质量的作业。虽然在筛分和风选过程中淘汰了部分次杂，但各孔筛号茶中仍混有与茶叶形状、重量相似的筋、梗、朴、籽以及非茶类的夹杂物，必须靠拣剔才能使净度达到要求。目前无论哪一种茶类，都必须经过这道工序。

高档茶净度要求高，拣剔对象多，原则上要求所有次杂都须拣除。低档茶净度要求比高档茶低，一般只需拣去粗筋梗、黄朴、铁、石等比较显眼的次杂即可。因此，所谓拣剔，主要是指对高中档茶的拣剔。各类在制品对拣剔的要求见表9-17。

表9-17　各类在制品对拣剔的要求

茶类	拣剔要求
珠茶、贡熙	主要是朴块、茶籽、砂子石块、零碎金属等杂质
珍眉、雨茶	以筋梗为主，其次是二黄条和黄朴、小的茶籽、蒂头以及竹木铁石等杂质
青茶	主要是梗朴、茶籽及非茶类的夹杂物
白茶	主要是梗朴、茶籽、蜡叶、红张、轻片及非茶类的夹杂物

拣剔按作业程序不同可分为毛拣与精拣。按方式不同分为机器拣剔与手工拣剔。机器拣剔又分阶梯式拣梗机拣剔（简称机拣）、静电拣梗机拣剔（简称电拣）和色选机（也称光电拣梗机）拣剔。

1. 拣梗机选用及操作技术

（1）阶梯式拣梗机　主要作用是分离茶梗和茶叶，拣粗老茶和长筋的效果较好，目前仍是茶叶精加工中使用最普遍的拣剔机械。阶梯式拣梗机的操作技术主要有两个方面：一是要控制茶叶流量，以付拣茶在拣槽内能成行直线滑行为适度，切忌流量过大，茶叶堆满拣槽，横直俱下，使梗、茶不能分离而造成误拣；二是要合理调节每道拣茶槽板之间的间隙。一般头道槽的拣槽间隙宜大，以净梗为主，以后各道拣槽的拣槽间隙适当调小，以净茶为主。拣头不净，混有茶叶，也可进行复拣。拣过一次的茶叶，若还混有不少筋梗，也应复拣。另外，还应根据付拣茶筛孔的不同，相应变换拣槽间隙的距离，以提高拣剔效果。

近年来，对阶梯式拣梗机进行了不少改革，如将拣床加长加大、增加拣床有效面积。一些茶厂将数台拣梗机联装，组成一条龙拣梗机组，每条“龙”专拣一个筛号茶，既方便作业联装，又能减少操作。

（2）静电拣梗机　是利用茶叶和筋梗在静电电场中所受到的静电感应力不同来进行拣剔的，擅长拣细筋嫩梗。由于茶叶含水量比筋梗少，静电感应较弱，不易被吸引；筋梗含水量较大，受到的作用力大，被导电滚筒吸引，越过分隔板与茶叶分离。

静电拣梗机操作时，可根据付拣茶品类的不同及气候情况合理调节电压高低、两滚筒距离和分隔板的位置。一般高档茶和水分含量低的付拣茶，或在低温低湿条件下，电压宜高，反之电压宜低。两滚筒的距离和分隔板的位置以能拣出筋梗为适度。在净茶时，两滚筒距离宜近，分隔板宜适当靠近送茶滚筒；在净梗时，两滚筒距离宜适当拉大，分隔板应适当离开送茶滚筒。一些轻质茶容易被吸出，误拣比较多，需要多次复拣。一般掌握在6～9次，可将多台电拣机联装。

电拣机的型号较多，在生产中还有一种利用塑料滚辊与毛皮滚辊互相摩擦来产生静电电场的拣梗机，也称为塑料拣梗机。这种拣梗机结构简单，造价低，用电省，维修方便，擅长拣轻质次杂。但拣剔效果容易受空气温度和湿度的影响，具有电场强度不足或不稳的缺点。电拣机与塑料拣梗机配合使用，则可提高拣剔效果。

（3）色选机　是利用色选光电传感器/电荷耦合器件（CCD）镜头，对茶物料中异色物体进行筛选工作。它是集光、机、电、气动于一体的高科技综合技术，工作流程：待分选的茶物料通过专用提升机输送到摆动进料斗，然后进入振动喂料器向上层溜槽滑道供料，形成速率均匀的茶物料流。在溜槽滑道中，茶物料经过找正轨道排列，下滑到检测区进行扫描、分辨、判别，不良品被剔除。经过上层分选后的茶物料落入下层料斗，再次进行色选，最后良品和次品分别进入下道工序，其作业原理示意图见图9-1。在茶叶加工中使用色选机拣剔茶梗等夹杂物，不但除杂效果好，避免茶叶过多断碎，达到拣剔质量高、工效高、制茶成本降低的加工效果，还可以优化精加工工艺。此外，茶叶不经过人手拣茶接触，避免了手工拣剔的潜在污染，从而更加卫生洁净，达到了清洁化加工的目的。

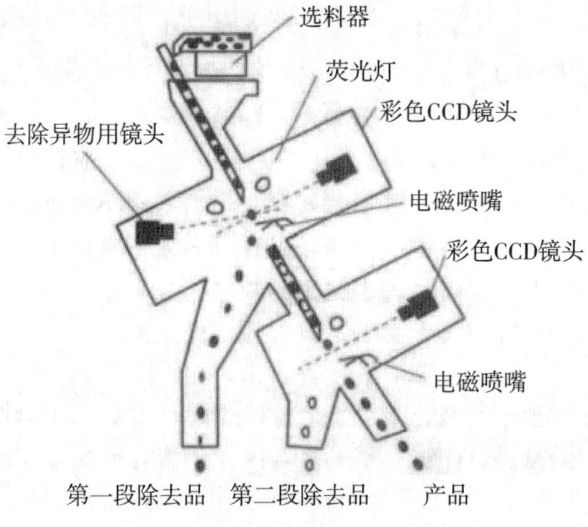

图9-1　茶叶色选机作业原理示意图

2. 手工拣剔

手拣有生拣与熟拣之分，补火之前的付拣称为生拣，补火车色之后的付拣称为熟拣。手拣的对象主要是机拣、电拣拣不出的筋梗、茶籽、朴和各种非茶类的夹杂物。手拣操作简单，先把付拣茶放在拣板的一角，用手撒出少许茶叶均匀地散布在拣板上，使拣剔对象全部暴露，然后双手并用，上下交取，拣头放于竹畚内，拣好的茶叶集中交由检验人员验收。所要拣的茶叶基本属于净度要求较高的高中档茶，重点是面张茶。但随着色选机的出现和普及，需要手拣的茶的数量在逐渐减少。

3. 提高拣剔效率的技术措施

目前为提高拣剔效率，普遍采用的措施是以精细的制工做净付拣茶，减少付拣量。其措施主要有筛制取梗（包括撩筛取梗和抖筛抽筋）、风选去杂和内销、外销结合取料等。拣梗过程中充分发挥机器拣剔的作用，在设备条件许可的情况下，适当增加机器拣剔的复拣次数，提高手拣茶的净度，尽量减少手拣的工作量。此外，采取集中拣梗与分散拣梗相结合，并适当采取保梗措施等提高拣剔效率。

（二）能力训练

1. 操作条件

操作条件如表9-18所示。

表9-18 操作条件

用途类别	设备、器具、材料	单位	数量
茶叶拣剔实践	6CJT-82型阶梯拣梗机	台	1
	绿毛茶	kg	若干

2. 安全注意事项

（1）操作前要穿好工作服。

（2）正确使用茶机。

3. 鉴定方法

（1）询问了解茶叶拣剔作业的原理和作用的情况。

（2）询问熟悉茶叶拣剔作业工序技术参数、要求和操作要领的情况。

（3）询问在茶叶拣剔作业中发现问题、分析问题的有关情况。

（4）检查的操作过程。

（5）逐人逐项鉴定验收，并将鉴定记录表于次日上交教师存档。

（三）问题情境

1. 问题情境一：茶叶拣剔效率低下，可能的原因是什么？应该如何改进提供拣剔效率？

①可能原因：人工拣剔时，工人疲劳或注意力不集中，导致拣剔速度下降。拣剔设备（如电拣机、色选机等）老化或性能不佳，无法高效识别并剔除杂质。

②改进措施：合理安排拣剔作业时间，避免工人长时间连续工作导致疲劳。引入先进的拣剔设备，如智能色选机，利用图像识别技术提高拣剔效率和准确性。对工人进行定期培训和技能提升，提高其对茶叶品质和杂质识别的能力。

2. 问题情境二：拣剔后茶叶质量不均，可能的原因是什么？应该如何进行调整来改善拣剔质量？

①可能原因：拣剔过程中，工人对茶叶品质的判断标准不统一，导致拣剔后的茶叶质量参差不齐。拣剔设备设置不当，无法根据茶叶的实际品质进行精确调整。

②改进措施：制订统一的拣剔标准和操作流程，确保每位工人都能按照标准执行。对拣剔设备进行定期校准和维护，确保其能够准确识别并剔除杂质，同时保持茶叶的完整性。引入质量管理体系，对拣剔后的茶叶进行抽样检测，确保质量符合标准要求。

（四）知识拓展

我国茶叶拣梗机的研制正式起始于中华人民共和国成立后，经历了阶梯式茶叶拣梗机、静电式茶叶拣梗机、色差式茶叶拣梗机等研制发展过程。CGJ-65型阶梯式茶叶拣梗机、6CJJ-82型阶梯式茶叶拣梗机直至目前仍为国内使用最广泛的茶叶拣梗机。高压静电拣梗机在武夷岩茶的精制加工中，主要用来拣剔毛发、纤维丝等。中档龙井茶可采用6CSX-640S型捷迅茶叶色选机，通过色泽筛选剔除老梗、黄朴片（头）、青条及其他杂物。

随着计算机等高技术的不断发展，茶叶的智能识别技术也取得了新的进展。例如徐捷（2012）设计了一套具有智能化控制策略的茶叶辨识分选系统，该系统以现场可编程门阵列（FPGA）与数字信号处理（DSP）双核并行运行为核心，能迅速准确地将茶叶残次品剔除，具有设备体积小、便于安装、系统稳定性好、茶叶选别率高等优点。陈笋等（2013）提出了一种基于最小错误率贝叶斯决策的茶叶茶梗快速有效分拣方法，该方法通过决策树对茶叶茶梗的图片进行快速选别，以最小外接圆半径与最大内切圆半径比为特征，具有茶叶茶梗识别正确率高、所用时间较短、实用性与可行性强等优点。德国某公司开发了X光分选及金属探测技术，可以通过物料的颜色、形状或尺寸进行精确识别和分选，该设备应用面广，并且销量较好。

（五）学习评价

学习评价如表9-19所示。

表9-19　学习评价

序号	鉴定内容	优良	合格	不合格	教师签名
1	认识茶叶拣剔作业设备				
2	了解茶叶拣剔作业的原理和作用				
3	询问学生熟悉茶叶拣剔作业工序技术参数、要求和操作要领				
4	询问学生在茶叶拣剔作业中发现问题、分析问题的有关情况				

任务五　干燥

职业能力｜掌握干燥技术要点，能熟练操作干燥设备。

核心概念｜干燥的主要作用是除去茶叶多余水分，紧结外形，提高色、香、味，是关系到精茶质量和制率的重要作业。影响干燥效果的主要因素是投叶量、干燥时间和火温，三者相辅相成，相互关联。

学习目标｜正确选用干燥机具、适当控制火功、烘茶量、干燥时间。

（一）基础知识

1. 干燥机械及其操作技术

目前精加工厂使用的干燥机械，主要有烘干机、炒锅机、自动电热炒车机等。

（1）烘干机　是使用最普遍的干燥机械，各茶类均可使用。烘干机采用高温短时的方式干燥，茶叶含水量多，采用薄摊；茶叶含水量少，可以厚摊。一般多使用中速或慢速，烘茶时间10～20min，进风口温度一般控制在120℃左右。青茶要求火功饱满，温度较高。红茶、绿茶温度较低。

烘干机具有产量高、联装方便、不易产生焦茶和碎茶等优点。但烘干的紧条作用较差，对于需要车色的绿茶没有车色作用。

（2）炒锅机　具有一定的车色作用。炒锅机炒茶宜采用低温长炒，每轮茶的炒茶时间为45～60min，火温70～110℃。毛茶复火或茶叶含水量较多，可采用90～110℃，筛号茶补火或茶叶含水量较少，用70～100℃。无论炒什么茶，温度都应先高后低。此外，一般炒下段茶，炒手须升高；炒上段茶，炒手须降低，使茶叶在锅内既能翻拌均匀，又不至于抛出锅面。

炒锅机炒过的绿茶具有条索紧结、色泽绿润、香味透发等优点。但炒锅机因不便于联装，且操作时劳动强度较大、茶条容易断碎等，近年来逐步被烘干机和自动电热炒车机取代。

（3）自动电热炒车机　具有干燥和车色作用。炒茶温度掌握在110～120℃，炒茶时间约35min，滚筒转速32r/min，茶叶沿筒壁滚磨，一般不易焦茶，台时产量80kg。自动电热炒车机边炒茶边车色，炒过的茶叶色泽绿润起霜，条索尚紧结，碎茶比炒锅机少，香味较透发，适用于绿茶炒车。进茶、出茶、炒茶、车色均能做到自动控制，无须人工搬运茶叶，操作简单，上、下工序联装方便，在性能上是目前较为理想的绿茶精加工干燥机械。

2. 影响干燥效果的因素

影响干燥效果的主要因素是投叶量、干燥时间和火温，三者相辅相成，相互关联。

（1）投叶量　在火温及干燥时间相同的情况下，投叶量过多，干燥速度慢，水分不易排除，往往达不到干燥要求，而且茶叶在湿热作用下，容易产生闷蒸现象。投叶量过少，炒锅机操作稍有不慎，容易出现老火或焦茶。投叶量应根据茶叶含水量的多少及透火性能的不同来掌握。一般含水量多，不易透火的茶叶，干燥时投叶量宜少；而含水量少，容易透火的茶叶，投叶量可稍多。

（2）干燥时间　锅炒或滚炒时间过长会增加碎末茶。干燥时间过短，若火温不够高，茶叶干度不易达到要求。炒、滚时间过短，外形不够紧结，色泽也不够绿润。火温、茶叶含水量及透火性能会对干燥时间的长短造成影响，其要求见表9-20。目前，机械制茶为了适应连续生产的需要，每轮茶叶的干燥作业时间大部分已基本固定，但是操作时也要根据不同情况，合理掌握干燥时间的长短。

表9-20　不同情况下茶叶对干燥时间的要求

项目	火温	茶叶含水量	茶叶透火性能
干燥时间宜长	低	多	不易透火
干燥时间宜短	高	少	易透火

（3）火温　在茶叶干燥过程中，各干燥机械的投叶量和每轮茶的干燥时间基本确定，仅通过调节火温高低来达到干燥的要求，因此，火温是影响干燥效果的主要因素。干燥火温高低决定着火功的高低，火功会影响茶叶质量和取料。

3. 火功高低的掌握

精茶的优良质量与精加工干燥过程的火功有密切关系。在干燥过程的火功作用下，茶叶内含物质发生一系列热化反应，从而引起茶叶含水量、外形、香气、汤色、滋味和叶底的变化。因此，合理掌握火功是提高精茶内质的关键技术。

所谓火功恰当，就是要根据茶叶的不同类型，采用不同的火功处理，即“看茶用火”，具体要求见表9-21。此外，圆形的珠茶、贡熙，茶身圆紧卷曲，水分不易蒸发，火温宜高；长形的眉茶、雨茶，火温可比珠茶、贡熙低。初加工时毛茶已高火，精加工时火温宜低；毛茶火功不足，有青气、水闷气等不良气味，精加工时火温宜高。毛茶复火，火温宜高，以除去多余水分，使茶身收缩，便于紧门取料。筛号茶补火，火温宜低，以发展茶叶的色、香、味。

表9-21　各类在制品干燥时对火温高低的要求

项目	茶叶含水量	茶叶等级质地	风选口别	风选路别	上段茶、中段茶、下段茶	待切茶样	绿茶类型
火温宜高	多	低档粗老茶	正口茶身骨较重实	本身茶条索紧结	下段碎茶	付切轧的粗大头子茶	炒青
火温宜低	少	高档细嫩茶	子口茶身骨较轻	长身茶条索稍松	上段面张茶	不需切轧的茶	烘青

火温高低是相对而言，掌握原则：高者不至于散失茶叶的香气，更不能老火焦茶；低者不能导致精茶水分达不到要求。具体用火的温度，因干燥机械而异，不能一概而论。

（二）能力训练

1. 操作条件

操作条件如表9-22所示。

表9-22　操作条件

用途类别	设备、器具、材料	单位	数量
茶叶干燥实践	6CH-16型茶叶烘干机	台	1
	绿毛茶	kg	若干

2. 安全注意事项

（1）操作前要穿好工作服。

（2）正确使用茶机。

3. 操作过程

操作过程如表9-23所示。

表9-23 操作过程

步骤	操作方法及说明	质量标准及记录
控制烘茶量	将茶叶均匀地摊放至干燥筛上，茶叶含水量多，薄摊；茶叶含水量少，厚摊	适宜的烘茶量 □是 □否
控制烘干时间	根据待烘茶样设置烘干时间	适宜的烘干时间，茶叶烘至足干 □是 □否
控制烘干火温	根据待烘茶样设置烘干火温	适宜的烘干火温，无老火焦茶 □是 □否

（三）问题情境

1. 问题情境一：烘干的茶样里出现焦茶的情况，可能是什么原因导致的？

①烘干温度过高：如果烘干设备的温度设置过高，或者温度控制不准确，就可能导致茶叶在烘干过程中被过度加热，从而出现焦茶现象。

②烘干时间过长：烘干时间过长同样会使茶叶在持续高温下发生焦煳。

③茶叶摊放厚度不均匀：茶叶在烘干设备中的摊放厚度如果不均匀，可能导致部分茶叶过度受热而焦煳。特别是当摊放过厚时，茶叶内部的热量不易散发，容易造成焦茶。

④烘干设备内部积灰：如果烘干设备内部长期未进行清洁，积灰可能导致热量分布不均，进而影响烘干效果，造成焦茶。

2. 问题情境二：茶叶干燥效果不理想，可能是哪些原因导致的？

①干燥设备选择不当：不同类型的茶叶需要不同的干燥设备。如果选择的干燥设备不适合所加工的茶叶类型，就可能导致干燥效果不理想。

②干燥温度和时间控制不准确：干燥温度和时间是影响干燥效果的关键因素。如果温度过低或时间过短，茶叶可能无法达到理想的干燥程度；如果温度过高或时间过长，则可能导致茶叶过度干燥或焦煳。

③茶叶摊放方式不当：茶叶在干燥设备中的摊放方式也会影响干燥效果。如果摊放过于密集或不均匀，可能导致部分茶叶干燥不足或过度干燥。

④茶叶本身特性：茶叶的含水量、形状、大小等特性也会影响干燥效果。例如，含水量较高的茶叶需要更长的干燥时间和更高的温度才能达到理想的干燥程度。

（四）知识拓展

高档龙井茶头子复火可采用5CH-20型茶叶辉锅机降低茶叶水分、收紧茶条，使头子茶更均匀一致。低档龙井茶复烘可采用6CH-20型链板式烘干机降低茶叶水分，调整外观色泽，使色泽均匀一致。武夷岩茶烘干设备为复火工序、焙火工序所需，有炭焙设备设施、链板式烘干机（热源为颗粒燃料、燃油或电能等）、箱式烘干机（热源为电能）等。制备小样时一般选用箱式烘干机，少量精品茶常使用炭焙设施或箱式烘干机，连续化生产线精制加工常使用链板式烘干机。

（五）学习评价

学习评价如表9-24所示。

表9-24　学习评价

项目	内容	配分	得分	批注
工作准备（10%）	能正确理解工作任务的内容	5		
	能查阅资料，确认相关技术标准	5		
工作过程（90%）	能在小组内开展有序的分工	10		
	能穿好工作服	5		
	能戴好工作帽	5		
	能合理控制烘茶量	25		
	能正确控制烘干时间	20		
	能正确控制火温	25		

任务六　成品拼配技术

职业能力｜掌握成品拼配技术。

核心概念｜成品拼配是茶叶精加工的最后一道作业。成品拼配就是根据各花色等级产品的质量要求，将各类半成品（各筛号茶）按一定比例合理拼配，组合成各花色等级的成品茶。

学习目标｜能根据成品茶品质要求进行茶叶拼配。

（一）基础知识

1. 拼配原则

（1）保证产品合格和保持品质相对稳定　精制执行对样加工，各级标准样是衡量产品质量的实物依据，必须严格对样拼配。要保证产品符合标准，保持全年出厂的各级精茶，前期、中期、后期各批（次）质量相对稳定，避免产品质量忽高忽低，前后不一，更不能低于标准出厂。

（2）加强经济核算，严防走料　在精加工过程中，由于操作者技术水准的差异和机械效能的不同，某些半成品茶的质量偏高现象在所难免。拼配是精加工的最后关口，在选用半成品时，若发现有走料现象，必须退回车间重新提取。一般的质量稍高，可在拼配时适当调剂，防止高于标准的茶叶出厂。只有这样，才能在保证产品合格的前提下，充分发挥茶叶的最高经济价值，提高企业经济效益。

2. 拼配内容和拼配技术要领

（1）拼配的内容　成品茶由半成品组成。由于各类半成品的质量差异大，只有通过拼配才能缩小差异，调剂质量，使之成为合格的成品茶。因此，成品拼配的核心是半成品质量的调剂，包含半成品原料的等级、季别、产区、类别、筛号茶、路别、身骨和批次调剂。

（2）拼配技术要领　成品拼配技术要领可归纳为五个方面，即“一大诀窍”“二个看准”“三个有数”“四个掌握”和“五点注意”。

①拼配的“一大诀窍”：“扬长避短，显优隐次，高低平衡”。所谓“扬长避短”主要是指发扬本厂产品的传统风格，尽量发扬长处，避免出现短处，以“长”盖“短”。“显优隐次”主要是指半成品质量的“优”“次”调剂，单孔筛号茶质量有高有低、有优有次，拼配时要尽量把筛号茶的质量优势显现出来，同时消减劣势、弥补缺陷。“高低平衡”就是以标准样为依据，把质量高的调低、质量低的调高，使之达到平衡。高低平衡是拼配的核心。

②拼配对样的“二个看准”：看准标准样和看准参考样。拼配时首先要看准标准样，对标准样的八项质量因子要进行全面分析；准确把握标准样的外形规格、条索的松紧、筛档的比例、各路各口茶的比重、含筋梗杂物的多少、叶底的匀嫩程度等质量情况，以便对样拼配。其次，标准样都属于陈茶，其色香味并不标准，需再另选一套具有本厂传统风格的当年新茶作为参考样，以加强色、香、味方面的审评。

③拼配前必须做到“三个有数”：对半成品的原料来源要胸中有数，对半成品的质量情况要做到胸中有数，对半成品的数量要胸中有数。

④拼配中必须做到“四个掌握”：一是掌握基准茶、调剂茶、拼带茶的质量关系和拼配比例，原屯溪茶厂半成品的拼配分类见表9-25。在试拼小样的时候，要根据各类茶的不同作用，合理掌握其拼配比例。由于基准茶质量较好，数量较大，先可选用基准茶做骨架，然后拼入调剂茶将质量调至大体接近标准，再酌情、小心地加入拼带茶。如果小样质量尚好，可多加拼带；如果小样质量欠佳就要少拼或不拼拼带茶，甚至还有必要适当限制某些调剂茶的比例。如此由高调到低直至符合标准。二是掌握各种质量缺陷的纠正技术（表9-26、表9-27）。三是掌握传统风格，充分发挥传统风格，严格对样。四是掌握“以高带低”，尽量缩小离样的幅度，严格对样出厂。

表9-25　原屯溪茶厂半成品的拼配分类

项目	半成品原料	半成品筛档	半成品路别	半成品身骨
基准茶	高级毛茶、春茶	上段茶	本身茶	正口茶
调剂茶	中低级毛茶、夏秋茶	中段茶	长身茶	正子口茶、子口茶
拼带茶	内质低次毛茶	下段茶、大撩头	圆身茶、拣头	轻身茶

表9-26　小样外形常见偏低因子的纠正措施

品质因子	偏低缺陷	纠正措施
条索	面张粗长	①少拼面张；②将长身茶、4孔正子口茶撩筛去头
	短秃缺锋苗	①多拼本身茶和高级毛茶的半成品；②剔除圆身茶
	身骨欠重实	①多拼正口茶和主级产品，少拼副级产品；②剔除子口茶、轻身茶
净度	面张露筋多梗	①少拼或剔除拣头；②推门；③撩筛去头或将头复拣
	多朴片	①复扇去朴片；②复抖或飘筛去朴片
整碎	脱档缺中段	①多拼中段茶；②少拼面张和下段茶
	短碎拖脚	①多拼面张中段；②少拼下段剔除小圆头
色泽	花杂欠润	①多拼春茶；②提高净度；③绿茶加强车色

表9-27　小样内质常见偏低因子的纠正措施

品质因子	偏低缺陷	纠正措施
香气滋味	香低味淡	①多拼春茶、高山茶和高级毛茶的半成品；②少拼夏秋茶、平地茶及中低级毛茶的半成品
	有老火及异味	剔除老火及异味茶
汤色	深汤、暗汤、浑汤	剔除老火茶、陈茶、次品茶、劣变茶
叶底嫩度	欠嫩软	①多拼高级毛茶的半成品，多拼本身茶、正口茶、中段茶和嫩筋；②少拼中低级毛茶的长身茶、圆身茶、子口茶
叶底色泽	有焦末、多红筋叶或青张暗叶	剔除焦茶、次品茶和劣变茶

⑤拼配的“五点注意”：一是注意扦准半成品小样。小样是成品匀堆的依据，各类半成品小样的扦取必须具有代表性，其拼配的比例必须计算准确。二是注意留有余地。拼配时要估计可能会出现的质量偏差，适当留一部分基准茶、调剂茶和拼带茶，以防匀堆过程中大样一旦对不上小样时，好做高低调整，避免返工。三是注意及时扦取大样校对。匀堆过程中要及时多次扦取大样与标准样及小样核对。匀堆装箱的前期、中期、后期大样，也要互相对比，一旦发现匀堆不匀或与小样不符时，要及时采取措施补救或翻堆。四是注意快出成品，减少库压。因半成品仓库容量有限，长时间存放的半成品含水量容易超过出厂标准，从而增加重

新补火的麻烦。因此，一旦各类半成品够拼一唛成品茶，就立即着手拼配出厂，以减少库存，缩短加工周期，加快资金回笼。五是注意口岸或商品检验部门的验收意见。口岸或商品检验部门的验收意见对当年的质量掌握具有指导意义。

（二）能力训练

1. 操作条件

操作条件如表9-28所示。

表9-28 操作条件

用途类别	设备、器具、材料	单位	数量
茶叶拼配实践	审评器具	套	若干
	绿毛茶	kg	若干

2. 安全注意事项

（1）操作前要穿好工作服。

（2）正确使用茶机。

3. 鉴定方法

（1）询问了解茶叶拼配作业的原理和作用的情况。

（2）询问熟悉茶叶拼配作业工序技术参数、要求和操作要领的情况。

（3）询问在茶叶拼配作业中发现问题、分析问题的有关情况。

（4）检查操作过程，逐天逐项鉴定验收，并将鉴定记录表于次日上交教师存档。

（三）问题情境

找出茶叶拼配作业工序中出现的问题，分析产生原因，提出改进措施。

①存在的问题：一是拼配不均匀。在茶叶拼配过程中，经常出现不同品种、等级或产区的茶叶混合不均匀的现象，导致成品茶的质量不稳定，口感和香气差异较大。二是夹杂物含量超标。拼配后的茶叶中常常夹带有梗、片、末等杂质，影响了茶叶的纯净度和品质。三是断碎率高、损耗大。在拼配和精制过程中，茶叶容易受到机械损伤，导致断碎率上升，增加了生产成本和损耗。

②产生原因：一是人工操作不精确。传统茶叶拼配主要依赖人工操作，难以实现精确计量和均匀混合，导致拼配不均匀和夹杂物含量超标。二是设备落后。部分茶叶加工厂使用的拼配和精制设备较为落后，自动化程度低，无法满足现代茶叶生产对精准度和效率的要求。三是管理不规范。茶叶拼配作业缺乏标准化的管理流程和质量控制体系，导致操作过程中的随意性和不确定性增加。

③改进措施：一是引入自动化、清洁化精制加工生产线。通过自动化控制系统实现精确计量和均匀混合，提高拼配精度和效率。利用除尘器等设备减少夹杂物含量，提升茶叶纯净度。二是优化拼配工艺。采用先进的茶叶分级技术，将茶叶按照等级、产区等特征进行细分，为精准拼配提供基础。建立完善的拼配配方库，根据市场需求和消费者偏好，灵活调整拼配方案。三是加强人员培训和管理。对茶叶拼配作业人员进行专业培训，提高其对茶叶品质的认识和操作技能。制订标准化的操作流程和质量控制标准，加强对拼配过程的监督和检查。引入质量管理体系，对拼配后的茶叶进行质量检测和评估，确保成品茶符合质量标准。

（四）知识拓展

茶叶拼配是商品茶叶加工的重要步骤，拼配技术不仅应用在原叶茶中同茶类拼配，还应用于原叶茶中多茶类组合、再加工茶混合拼配。例如何娟（2019）将一定比例的绿茶和乌龙茶进行同批同机组合生产，开发出一种具有减肥降脂功效的新茶品；陈力（2015）发现福建茉莉花茶拼配中多以茶毫显、香浓的闽东原料为主料，辅以滋味浓厚、香气显的闽北原料；而张强等（2005）研究发现，拼配部分云南原料可弥补福建花茶、湖南花茶滋味不足的问题。

近年来，研究人员发现利用不同数学模型可以求解拼配比例，进而使拼配最终样品达到与标准一致。通过高光谱图像技术结合数学模型可以相对准确预测出拼配茶叶的比例。通过电子鼻技术和可见近红外光谱技术信息融合可以有效鉴别不同类型古树普洱、台地普洱以及不同比例的混合普洱茶之间的特征差异。随着茶叶产品质量检测新技术和计算机处理技术的不断发展，"数字化""机械化""智能化"成为拼配技术的发展趋势。

（五）学习评价

学习评价如表9-29所示。

表9-29　学习评价

序号	鉴定内容	优良	合格	不合格	教师签名
1	认识茶叶拼配作业设备				
2	了解茶叶拼配作业的原理和作用				
3	询问熟悉茶叶拼配作业工序技术参数、要求和操作要领				
4	询问在茶叶拼配作业中发现问题、分析问题的有关情况				

任务七　成品匀堆与装箱技术

职业能力｜掌握成品匀堆和装箱技术。

核心概念｜成品匀堆与装箱是茶叶精加工的最后一道作业。匀堆就是将拼配方案付诸实施，把需要拼配在一起的半成品均匀地混合。装箱是将匀堆后的成品茶按照一定的要求包装出厂。

学习目标｜能根据成品茶品质要求进行茶叶匀堆与装箱。

（一）基础知识

匀堆的目的是把经过加工的同花色、同级别半成品按拼配方案均匀地混合在一起，组合成成品茶。匀堆要严格按照成品拼配方案进行，匀堆后的成品茶要求均匀一致，符合成品要求。匀堆往往与装箱联装在一起，组成匀堆装箱联合机。20世纪70年代后，大多数茶厂采用行车式匀堆装箱机。

匀堆技术首先要控制进茶斗各筛号茶的流量比例。由于目前大多数茶厂还未使用茶叶 流量计和出茶门开度自动调节装置，全凭经验操作。这就要求严格按照各筛号茶的拼配比例，认真调节好进茶斗各出茶门的开度，控制各筛号茶的流量，使流量均匀，不能忽大忽小，并使各筛号茶同时流完，不能有先有后。否则会造成匀堆不匀，前堆与后堆出现差异，大样对不上小样，影响成品茶质量均一，甚至不符合标准，需要翻堆。其次，控制拼和斗底板开斗顺序及开口大小。由于输送带的承载量有限，不可能将整排所有的斗都同时放茶，一般只开2～4个斗，并按斗的排列次序做到前、中、后穿插搭配开放。每次开斗抽出底板时注意先小后大，避免茶叶下落过多而超过输送带的承载能力。开口的大小因茶而异，一般外形细小的茶或高档茶开口宜小；外形粗大的茶或低档茶开口可稍大。最后，匀堆的级别次序应从高逐级到低。此外，由低级茶转换匀堆高级茶时，各个茶斗、输送带均应清扫干净，避免次茶混入好茶中影响整体质量。转换花色时，更须仔细清扫。

拼和均匀的茶叶即可过磅装箱。开始装箱时，因为茶叶的流量和输送带的运行不够稳定，会影响匀堆的匀度，故应将一定数量的先装茶倒回重新匀堆。正式装箱后，要及时扦取大样送交审评室核对，以便发现问题并及时处理。

匀堆装箱后，为防止成品茶吸湿回潮，应立即封口、钉盖，并打包刷唛出厂。

（二）能力训练

1. 操作条件

操作条件如表9-30所示。

表9-30　操作条件

用途类别	设备、器具、材料	单位	数量
茶叶匀堆与装箱实践	行车式茶叶匀堆装箱机	台	1
	绿毛茶	kg	若干

2. 安全注意事项

（1）操作前要穿好工作服。

（2）正确使用茶机。

3. 鉴定方法

（1）询问了解茶叶匀堆与装箱作业的原理和作用的情况。

（2）询问熟悉茶叶匀堆与装箱作业工序技术参数、要求和操作要领的情况。

（3）询问在茶叶匀堆与装箱作业中发现问题、分析问题的有关情况。

（4）检查操作过程，逐天逐项鉴定验收，并将鉴定记录表于次日上交教师存档。

（三）问题情境

找出茶叶匀堆与装箱作业工序中出现的问题，分析产生原因，提出改进措施。

①存在的问题：一是匀堆不匀。在匀堆作业中，茶叶未能达到预期的均匀混合，存在局部茶叶品质差异大的问题。这可能导致成品茶在口感、香气和外观上出现不一致。二是装箱不当。装箱时茶叶压实度不一致，可能导致箱内茶叶松紧度不同，影响茶叶的保存和运输。装箱过程中可能出现茶叶外溢或箱内空隙过大，造成包装不美观且易受损。

②产生原因：一是匀堆不匀的原因。匀堆设备和技术落后，无法有效实现茶叶的均匀混合。操作人员技能不足，对匀堆作业的理解和执行不到位。茶叶本身特性差异大，如形状、密度等，增加了匀堆的难度。二是装箱不当的原因。装箱设备自动化程度低，依赖人工操作，导致压实度和装箱质量不稳定。操作人员缺乏标准化培训，对装箱标准和要求理解不一致。茶叶在装箱前的处理不当，如未进行充分的匀堆或筛分，导致装箱时茶叶状态不一致。

③改进措施：一是改进匀堆作业。引入先进的匀堆设备和技术，如使用自动化匀堆机或气流匀堆技术，提高匀堆效率和均匀度。加强操作人员培训，提高其对匀堆作业的理解和操作技能，确保匀堆质量。对茶叶进行充分的筛分和分级，减少茶叶本身特性差异对匀堆的影响。二是优化装箱作业。升级装箱设备，提高自动化程度，减少人工操作带来的误差和不稳定因素。制订标准化的装箱流程和操作规范，对操作人员进行标准化培训，确保装箱质量和一致性。在装箱前对茶叶进行再次匀堆和检查，确保茶叶状态一致，避免装箱时出现外溢或空隙过大的问题。三是加强质量监控。在匀堆和装箱作业过程中设置质量监控点，对茶叶的

均匀度和装箱质量进行实时监测和记录。对出现问题的批次进行追溯和分析，找出问题根源并采取纠正措施。定期对匀堆和装箱设备进行维护和保养，确保其正常运行和精度。

（四）知识拓展

匀堆与装箱有人工和机械两种方式。在武夷岩茶的精制过程中，中小批量（5t以下）基本采用人工打堆拼配的方式，拼配场地一般采用瓷砖、木板或食品级不锈钢板铺设；大批量（5t以上）一般采用机械拼配，常用设备为滚筒式匀堆机和行车式匀堆机。龙井茶精制可选用6CYD-16型茶叶匀堆装箱机，云南红茶则可选用静冈式匀堆机将半成品均匀混合成符合要求的成品。

（五）学习评价

学习评价如表9-31所示。

表9-31 学习评价

序号	鉴定内容	优良	合格	不合格	教师签名
1	认识茶叶匀堆与装箱作业设备				
2	了解茶叶匀堆与装箱作业的原理和作用				
3	询问茶叶匀堆与装箱作业工序技术参数、要求和操作要领				
4	询问在茶叶匀堆与装箱作业中发现的问题、分析问题的有关情况				

课后练习题

（一）选择题

1. 将茶树上采下的鲜叶加工成毛茶的过程称为（ ）。

A. 茶叶初制　B. 茶叶精制　C. 茶叶深加工　D. 茶叶拼配

2. 目前外销红、绿茶加工的主要拼和付制方式之一是（ ）。

A. 单级付制，多级回收　B. 单级拼和，阶梯式付制

C. 多级付制，单级回收　D. 单等拼和，交叉付制

3. 茶叶拼配诀窍是（ ）。

A. 扬长避短，显优隐次，高低平衡

B. 优次分明，匀整美观，提高质量

C. 调剂品质，统一规格，增加效益

D. 掌握基准茶、调剂茶、拼带茶的品质关系和拼配比例

4. 关于毛茶精制“单级付制，多级回收”，下列叙述正确的是（　）。

A. 每批付制的原料由两个以上级别的毛茶拼和而成，经加工后回收的产品往往有多个级别

B. 毛茶单级拼配付制，经加工后回收的产品往往有多个级别

C. 每批付制的原料由两个以上级别的毛茶拼和而成，制成的产品基本一个级别

D. 以上都不正确

5. 平面圆筛机在使用前，应检查压紧门是否压紧（　）。

A. 筛床　　B. 筛床座　　C. 筛网　　D. 机架

6.（　）是进一步分清级别、轻重，使各级茶达到规格要求。

A. 净扇　　B. 剖扇　　C. 清风　　D. 撼盘

7. 在制品风选定级之前付拣称为（　）。

A. 毛拣　　B. 精拣　　C. 手拣　　D. 机拣

8. 吹风式风选操作技术，风力的控制主要在于调节（　）。

A. 出茶口开闭　　B. 天门高低　　C. 分隔板角度　　D. 无级变风把手

9. 匀堆机出茶滑门开启，一般应（　），以防茶叶下落太多，超出下平输送带承载能力或拼合不匀。

A. 先小后大　　B. 先大后小　　C. 先左后右　　D. 先上后下

10. 手拉式百叶烘干机是用（　）控制出茶门的启闭，以防止热气的流失。

A. 手拉杆　　B. 操作百叶板　　C. 调节风门　　D. 连接杠杆

11. 低级茶要求火候饱足，以（　）。

A. 馥郁花香　　B. 弃尽粗气　　C. 弃除粗涩味　　D. 消除水分

12. 眉茶是以（　）绿茶为原料，经筛分、切轧、风选、拣剔、车色、拼配等精制工序制成的、符合一定规格要求的成品茶。

A. 烘青　　B. 长炒青　　C. 圆炒青　　D. 扁炒青

13. 屯绿茶区传统干燥工艺流程是（　）。

A. 烘二青（湿坯）—锅炒毛坯（三青）—锅炒足干（辉锅或足火）

B. 锅炒毛坯（二青或湿坯、三青或毛火）—锅炒足干（辉锅或足火）

C. 滚二青（湿坯）—炒毛坯（三青）—滚足干

D. 滚二青（湿坯）—滚三青（毛坯）—炒足干

14. 茶叶自动化精制包装生产线升级与创新的主要目的是（　）。

A. 提高生产效率　　B. 降低茶叶品质　　C. 增加生产成本　　D. 减少自动化水平

15. 以下哪项不属于茶叶智能化加工的技术？（　）

A. 茶叶智能杀青　　B. 茶叶智能揉捻　　C. 茶叶传统烘干　　D. 茶叶智能干燥

16. 智能揉捻技术主要监控哪些参数以确保茶叶品质？（　）

A. 杀青温度和时间　　B. 揉捻力度和加料量

C. 茶叶颜色和香气　　D. 干燥程度和含水量

17. 智能茶叶干燥机的主要优势是什么？（　）

A. 降低茶叶品质　　B. 节能降耗，保持茶香和干燥度

C. 增加生产成本　　D. 减少智能化程度

18. 茶叶智能化初制过程中，智能杀青技术主要利用了什么技术来实现实时监测茶叶水分含量和精准控温？（　）

A. 红外光谱辐射技术　　B. 紫外线技术

C. X射线技术　　D. 微波技术

（二）判断题

1. 筛分是通过筛网的机械运动，使茶叶分清长短、大小、粗细、轻重的工序。（　）

2. 毛茶加工包括筛分、切轧、风选、拣剔、干燥等作业流程，程序的先后必须遵循一定的原则，以利于取料加工。其筛分、风选的流程原则是先筛分后风选。（　）

3. 茶叶加工中，通常将10孔以下的筛号茶称为下段茶。（　）

4. 高档细嫩茶火温宜高。（　）

5. 广东乌龙茶精加工一般采用“多级付制、单级收回”。（　）

6. 生产线自动化控制技术的应用，使得白茶精制加工的生产效率得到了显著提升。（　）

7. 茶叶智能化加工技术包括智能杀青、智能揉捻及智能干燥等环节。（　）

8. 智能茶叶干燥机能够实现茶叶烘干的均匀性，但无法节能。（　）

9. 茶叶智能化加工技术体系包括智能化采摘、初制和精制等环节。（　）

10. 茶叶生产装备自动化与智能化技术的发展，旨在提高生产效率、保障茶叶品质，并促进茶产业的可持续发展。（　）

（三）简答题

茶叶精加工的目的是什么？

思政小课堂

课程思政9：智能化与数字化升级

拓展阅读

（一）其他精加工的作业

1. 车色

分筛、复火后的茶叶，趁热上车色机滚动翻转，达到色泽绿润起霜和条索滚紧的作用。因外销绿茶要求条索紧结、色泽绿润起霜，所以需要车色，其他茶类无需车色。茶叶的上色作用与车色机转速、车色时间长短及投叶量有关。滚筒转速快，茶叶容易上色；反之，不易上色。但转速过快，茶叶因离心作用反而不能上色。转速固定后，车色时间长或投叶量少，茶叶容易上色；反之，则不易上色。此外，茶叶的上色作用受干燥工序影响，干燥后的茶叶应立即趁热滚车，使茶叶表面的灰霜附着牢固，色泽匀调一致，长久不退。茶叶经过滚条车色，不可避免地会造成部分断碎。断碎的程度主要与滚筒转速和车色时间长短等有关。为了减少断碎，应控制滚筒转速和车色时间，使色泽、条索达到要求。一般小滚筒以47r/min、中型滚筒以42r/min、大滚筒以32 ~ 34r/min为好。滚车的时间，小滚筒复火滚条为45 ~ 60min，补火车色为60 ~ 70min；中型滚筒复火滚条为72min，补火车色为100min。大滚筒复火滚条为70min，补火车色为80 ~ 90min。

2. 焙火

焙火也称炖火，是武夷岩茶品质形成的关键工序。该过程在拣剔除杂之后进行，焙火后的岩茶品质基本定型。焙火程度根据产品风格定位确定，经过1 ~ 3次的焙火，每次所需时间从几小时到20多个小时不等，且每次焙火后需经过1 ~ 3个月的退火期。因此，尽管武夷岩茶的初制加工在5月份已基本结束，但除了轻焙火产品可以较快进入市场销售外，其他程度的焙火产品需要到中秋或国庆前才能上市。为了赶上销售旺季，经过前期拣剔除杂工序的成品茶原料会立即转入焙火作业，不能马上焙火的茶原料则需补火保证茶叶干燥度后放入仓库暂存。

武夷岩茶的焙火程度可以分为轻火、中轻火、中火、中足火和足火等。焙火温度的设置与品质风格、品种、工艺、地域和档次有关。根据茶叶档次，一般掌握高档原料焙火温度适当低、低档原料温度高、中档原料温度适中的原则；根据品种，水仙、梅占、乌龙等品种相对耐焙，其焙火温度要更高一些，黄旦、黄观音等不耐焙品种，焙火温度相对低一些；根据山场，正岩产区的更耐焙，洲茶产区的不耐焙，半岩则居中，而外山产区范围大，情况相对复杂。

焙火工艺主要通过温度与时长来调节。以某大红袍产品为例，炭焙和机焙的方案如表9-32所示。方案中的焙笼为标准焙笼，每次焙装3.5 ~ 4kg毛茶；机焙时，选择不同的温度，对应焙火的时长有所不同。

表9-32 大红袍产品烘焙方案

烘焙方式	产品风格（火功程度）	叶温/℃	时长/h
炭焙	轻火	110	9
	中火	125	9
	足火	135	9
机焙	轻火	120 110	7 9
	中火	120 110	11 15
	足火	120 110	18 25

3. 清洁智能化精加工生产线

茶叶精制的传统单机作业方式依赖于大量的人力和经验丰富的工人，加工环境和器具的不规范增加了杂质混入的风险。为了提高茶叶质量和经济效益，许多茶厂开始采用清洁化、智能化生产线。通过清洁化、智能化设备，茶叶的杂质去除率和筛选率显著提高，茶叶品质的稳定性、质量和卫生等情况得到保证。

目前，茶叶清洁化、智能化生产线已在乌龙茶、红茶、白茶和普洱茶等茶类精制加工中实现不同程度的应用。例如某公司自主研发并实际应用的最新铁观音自动化精制流水线：毛茶→拣梗→筛分→风选→匀堆→静电拣杂→拼配→烘焙→成品茶检验→成箱。茶叶通过机器色选拣剔，上料至匀堆装置；采用滚筒摇摆与定点逻辑控制模式完成智能匀堆运动；利用辊筒摩擦静电除杂，将茶叶中杂质剔除；新增全自动红外光电技术，精准识别次品，通过高速喷嘴剔除次品；采用新一代金属探测除杂技术，进一步对茶叶杂质进行自动检测并剔除；最后进行烘焙、成品茶检验、称量和装箱，整线采用全覆盖负压式作业环境有效回收茶末防止异物落入，并配置智能集散操控系统通过工业无线路由器，实现“一机全控”的功能，达到流水线连续自动清洁化、信息化和智能化。自动化铁观音精制生产线流程图如图9-2所示。

白茶原料或半成品一般需经过杂物拣剔、匀堆拼配、包装等精制流程后方能作为成品茶。白茶精制主要采用人工拣剔杂物、打堆拼配或半机械、半自动化的生产方式。2018年，某公司设计开发出一条集连续化、自动化、清洁化的白茶精制生产线。该精制生产线配置了风力选别、静电选别、目视拣剔、磁力选别、匀堆拼配、称量包装、装箱打包等工序。生产线的设计解决了白茶在精制过程中常见的五个技术难点。一是针对白茶外形松大、比重轻的特点，生产线解决了加工过程中容易架空堵塞的流动性问题。二是改进应用“柜式横铺竖切”的匀堆拼配技术，最大限度地减少白茶断碎率和损耗率，解决白茶拼配过程中清洁化问题，提高茶叶拼配的均匀度。三是针对白茶原料中含有较多草毛等异物难以剔除的问题，研究改进措施以提高白茶产品卫生质量水平。四是采用计算机监控系统、自动化控制技术，提高白茶精制效率及自动化水平。五是改进茶尘、噪声控制技术，提高白茶精制的清洁化，达到节能环保的目的。白茶精制工艺流程及技术要点如图9-3所示。

该条生产线设计如图9-4所示，生产线配置了2台双排式风选机，头茶和尾茶分别配置1台多功能风选机和1台静电选别机，4台目视拣剔机，4处0.3T的磁力滚筒，1处0.9T的强磁棒，1台60m^{3}的自动匀堆拼配机、1套振动装箱机、1台自动打包机，以及10台过滤筒式除尘器。整条生产线时产能可达到400kg，年产能为700t精制白茶。

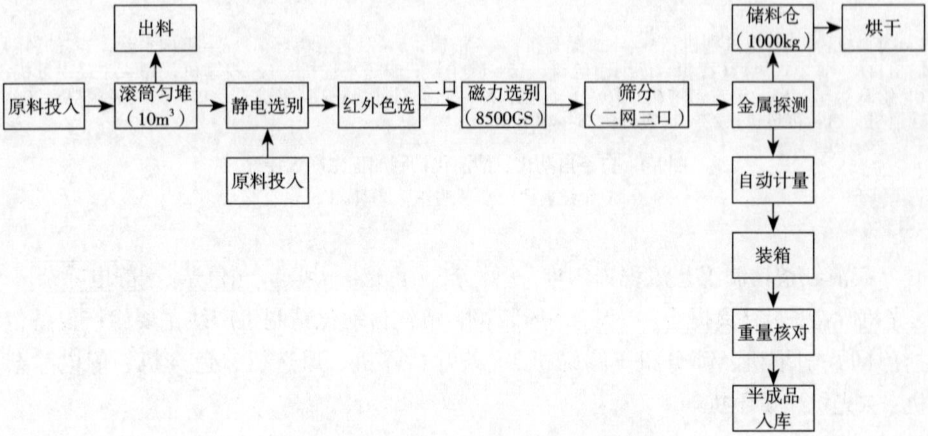

图9-2　自动化铁观音精制生产线流程图

（资料来源：林荣溪等，2022。）

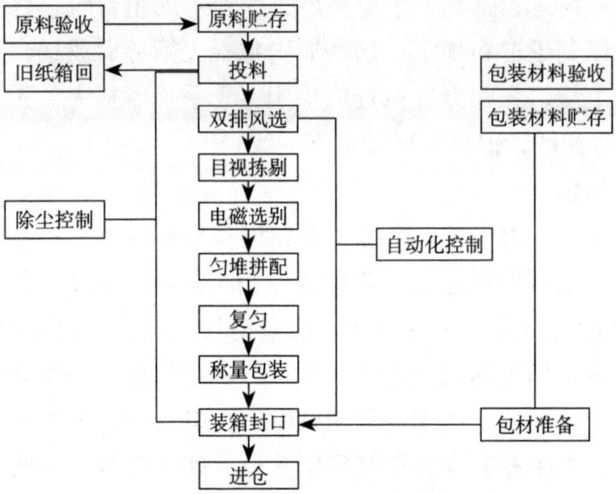

图9-3　白茶精制工艺流程及技术要点示意图

（资料来源：危赛明等，2021。）

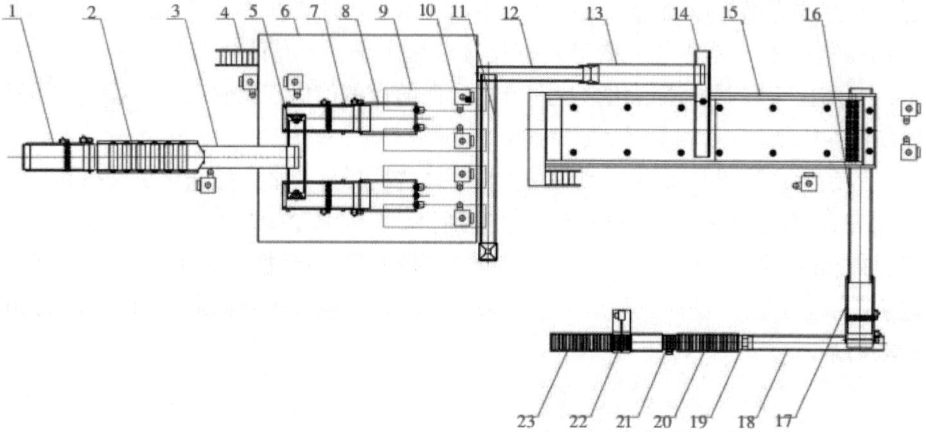

1—投料机；2—静电选别机；3—斗式提升机；4—楼梯；5—双向给料行车；6—钢构平台；7—储料斜输机；8—双排式风选机；9—拣剔输送机；10—除尘器；11—平输机；12-斜输机；13—斗式提升机；14-给料行车；15—柜式匀堆机；16—平输机；17—储料斜输机；18-斜输机；19—振实装箱机；20—辊道机；21—称量机；22—打包机；23—辊道机。

图9-4 白茶自动化、清洁化精制加工生产线装置

（资料来源：危赛明等，2021。）

某滇红茶精制工艺流程：匀堆→筛分→色选→风选→色选→静电除杂→X光机除杂→补火提香→风选→装箱。滇红自动化精制生产线主要生产设备包括静冈式匀堆机、筛分机（圆筛机）、茶叶抖筛机、风选机、色选机、静电除杂机、X光机、烘干机等。

（二）茶叶精加工程序

针对不同的毛茶性状和加工目标，制订合理的加工程序是毛茶加工的首要工作。筛分、切轧、风选、拣剔、干燥各加工作业排列组合时，程序的先后必须遵循一定的原则，以利于取料加工。这些原则包括先筛分后风选，先复火后紧门，先干燥、去杂后上切，先筛分、风选后拣剔，先手拣后补火，先补火后清风。各厂取料技术虽不尽相同，但这些原则基本一致。

1. 绿茶精加工

（1）眉茶精加工　由于各厂精加工机械设备型号不一，各地的传统做茶习惯不同，各眉茶精加工厂的精加工工艺也各不相同，各具特点，各有千秋，难以达到统一。目前较有代表性、比较合理的眉茶精加工工艺有以下3种。传统工艺制成的屯绿、婺绿多采用生熟兼做，先抖后圆，集中拣梗，一次紧门工艺流程（图9-5）；原屯溪茶厂设计的立体作业采用熟做，先抖后圆，分散拣梗，一次紧门工艺流程（图9-6）；浙江省不少茶厂多采用熟做，先圆后抖，分散拣梗，二次紧门工艺流程（图9-7）。

（2）珠茶精加工工艺　主要分珠茶路和雨茶路两路加工。珠茶路基本作业流程见图9-8，雨茶路是经过珠茶路抖筛后的重、轻抖底茶，外形细长，因形似雨滴，故称“雨茶”，其基本工艺流程：分筛→风选→机拣→净撩→净扇→色选或手拣→匀堆。

（3）烘青素坯精加工　我国生产的烘青、晒青、条茶等绿茶主要加工内销茶坯，只有少部分炒青绿茶制作茶坯。茶坯主要用于窨制花茶。内销茶精加工流程与眉茶相似，但工艺较简单、作业反复较少，一般只需一次干燥、不须车色。烘青素坯精加工流程见图9-9。

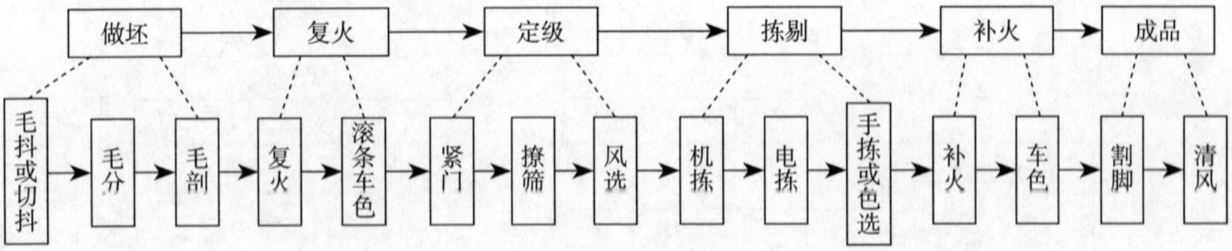

图9-5　生熟兼做，先抖后圆，集中拣梗，一次紧门工艺流程

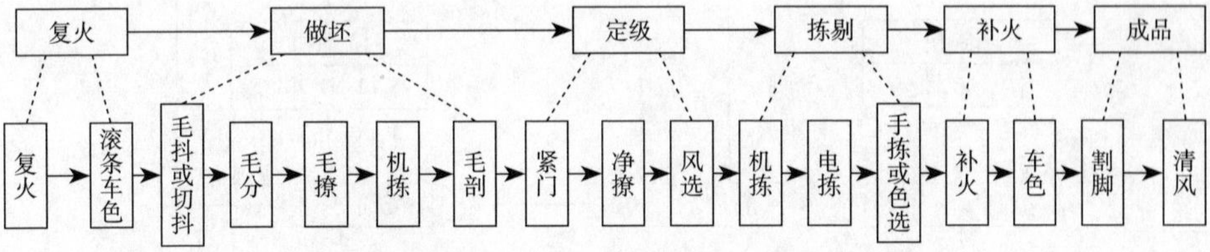

图9-6　熟做，先抖后圆，分散拣梗，一次紧门工艺流程

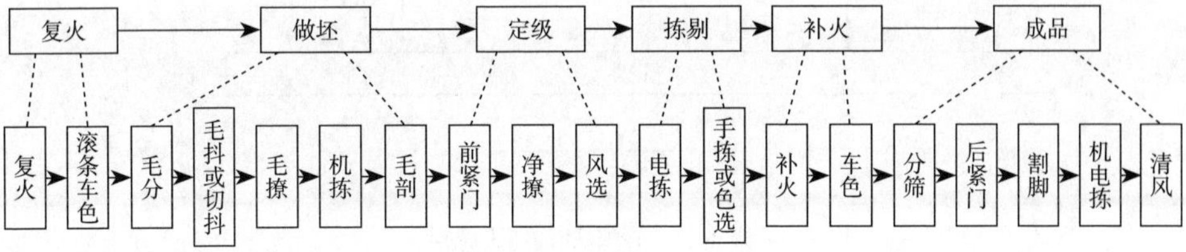

图9-7　熟做，先圆后抖，分散拣梗，二次紧门工艺流程

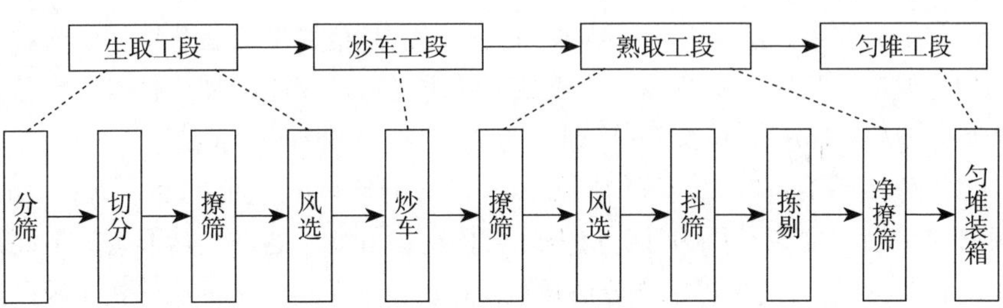

图9-8　珠茶路基本作业流程

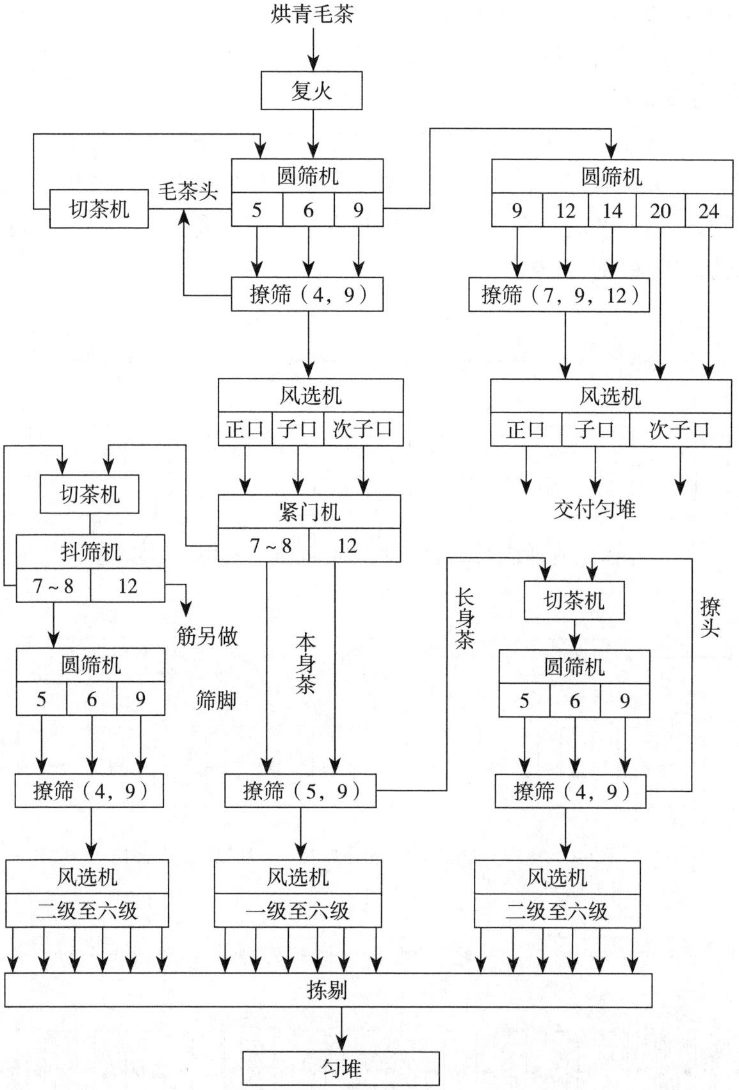

图9-9 烘青素坯精加工流程

2. 红茶精加工

（1）工夫红茶精加工　工夫红茶属条形茶，其精加工与眉茶精加工流程有部分相似，但毛茶品质、机器设备、成品茶品质要求及相应的加工技术存在差异。精制工艺流程：筛分→风选→拣剔→拼配匀堆→补火→成品。

①筛分：毛茶精制先经滚筒圆筛机（筛网配备4目、5目、7目、9目、10目）或抖筛机（筛网配备8目、9目）初步分离长短、粗细、老嫩；筛下茶经平面圆筛机（配备5～10目筛网）进一步分清长短，10目以下茶再经平面圆筛机（筛网配备12目、14目、16目、18目）分清碎片茶以及配备24～50目的筛网分出末茶。筛面

茶经齿切机切细后，再经平面圆筛机反复操作；经第二道工序得到的5～6目茶和7～8目茶经过紧门抖筛机分清粗细、进行外形定级（根据各等级茶的外形感官条形指标要求配备筛网，特级配备11目、12目筛网，一级配10目、11目筛网，二级配9目、10目筛网，三级配8目、9目筛网）；将各筛号茶经风选机（轻重定级）选出正身茶、轻身茶（需根据各等级的外形感官条形指标要求复选）、筋梗及片茶。

②拣剔：采用机拣、电拣、色选，根据各等级的外形感官条形指标要求剔除非茶色老梗或非茶类夹杂物，提高茶叶净度。

③拼配匀堆：根据产品各等级的感官指标要求，选择各筛号茶按比例拼配匀堆，保证产品品质符合各等级的感官指标。

④补火：补火温度80～110℃，以透发香气、防止高火，保证含水量符合产品标准。

（2）小种红茶精加工　小种红茶精制工艺流程：筛分→风选→拣剔→拼配匀堆→补火（熏烟）→成品。

①筛分：筛制时配置4.5目筛网，筛上茶经切筛，使全部在制品通过筛网，反复三次，以整饰外形，分出不同筛号茶。

②风选：经清风除去断碎和片末。

③拣剔：采用机拣、电拣、色选，剔除茶类或非茶类夹杂物，提高茶叶净度。

④拼配匀堆：根据产品各等级的感官指标要求，选择各筛号茶拼配匀堆，保证产品品质符合各等级的感官指标。

⑤熏烟：若毛茶烟味不足，则置熏烟房中，经1～4h熏烟，熏至茶叶烟味足、含水量≤7%。

（3）红碎茶精加工　红碎茶因体型较小，吸湿力强，毛茶应及时付制。其精制工艺流程：筛分→风选→拣剔→拼配匀堆→补火→成品。

①筛分：使用平面圆筛机配筛网12目、14目、18目、24目进行筛制，12目头子茶付切后复筛；24目底茶配筛网18目、24目、36目、40目进行二次分筛；40目底茶配筛网（36目、40目、60目、80目）进行第三次分筛，筛分出各号茶。

②风选：分筛所确定的各号茶通过风选机选别，分出正口茶、子口茶及副茶。

③抖筛、飘筛：将正口茶及子口茶经抖筛机分出少数条茶并抖出茶头及茶尾，再经飘筛分离轻质朴片、毛衣等次杂物，以弥补风选的不足。

④拣剔：采用机栋、电拣、色选，剔除茶类或非茶类夹杂物，只要不影响茶叶净度，一般尽量不拣或少拣。

⑤拼配匀堆：根据产品各等级的感官指标要求，选择各号茶拼配匀堆，保证产品品质符合各等级的感官指标。

3. 乌龙茶精加工

乌龙茶精加工是以拣梗为主、整理外形为辅。一般采用“多级付制、单级收回”，但极品乌龙茶精加工应“单独付制”。工艺上主要采用分筛、风选、拣剔、干燥四个作业，整个工艺流程较简单。

铁观音精加工主要程序包括筛分、风选、机拣、手拣、干燥、摊凉、匀堆、过磅、装箱等（图9-10）。广东乌龙茶精加工一般采用“单级付制、单级收回”，主要程序包括筛分（抖筛、圆筛）、风选、拣剔、干燥、匀堆、装箱等（图9-11）。

4. **白茶精加工**

白茶精制工艺流程：拣剔→拼配→匀堆→复烘→包装→成品茶。毛茶需先定级、归堆、拼配和付制后再行精制。

（1）拣剔　白毫银针拣去焦红、红变、暗红、发黑的银针，以及绽开芽、叶片和各种夹杂物。高级白牡丹要求拣去蜡叶、黄叶、红张叶、梗片、粗老叶及非茶类夹杂物；中级白牡丹拣去蜡叶、黄叶、粗老叶、梗片及非茶类夹杂物；低级

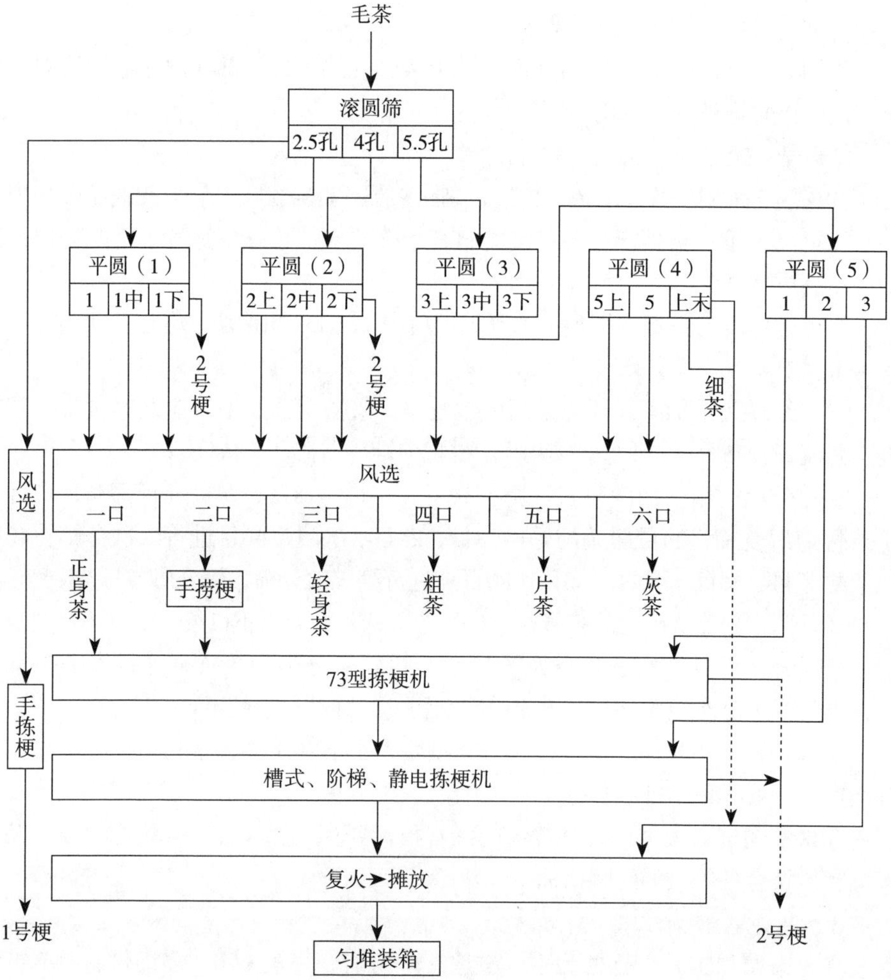

图9-10　铁观音精加工流程

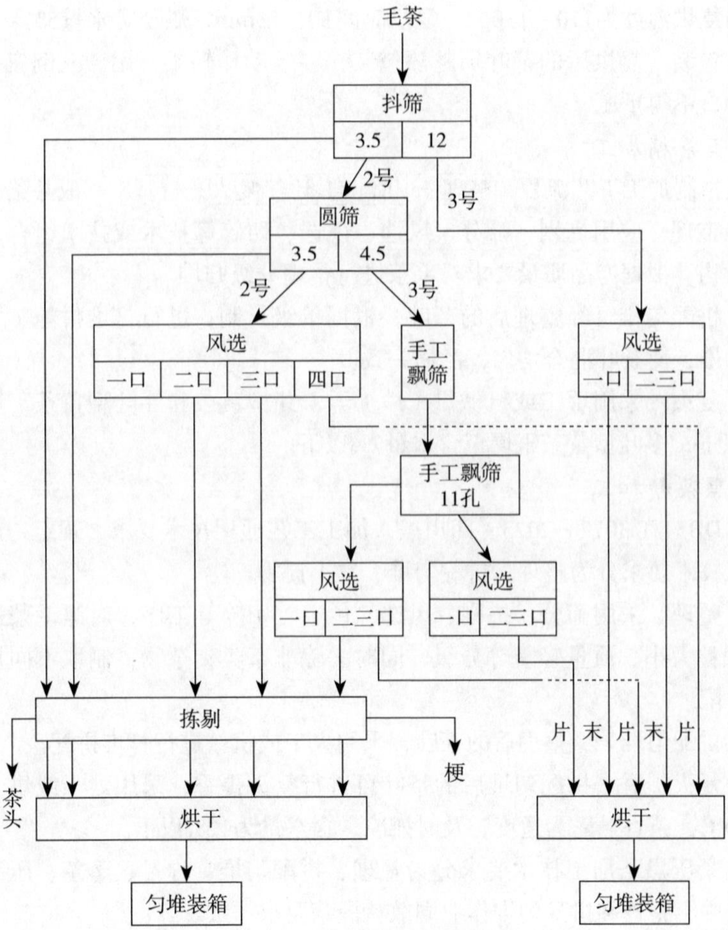

图9-11　广东乌龙茶精加工流程

白牡丹拣去梗片和非茶类夹杂物。高级贡眉要求拣去蜡叶、黄叶、红张叶、粗老叶及非茶类夹杂物；中级贡眉拣去蜡叶、黄叶及非茶类夹杂物；低级贡眉和寿眉拣去非茶类夹杂物。

（2）拼配　经品质鉴定的各堆号茶，应按级（批）、按堆、按号放置，注明标志后，每号扦取 500～1000g小样待拼。以本批加工的各堆各筛号茶为主，结合其他批上升、下降后符合本批质量要求的各堆号、各筛号茶进行拼配。对按比例拼配的样品，先取500g样品置烘干箱内，温度120℃干燥15min，然后再取150g左右对照标准样，对各项品质因子的高、低或匀称进行调整，达到符合标准样后按比例拼堆；对于不能拼入本级的堆号茶待后处理。

（3）匀堆　按半成品匀堆比例进行匀堆，数量大的堆号茶分两次错开进堆，做到各堆号茶的上段茶、中段茶分散均匀一致。

（4）复烘　白毫银针复烘温度为80～85℃，白牡丹复烘温度为90～110℃，贡眉和寿眉复烘温度为110～130℃。复烘时间10～15min，烘至含水量5%～6%。

（5）包装　复烘后的茶叶须趁热包装，要求动作轻柔，用“三倒三摇”法、分层抖动，不得重压。

5. 黄茶精加工

黄茶精制加工工艺流程：整理→拼配匀堆→复火→包装→成品茶。

（1）整理　应用拣剔、筛分、风选、色选、切碎等技术或技术组合，去除非茶类夹杂物，根据产品质量要求对毛茶进行整理分级归堆。

（2）拼配匀堆　经整理后的茶叶，根据单级付制，进行打堆拼配，采用人工或机械匀堆，使茶叶混合均匀，品质一致。

（3）复火　采用手工或机械烘（炒）干，芽型黄茶和芽叶型黄茶干燥至含水量6.5%以下，多叶型黄茶干燥至含水量7%以下。

6. 黑茶精加工

根据DB51/T 3072—2023《四川黑茶加工工艺通用技术要求》规定，成品散状黑茶加工技术要求分为整理、拼配匀堆、复火提香。

（1）整理　采用筛分、拣剔、风选、色选、切碎等工序，对黑毛茶进行条索长短、颗粒大小、质量轻重等分级，同时去除非茶类夹杂物，制取不同规格的茶叶以供拼配。

（2）拼配匀堆　经整理后的茶叶，采用人工或机械进行打堆拼配。

（3）复火提香　拼配匀堆后的茶叶可进行复火提香，采用炒干或烘干，温度110～120℃，茶香显露为适度，及时摊凉，含水量为12%以下。

成品紧压黑茶加工技术要求分为整理、拼配匀堆、称量、蒸茶、压制定形、干燥。其中，整理和拼配匀堆作业同散状黑茶要求一致。

（1）称量　采用人工或自动称量，根据实际含水量和半制品损耗率，按规定重量称足。

（2）蒸茶　将称量好的茶叶放入蒸箱（桶）或其他蒸茶器具内用蒸汽蒸30～60s，使茶叶变软，便于压制。

（3）压制定形　将蒸好的茶叶放入模具中进行压制定形，定形后冷却。

（4）干燥　在干燥间或烘箱内一次性烘干，应低温慢烘，温度不宜超过60℃，干燥至含水量12%以下。

项目十　手工制茶技艺

卷曲形绿茶是在制品茶叶受到回旋力的揉捻，芽叶成条后卷成曲形的茶。这类茶的外形有的卷曲而显毫，有的卷曲成螺、银绿隐翠、白毫显露。江苏省的洞庭碧螺春、贵州省的都匀毛尖、湖南省的高桥银峰、浙江省的径山茶和惠明茶等为卷曲形绿茶的代表。早期，该类茶多以手工方式进行加工，本任务以都匀毛尖手工制作技艺为例进行介绍。都匀毛尖茶分为五个等级：尊品、珍品、特级、一级、二级；都匀毛尖茶手工制作技艺流程：摊放、杀青、揉捻、搓团提毫、干燥，在锅内炒制要求一气呵成。

扁形绿茶是具有独特造型的中国绿茶，浙江省杭州市生产的西湖龙井是扁形绿茶的代表，是闻名中外的名优绿茶，历史悠久，素以“色绿、香郁、味甘、形美”四绝著称。乾隆皇帝（爱新觉罗·弘历）六下杭州，曾四度去西湖茶区，先后写下了《观采茶作歌》《续观采茶作歌》《坐龙井上烹茶偶成》《再游龙井作》4首茶诗；在狮峰山下的胡公庙品饮龙井茶时，将庙前十八棵茶树封为“御茶”。龙井茶自1962年起即成为国事礼茶；1981年与1985年，特级狮峰龙井茶先后两次荣获国家金质奖；浙江省茶叶公司生产的“狮峰牌”极品龙井茶，在希腊雅典举行的第27届世界优质食品评选会上获最高荣誉奖——金棕榈奖。

目前，全国发展出了各类优质的扁形绿茶，如浙江省的龙井茶、大方茶，四川省的竹叶青，贵州省的湄潭翠芽、雀舌报春等。品质也各不相同，如贵州省的扁形绿茶具有外形扁平光滑、色泽翠绿、香气高长、栗香显，滋味鲜醇，汤色黄绿明亮，叶底嫩绿匀整的品质特征。

任务一　卷曲形绿茶手工制作技艺

职业能力｜手工制作卷曲形绿茶的能力，质量控制能力，文化传承能力。

核心概念｜手工制茶技艺不仅是文化传承，对推动地方经济发展、提供创新灵感、促进文化交流等方面有重要作用。

学习目标｜理解都匀毛尖茶手工制作技艺所承载的茶文化内涵，掌握制作过程中杀青、揉捻、搓团提毫、干燥等核心工序的原理，能加工出色、香、味、形符合等级要求的卷曲形绿茶。

（一）基础知识

1. 摊放

用簸箕进行室内自然摊放，厚度3～5cm，当鲜叶的色泽由鲜活翠绿转变为暗绿，叶面光泽基本消失，青草气减轻，散发出花果清香，叶质变得较柔软时为适度。

2. 杀青

杀青常用的炒茶锅，功率一般在3600～6000W，投叶量为500g，锅温为280～320℃，时间为3～5min；茶叶下锅后听到“爆破”声则杀青温度合适，根据“爆破”声的密集程度调整翻炒速度，密则快，反之则慢，不戴手套，同时需要注意杀青前期、中期、后期温度变化的要求，掌握“高温杀青、先高后低”的原则；手法掌握“先闷后抛，多抛少闷，抛闷结合”的原则。杀青适度的要求是杀匀、杀透，没有青草气、无焦边，无红叶红梗，茶香显露，叶质柔软，梗折不断，紧握能成团，略感粘手，这时切断所有电源。

3. 揉捻

利用杀青锅的余温在锅内进行揉捻，叶温掌握在60～70℃，单手或双手握叶，沿锅壁滚动翻转，保持方向一致，不能倒转。揉捻用力要轻重均匀，揉捻初期、中期、后期掌握“轻—重—轻”的用力原则，边揉边抖散水气，揉至成条率在70%～80%即可，揉捻过程持续25min左右。

4. 搓团提毫

搓团提毫叶温60～70℃，在锅中进行。双手握茶，使茶叶在手心沿同一方向搓团，如搓汤圆一样，将其搓圆并适当收紧，搓好一团放置锅壁再另搓一团，全部茶叶搓完后再立即抖散，接着再搓、反复多次，掌握“先大团后小团”的原则即茶团大小先大后小，锅温由高到低，手法由重到轻，直搓至白毫显露，历时一般为25min。当条索紧细卷曲匀整，白毫显露，有明显的硬脆刺手感时，可转干燥阶段。

5. 干燥

干燥并不仅仅是指去除茶叶中的水分，其目的主要包括以下几点。①叶子在杀青的基础上继续使内含物发生变化，提高内在品质。②在揉捻的基础上收紧条索，改进外形。③排除过多水分，防止霉变，便于贮藏。锅温70～80℃，摊开均匀，翻抖的手法要轻，时间7～15min，当梗折即断，用手指捻茶条即成粉末即为足干，含水量要求低于6%。

以500g茶青为例进行都匀毛尖手工制作，整个制茶流程时间大致控制在1.5h左右，时间太短茶叶内含成分转换不够，时间太长则成本不易控制。

（二）能力训练

1. 操作条件

操作条件如表10-1所示。

表10-1　操作条件

用途类别	设备、器具、材料	单位	数量
卷曲形绿茶手工制作	小簸箕	个	1
	簸篮	个	4
	摊青架	个	1
	小扫帚	个	1
	电炒锅	个	1
	一芽一叶茶树鲜叶	kg	0.5

2. 安全注意事项

（1）操作前要穿好工作服。

（2）在杀青操作过程中按照教师教授的技法进行，避免烫伤。

（3）在揉捻、搓团提毫过程中注意感受青锅温度和鲜叶湿度的变化。

（4）在整个制茶过程中不戴手套避免烫伤。

3. 操作过程

操作过程如表10-2所示。

表10-2　操作过程

步骤	操作方法及说明	质量标准及记录	学习方式
杀青温度适度的判断	安全距离下，不借助温度计，用手感受杀青下锅温度，并记忆手上体感	正确掌握锅温 □是　□否	教师示范提示，感受并记录要点
杀青叶适度的判断	运用眼睛、鼻、手综合记忆杀青适度的叶相	正确掌握杀青叶适度的标准 □是　□否	教师示范提示，感受并记录要点
揉捻方法的掌握	初学可用冷锅试揉，掌握后正常揉捻即可	正确掌握揉捻方法 □是　□否	教师示范提示，感受并记录要点
搓团方法的掌握	可以先用糯米粉练习搓汤圆，掌握后可正常炒作，注意力度大小、茶团大小	正确掌握搓团方法的掌握 □是　□否 正确掌握搓团力度 □是　□否 正确掌握大团、小团茶量的多少 □是　□否	教师示范提示，感受并记录要点
干燥适度的判断	用手捻茶条即成粉末即为足干	正确掌握茶叶足干的判断方法 □是　□否	教师示范提示，感受并记录要点

续表

步骤	操作方法及说明	质量标准及记录	学习方式
制茶过程中含水量变化的判断	用手感受制茶关键点：茶叶湿润度	正确掌握制茶关键点：茶叶湿润度的判断 □是 □否	教师示范提示，感受并记录要点

（三）问题情境

1. 问题情境一：下锅后发现杀青温度过高，该如何操作？

快速翻炒，减少杀青叶与锅接触的时间；或者断掉低瓦数的开关的电源。

2. 问题情境二：干燥温度过高茶叶会出现哪些弊病？

干燥温度过高茶叶会出现干茶外形色泽发黄无光泽、严重的有爆点，汤色发黄，香气有高火、老火、焦气，滋味苦涩、有焦煳味，叶底色泽发黄无光泽、严重的焦斑明显。

（四）知识拓展

都匀毛尖感官品质见表10-3。

表10-3 都匀毛尖感官品质

等级	外形	内质			
		香气	滋味	汤色	叶底
尊品	紧细卷曲、满披白毫、匀整、嫩绿、净	嫩香、栗香	鲜醇	嫩黄绿明亮	嫩绿、鲜活、匀整
珍品	紧细较卷、白毫显露、匀整、绿润、净	嫩香、栗香、清香	鲜爽回甘	嫩（浅）黄绿明亮	嫩匀、鲜活，黄绿明亮
特级	较紧细、弯曲露毫、匀整、绿润、净	清香、栗香	醇厚	黄绿较亮	黄绿较亮
一级	紧结、较弯曲、匀整、深绿、尚净	纯正	醇和	黄绿尚亮	黄绿较亮
二级	较紧、尚弯曲、尚匀整、墨绿、尚净	纯正	纯和	较黄绿尚亮	黄绿尚亮

（五）学习评价

学习评价如表10-4所示。

表10-4　学习评价

项目	内容	配分	得分	批注
工作准备（10%）	能正确理解工作任务的内容	5		
	能查阅资料，确认相关技术标准	5		
工作过程（90%）	能在小组内开展有序的分工	10		
	能穿戴好工作服、工作帽	5		
	能准备必需的器具	5		
	能正确掌握摊放技巧	5		
	能正确掌握杀青的温度、手法、湿度判断	20		
	能正确掌握揉捻的方法	15		
	能正确掌握搓团提毫的方法	15		
	能正确掌握干燥技法	15		

任务二　扁形绿茶手工制作技艺

职业能力｜能熟练掌握扁形绿茶的手工制作原理，能正确运用扁形绿茶的手工操作技巧，能进行扁形绿茶的手工制作。

核心概念｜影响扁形绿茶重要品质指标——扁直度、光滑度及香气，其最主要技术因子是温度、时间和力的作用。

学习目标｜正确摊放鲜叶、分辨适制扁形绿茶的鲜叶品种，掌握正确的青锅手法、辉锅手法。在扁形绿茶的手工制作中感受温度的变化。

（一）基础知识

1. 鲜叶摊青

（1）鲜叶要求　鲜叶采回后应按品种、采摘时间、采摘时的晴雨情况和采摘标准进行分级归类。整体要求芽叶完整，色泽鲜绿，匀净。用于同批次加工的鲜叶，其嫩度、匀度、净度、新鲜度应基本一致。鲜叶质量分为特级、一级、二级、三级、四级，应符合表10-5中的要求。

表10-5　鲜叶质量分级要求

等级	要求
特级	单芽及一芽一叶初展，芽叶夹角度小，芽长于叶，芽叶匀齐肥壮，芽叶长度不超过2.5cm
一级	一芽一叶至一芽二叶初展，以一芽一叶为主，一芽二叶初展在10%以下，芽稍长于叶，芽叶完整、匀净，芽叶长度不超过3cm

续表

等级	要求
二级	一芽一叶至一芽二叶，一芽二叶在30%以下，芽与叶长度基本相等，芽叶完整，芽叶长度不超过3.5cm
三级	一芽二叶至一芽三叶初展，以一芽二叶为主，一芽三叶不超过30%，叶长于芽，芽叶完整，芽叶长度不超过4cm
四级	一芽二叶至一芽三叶，一芽三叶不超过50%，叶长于芽，有部分嫩的对夹叶，长度不超过4.5cm

（2）鲜叶摊放　鲜叶经过适当摊放后能减少一部分水分，同时引起缓慢的生化变化，不但可以提高炒制功效，节约劳动力和能耗，而且还能提高品质。

茶青摊放于清洁卫生、设施完好的摊青设施上，以室内自然摊放为主，可通过适当控制通风，关闭或开放门窗调节鲜叶失水。必要时可用鲜叶脱水机脱除表面水分后再行摊放，或用鼓风方式缩短摊放时间。有条件的应在空调室内或用专用摊青设备进行摊放，根据鲜叶数量和加工能力来调节摊青进程。摊放场所要求清洁卫生、阴凉、空气流通、避免阳光直射。

二级及以上的龙井茶鲜叶摊放厚度一般在3cm以内，三级、四级原料厚度为5～7cm。摊放时间视天气、芽叶粗壮度、品种等因素决定，一般为6～12h，根据摊放失水程度适当翻动，使之失水均匀，操作时要轻翻，避免芽叶损伤。掌握“晴天短摊、阴雨天长摊，嫩叶长摊、中档叶短摊、低档叶少摊”的原则。

摊放适度的标准：叶色由绿转暗绿，叶质由硬变软，失水率达15%～20%，清香显露。

2. 青锅

（1）青锅手法　扁形茶的炒制手法可以借鉴西湖龙井茶炒制“十大”手法，分别是抓、抖、搭、榻、捺、推、扣、甩、磨、压。“十大”手法在炒制时根据实际情况交替使用、有机配合，做到动作到位，茶不离锅，手不离茶。西湖龙井茶炒制“十大”手法的具体操作技巧如表10-6所示。

表10-6　西湖龙井茶炒制“十大”手法

手法名称	操作技巧
抓	手心向下，五指微曲，抓住茶叶；作用是把茶叶整理成条，紧直
抖	手心向上，五指微微张开，稍曲，将搭起攒在手掌上的茶叶作上下抖动，并均匀地撒在锅中
搭	手心向下，四指伸直合拢，向上翘起，拇指分开，翻掌向下，顺势朝锅底茶叶压去
榻	手掌平展，四指伸直靠拢，手贴茶，茶贴锅，将茶叶从锅底沿锅壁向里移动带在手掌上

续表

手法名称	操作技巧
捺	手掌平展，四指伸直靠拢，手贴茶，茶贴锅，将茶叶从锅底沿锅壁用力向外推动
推	手掌向下，四指伸直或微曲，拇指前端略弯向下，手掌与四指控制住并压实茶叶，用力向前推出去
扣	手心向下，大拇指与食指张开形成“虎口”，在抓、推、磨过程中，用中指、无名指抓进茶叶，用拇指挤出茶叶，将大部分茶叶掌握在手中，形成循环运动
甩	四指微张，大拇指叉开微弯，手心向下翻掌，顺势把手中的茶叶扔向锅底
磨	在抓、推时用较快的速度作往复运动
压	在抓、推、磨的同时，一只手压在另一只手的手背上，增加对茶叶的压力和重力

（2）青锅操作　锅温（锅内离锅底5cm左右的温度，下同）以110～120℃为宜，投叶量与操作者手的大小和习惯相关，一般特级茶每锅100～150g，一级茶和二级茶150～200g，三级茶和四级茶250～300g，炒制中每锅投叶量应稳定一致。先用油榻沾极少炒茶专用油，润滑锅面，待油烟散去后，放入鲜叶，鲜叶投入锅中有“噼啪”爆声，开始轻抓、轻抖，要抖得散、齐而均匀，使茶叶均匀受热，充分散发水汽，炒约3min后当茶叶呈自然“瘪落”时适当降低温度，同时减少抖的手法，逐渐加用搭带榻的手法，开始轻，之后逐渐加重搭、榻的用力度，以不出茶汁、不相互黏结，茶叶自然舒展平扁为宜，使茶叶抖齐，炒6～7min。加快手法的协调和运动速度，再炒3～4min，待茶叶有干燥感可起锅。避免用力过早茶汁挤出茶色暗或显黑，用力过迟易产生茶末或形成“空壳燥”，应做到先轻后重。一般炒12～14min。炒好的二青叶应初具扁平、挺直、软润、色绿一致，掌握二青叶出锅失水率52%左右，约七成干，保持每锅失水率一致（即二青叶干燥度一致）。

（3）回潮　炒好的二青叶，集中放在小簸篮里用清洁棉布盖上，经40～100min，使芽、茎、叶各部位的水分重新分布均匀回软。

（4）分筛　用不同的孔径的茶筛将回潮后的二青叶分成2～3档，簸去片末。

3. 辉锅

辉锅手法及操作：二青叶落锅炒制时的锅温，特级茶、一级茶、二级茶锅温度在60～70℃，三级茶、四级茶可略高些。炒制过程基本保持平稳，在干茶出锅前略提高锅温感到烫手即可，能起到提香透出色泽的作用，但要炒至不烫手后再出茶（2～3min）。投叶量与操作者手的大小和习惯相关，一般特级茶、一级茶、二级茶每锅150g左右，三级茶、四级茶200～250g，每锅炒制中保持稳定一致。先用油榻沾极少量炒茶专用油，润滑锅面，待油烟散去后，放入二青叶。用力程度要掌握“轻—重—轻”的原则，同时要与锅温有机地配合。开始以轻抓、轻抖、稍搭，把茶叶匀齐地掌握的手中，以便理条、散发水汽，炒3～8min；然后逐渐转入搭、抓、捺、甩，把茶叶齐直地攒在手中，逐步以抓、扣、推的手法代替搭、抓的手法。用抓、推、捺手法相互交替、密切配合，使茶叶在手中“里外交换”吞吐均匀，炒5～6min。当茶叶出现灰白（即茶的茸毛显露）时，可略提高锅温（至有烫手感），用力减轻，为使茶茸毛脱离茶身，改用抓、推、磨等手法，使茶叶光、扁、平、直，当茶毛起球脱落，此时一定要“守住”茶叶，尽量不让茶叶“逃”出手外，当茶毛脱净、茶身不烫手，最大的几颗茶叶一折就断，即可起锅，炒约5min。在炒制中期，若要增加扁平度，可在抓、推、磨的同时，用压手法，增加对茶叶的压力和重力，促使茶叶更趋平实、光滑。炒干时间总共17～18min。

（二）能力训练

1. 操作条件

操作条件如表10-7所示。

表10-7　操作条件

用途类别	设备、器具、材料	单位	数量
扁形绿茶的手工制法	小簸箕	个	4
	簸篮	个	4
	水筛	个	4
	摊青架	个	1
	小扫帚	个	1
	电炒锅	个	1
	单芽茶树鲜叶	kg	0.5
	一芽一叶茶树鲜叶	kg	0.5
	一芽二叶茶树鲜叶	kg	0.5
	一芽三叶茶树鲜叶	kg	0.5
	制茶油	份	1
	油榻	个	1

2. 安全注意事项

（1）操作前要穿好工作服。

（2）在青锅、辉锅操作过程中按照教师教授的技法进行，避免烫伤。

（3）在青锅过程中注意感受青锅温度和鲜叶湿度的变化，做到杀匀杀透。

（4）在辉锅过程中可戴手套避免烫伤。

3. 操作过程

操作过程如表10-8所示。

表10-8 操作过程

步骤	操作方法及说明	质量标准及记录
青锅	锅温：110～120℃ 投茶量：特级茶每锅100～150g，一级茶和二级茶150～200g，三级茶和四级茶250～300g 操作手法：抓、抖、搭、榻	正确区分鲜叶原料 □是 □否 正确掌握锅温 □是 □否 正确掌握投茶量 □是 □否 正确使用操作手法 □是 □否
辉锅	锅温：60～70℃ 投茶量：特级茶、一级茶、二级茶每锅150g左右，三级茶、四级茶200～250g 操作手法：抓、抖、搭、榻、捺、推、扣、甩、磨、压	正确区分二青叶原料 □是 □否 正确掌握锅温 □是 □否 正确掌握投茶量 □是 □否 正确使用操作手法 □是 □否

（三）问题情境

青锅后未经过回潮直接进行辉锅操作会有何影响？

未经潮直接辉锅会导致茶条容易断碎或来不及做形等现象。

（四）知识拓展

湄潭翠芽的工艺流程：摊青→杀青→理条→整形→脱毫→提香→筛选。湄潭翠芽的感官品质如表10-9所示。

表10-9 湄潭翠芽感官品质

等级	外形	汤色	香气	滋味	叶底
特级	扁平直、匀整、黄绿润	嫩绿明亮	清香、嫩香、栗香持久	鲜爽、鲜醇	黄绿明亮、嫩匀
一级	扁平直、匀整、黄绿润	绿明亮	清香、嫩香、栗香尚持久	鲜醇	黄绿亮、嫩尚匀
二级	扁直尚匀整、黄绿尚润	黄绿亮	清香、嫩香、栗香欠持久	醇尚鲜	黄绿尚匀亮

（五）学习评价

学习评价如表10-10所示。

表10-10　学习评价

项目	内容	配分	得分	批注
工作准备（10%）	能正确理解工作任务的内容	5		
	能查阅资料，确认相关技术标准	5		
工作过程（90%）	能在小组内开展有序的分工	10		
	能穿戴好工作服、工作帽	5		
	能准备必需的器具	5		
	能正确区分鲜叶原料的等级	10		
	能正确掌握摊放技巧	10		
	能熟练掌握西湖龙井茶炒制“十大”手法	10		
	能正确掌握青锅技法	20		
	能正确辉锅技法	20		

课后练习题

（一）选择题

1.（多选）以下哪种鲜叶加工绿茶品质较好？（　）

A. 叶色深绿　　B. 叶色黄绿

C. 叶型以中小叶为宜　　D. 叶绿素、蛋白质等含量高

2.（多选）绿茶杀青温度过高，对都匀毛尖茶叶品质有哪些影响？（　）

A. 叶色发黄　　B. 产生爆点和焦斑

C. 滋味更苦　　D. 产生水闷味

（二）判断题

1. 都匀毛尖属卷曲形绿茶。（　）

2. 杀青温度在不使鲜叶产生红梗红叶的前提下，应适当降低一些，有利于绿茶化学成分的变化。（　）

3. 都匀毛尖原名为鱼钩茶。（　）

4. 都匀毛尖分为尊品、珍品、特级、一级、二级。（　）

5. 绿茶加工中利用高温杀青，为了确保酶完全被破坏，杀青温度越高越好。（　）

6. 都匀毛尖在1982年被评为中国十大名茶。(　　)
7. 都匀毛尖的加工工艺：杀青→揉捻→搓团提毫→干燥。(　　)

（三）简答题

1. 卷曲形绿茶呈卷曲的关键工艺是什么？
2. 锅中揉捻时有哪些要点？

思政小课堂

课程思政10：茶人精神——
坚守传统、执着匠心 张子全

附录　课后练习题答案

项目一　项目二　项目三　项目四　项目五

项目六　项目七　项目八　项目九　项目十

参考文献

［1］陈力．福建茉莉花茶品质特征、审评技巧及其拼配技术［J］．中国茶叶加工，2015（3）：58-60．

［2］陈梅春，朱育菁，刘波，等．窨制原料对茉莉花茶香气品质的影响［J］．热带作物学报，2017，38（10）：1947-1955．

［3］陈笄，张春燕．一种茶叶茶梗色选机图像快速分拣方法［J］．合肥学院学报（自然科学版），2013，23（4）：36-41．

［4］陈宗懋．中国茶经［M］．上海：上海文化出版社，1992．

［5］何娟．多茶类组合加工研究［J］．花炮科技与市场，2019（2）：6．

［6］李兵，夏涛，宛晓春，等．基于蚁群算法的茶叶抖筛机参数优化［J］．农业工程学报，2009（3）：4．

［7］林荣溪，吴忠霖，周灼能，等．铁观音自动化精制包装生产线的升级与创新［J］．中国茶叶加工，2022（3）：65-68，77．

［8］骆耀平．茶树栽培学［M］．北京：中国农业出版社，2015．

［9］潘玉华．茶叶加工与审评技术［M］．厦门：厦门大学出版社，2010．

［10］潘祖跃，李尚庆，俞凤翔．茶叶有关物性数据的测定及其在制茶工业上的应用［J］．茶业通报，1982（4）：10-15．

［11］唐雅乔，刘俊，王云．茉莉花茶加工过程中的品质变化分析［J］．西南农业学报，2018，31（4）：711-716．

［12］王芳，张渤．武夷岩茶［M］．上海：复旦大学出版社，2021．

［13］危赛明，罗星火，陈炳生，等．自动化、清洁化白茶精制加工生产线研究及应用［J］．中国茶叶加工，2021（4）：10-15．

［14］夏狄刚．6CSy-45型、95型低噪声平面圆筛机结构的设计［J］．中国茶叶，1989（6）：7-8．

［15］夏涛．制茶学［M］．北京：中国农业出版社，2014．

［16］徐捷．基于DSP和FPGA的茶叶色选机的研究与设计［D］．天津：天津大学，2012．

[17] 许姗姗，李姝寰，宁井铭. 茶叶加工中拼配技术的研究进展 [J]. 中国茶叶加工，2020（1）：34-37，59.

[18] 阎鹏翔，何春梅，金珊. 茶产品拼配技术研究进展 [J]. 中国茶叶，2021，43（7）：9-13.

[19] 杨茂成. 抖筛机主要参数的确定 [J]. 茶叶通讯，1994（3）：22-25

[20] 叶乃兴，杨广，郑乃辉，等. 湿窨工艺及配花量对茉莉花茶香气成分的影响 [J]. 茶叶科学，2006（1）：65-71.

[21] 袁弟顺. 中国白茶 [M]. 厦门：厦门大学出版社，2005.

[22] 袁义龙. 福鼎白茶 [M]. 北京：中国文史出版社，2007.

[23] 张强，黄静. 浅谈拼配技术在茉莉花茶中的应用 [J]. 茶叶通讯，2005（2）：23-24.

[24] 张钰婷，叶秋萍，程淑华，等. 茉莉花茶加工技术与吸香机理研究现状 [J]. 热带作物学报，2016，37（1）：203-207.

[25] 郑亚楠，胡佳卉，李依岚，等. 茉莉花茶吸香机理及窨制工艺研究现状 [J]. 蚕桑茶叶通讯，2023（1）：28-30.